# テロと産廃

## 御嵩町騒動の顛末とその波紋

杉本裕明
Sugimoto Hiroaki

花伝社

テロと産廃——御嵩町騒動の顛末とその波紋◆目次

# プロローグ

## 密林のような小和沢

御嵩《みたけ》町は岐阜県の中南部に位置し、木曽川の南岸に広がる人口約一万八〇〇〇人の町だ。周辺の市町に通勤する人も多いが、里山と田畑が広がり、豊かな自然を求めて都市から移住する人もいる。

町の中心にある御嵩町役場から車で北東に五キロ走ると木曽川に出る。目の前に丸山ダムが、まるで木曽川の悠久の流れをせき止めるようにそびえる。堤体からは噴水か滝のように水が落下している。丸山ダム周辺ではいま、新丸山ダムの建設のために資材搬入用道路の付設工事が急ピッチで進んでいる。それが終わると、いよいよ本体工事にかかる。新丸山ダムは、ほんの少し位置を下流側にずらし、既設の堤体を生かして二〇メートルのかさ上げを実現するものだ。貯水量を増やして洪水対策を強化することをねらいとした、総事業費二二〇〇億円を超える巨大プロジェクトである。

丸山ダムの下流側にかかった新たな橋を渡ると八百津町に入る。私は橋の手前の工事現場に車を置き、木曽川沿いの道を歩き始めた。車が通ることはできるが、何しろ雑草が生い茂り、道路と崖の境目がはっきりしなかったからだ。目的地は小和沢《こわさわ》地区である。

小和沢は、かつて産業廃棄物処理施設が計画された所だ。処理施設を計画した寿和《とし わ》工業（岐阜県可児市、現フィルテック）が、約二〇〇ヘクタールの田畑や森林を買収し建設計画を進めた。町は猛反対したが、最終処分場の逼迫に頭を痛めていた岐阜県がこの計画に飛びつき、推進の姿勢を鮮明にしたこともあって、町はやがて容認に転じた。しかし、町長が代わって再び反対の姿勢に転じる。

そこに、町長が何者かに襲撃される事件が起き、町は産廃処理施設の是非を問う住民投票に突き進んだ。町民の多くが「産廃ＮＯ！」の意思表示を突きつけた住民投票は全国の注目を浴び、廃棄物処理施設建設に反対する自治体や住民を勇気づけた。その結果、処理施設設置はますます困難になった。

県と町のにらみ合いの中、行政手続きは止まったまま一〇年の歳月が過ぎた。しかし、いつまでもこの問題を先送りするわけにもいかない。新しい知事に代わると寿和工業が動き、開かれた場での協議を提案し、県、町、同社のトップ三人による三者会談が開かれることになった。その場で、寿和工業は計画の白紙撤回を表明すると、県と町は同社に遺憾の意を示し、この問題に終止符が打たれることになった。寿和工業は買収した森林を県に無償譲渡し、集団移転した小和沢地区の住民の一部はこの地に戻って暮らすようになった。

私はかつて朝日新聞記者として、御嵩町のこの問題にかかわったことがあった。再び町が反対に転じ県と対立していた時から、襲撃事件、住民投票までの二年間、名古屋本社社会部のデスクとして取材班を率いていた。その後東京本社に戻ったが、再び名古屋本社の配属となる機会があった。この問題を解決しようとせず県と町が手続きを放置していることに驚いた私は、その後の三者会談の実現にも深く関わることになった。

あらためて足を踏み入れた。歩くこと約三〇分。木曽川から離れ、坂道を登り切ったところに平地が広がっていた。小和沢の入り口には以前と同様、お堂と集会所が残っていた。周りを見渡すと、背丈を超える雑草が生い茂り、まるで密林のようだ。かつての田園風景のかけらもない。

産廃処理施設が計画された小和沢。雑草が生い茂り、まるで密林のようだ（岐阜県御嵩町）

県道から脇道の町道に入り、その行き止まりに住宅が幾つか残っていた。手付金と補償金の一部を得て立ち退いた一〇軒のうち二家族がここで暮らしているというが、この人数で周辺を元のように戻すのは不可能だ。町は産廃処理施設の建設阻止に成功したものの、この地の行く末に関心を払ってきたのだろうか。

一〇年ほど前、町は検討委員会を設置し、この跡地の利用方法を検討したことがあったが、産廃反対住民の「住民投票の結果に従え」との意見に押され、検討委員会は「産廃処理施設は設置しない」とする利用指針を定め、再生可能エネルギー施設であるバイオマス発電施設すら否定してしまった。それにより事実上、開発行為は一切禁止となり、逆に荒廃を進めることになった。

## 「そっとしておいてほしい」

利用指針を踏まえると、小和沢は公園化ぐらいしかない。柳川喜郎町長のあとを継いだ渡辺公夫町長は、かつて兵庫県多可町を視察したことがあった。湧水や美しい棚田を擁する多可町は、ドイツのクラインガルデン（滞在型農園）をまねて、市民農園を賃貸し客が長期滞在することで知られる。小和沢をそんなふうにできないかとの思いがあって訪ねたのだが、結局「小川も湧水もない小和沢では難しいことがわかった」（元町幹部）という。

渡辺町長は二〇一九年、私のインタビューに、「小和沢にもう一度、住民が戻ってくれるのが私の夢。住民に意向を尋ねたら、戻ってもよいと答えた人が何人もいた」と語った。と言いながら、渡辺町長はまったく違う構想を抱いていたようである。

二〇一九年に小和沢の地権者らを対象に説明会が開かれ、町側はこんな案を示した。地権者の五ヘクタールを新丸山ダム工事の資材置き場にし、賃料を払い、一〇年後に土地を町に譲渡してもらう。町はダム工事から出る残土で土地を造成し、公園にする。合わせて寿和工業が県に譲渡した八四ヘクタールの森林も手入れし、公園として利用する。新丸山ダム完成の暁には、ダムを訪ねる観光客や市民をここへ呼び込むという。

だが、役場の説明会に参加したのは、地権者の三分の一にすぎなかった。参加しなかった地権者の自宅を町の職員らが訪ね、意見を聞いて回った。建設課によると、「キャンプ場に利用できたらいい」と夢を語る住民もいて、公園化に反対する声はなかったという。建設課は「造る、造らないこともふくめて住民の意向を尊重しながらゆっくり温めたい」と語るが、それも当然だろう。ダム工事を行っている国土交通省や森林を所有する県の了解も得ず、こんな構想を勝手に住民に示したのだから。

小和沢の住人に聞くと、「公園にしてくれなんて言ってない」「このまま何もしてくれなくていい。私たちはここに満足して暮らしているんだから、そっとしておいてほしい」。穏やかな語り口ではあるが、その言葉には、処理施設の建設をめぐって町の方針が二転三転し、そのたびに右往左往した苦い経験を、もう二度としたくないという思いがにじむ。それに税金を投入して公園を設備したところで、どれだけの人が利用するというのか。

## 工業団地の開設

東海環状自動車道（愛知県豊田市から岐阜県を経由し三重県四日市を結ぶ高規格道路）の可児御嵩ICを降り、車で東南方向に約一〇分走ると、丘陵が見える。そこを登りきるとグリーンテクノみたけと平芝工業団地が広がる。この工業団地には合わせて約三〇社が進出し、豊精密工業、大豊工業など自動車関連の工場が多い。役場で町づくり課の担当者が工場の配置図を見せてくれた。「交通の便がよく、東海環状自動車道の開通で、可児御嵩ICから豊田までたった二〇分です」。地の利が盛況の原動力となっている。

しかし、当初はそうではなかった。最初にできた平芝工業団地は、七〇年代に既存の土地をそのまま企業に分譲する方式が採られた。東海環状自動車道はまだ計画段階で、進出したあと撤退する企業もいて町は頭を痛めた。続くグリーンテクノみたけは、「分譲型信託方式」という独特のやり方を採用した。平井儀男町長時代で、町が三井信託銀行（現三井住友信託銀行）に土地の造成と分譲を委託し、銀行が得た利益から工事代金と借入金の利子などを引いた残りの収入を、信託配当として町が受け取る方式だった。八〇年代には、岐阜県土地開発公社や岐阜県が可児市や恵那市などに続々と工業団地をつくり、御嵩もその動きに遅れてはならないという気運が高まっていた。実際にこの方式を立案し進めたのは豊吉貢助役だった。豊吉が自宅で振り返る。「財政に余裕がない中、どう進めるか随分検討しました。全国でもほとんど例のない方法がこの土地信託方式でした。最初は地方財政法で認められず、それがネックだったのですが、法改正されて公有地の信託が可能となったので、三井信託銀行と土地信託契約をとり交わしました。八九年のことです」

九七年に開発面積九一ヘクタール（うち工場用地は四〇ヘクタール）の造成が終わった。バブルの崩壊や不況に遭遇し、進出企業はなかなか見つからず、次の柳川喜郎町長は「バブルの絶頂期に計画されたもので、いわば禍根シッポを引きずって今日に来ている。言うなればあてが外れたといいましょうか」と、議会で前町政をけなすほどだった。ところが、その後東海環状自動車道の一部開通という追い風が吹き、次々と企業が進出し、あっというまに区画は埋まった。

## トイレのない工業団地

こうして工業団地は無事稼働し始めたが、工場群を見渡すと、「トイレ」がない。トイレとは工場から出た廃棄物の処理施設のことだ。各工場は可能な限り廃棄物の排出量を減らし、リサイクルに取り組んではいるが、「ゼロエミッション」を掲げたところで、産業活動から処理すべき廃棄物は必ず出る。なぜ、工業団地内に処理施設がないのか。

工業団地は工業立地法のもとで設置されているが、工業団地に入居できるのは同法で定められた特定の製造業である。廃棄物処理業は、どんな立派な最終処分場や焼却設備を持っていてもサービス業と位置づけられ、対象外となっている。御嵩町の工業団地も、その制約を守った工業団地の一つである。ただ、こんな例もある。埼玉県の産業廃棄物処理会社ショーモンは、埼玉県久喜市にある久喜菖蒲工業団地に焼却施設を設置した。なぜ可能だったのか、松澤博会長は「工業団地は製造業のほかに発電施設も認められている。そこで廃棄物発電を行い売電する。つまりエネルギーを造り出していることを埼玉県が評価し、進出を認めてくれた」と話す。そしてこう言った。「家を建ててもトイレがなかったら、そこに住む人なんかいないだろう。ところが、工業団地は違う。国が団地の中にトイレをつくっちゃいけないというんだから。全国で工業団地を整備するときに、産業廃棄物の処理施設の設置を義務づけておけば、社会的に問題になった産業廃棄物の不法投棄はずっと少なかったと思うよ」

北九州市は、住宅地に近接していた工場群に響灘の埋立地に移ってもらうため、さらに同地にリサイクル施設を集めた「エコタウン」を設置するために、近くに公共の最終処分場を整備した。市ＯＢによると、末吉興一市長が「移設する前に廃棄物の処分先を確保してやるのが先だ」と決断したという。工場の出す廃棄物の処分先を確保することが二次公害を防ぐという考え方による。

ところで、岐阜県内で発生した産業廃棄物は県内施設だけで処理できず、かなりの量が三重県や愛知県など岐阜県外で処理されている。岐阜県内で最終処分された産業廃棄物は三万八〇〇〇トンであるのに対し、岐阜県から県外に持ち出され最終処分されたのは四万三〇〇〇トン。うち中国地方に一万四〇〇〇トンなど遠隔地への移動も目立つ（二〇一七年度）。

御嵩町の工業団地から排出された廃棄物も少なからず県外に持ち出され、処分されているのかもしれない。ちなみに日本を代表する工業地帯を抱える愛知県では、県内での最終処分量はわずか五〇〇〇トンで、約二〇〇万トンの大半を近畿、九州・中国地方の処分場に頼っている。県環境部の幹部は言う。「昔は最終処分場がたくさんあったが、いまは用地が見つからず、自治体や住民の抵抗もあり、処分場はまったく造れなくなった」

＊

廃棄物処理施設の建設をめぐる紛争が最も激しかったのが、一九九〇年代である。御嵩町もその一つで、「産廃ＮＯ！」の住民投票は全国の反対運動の象徴となった。国は、住民の不信感や反対の声を鎮めるために廃棄物処理法を改正、規制を強化し、設置の手続きを透明化した。しかし、処理施設の慢性的な不足は一向に改善されず、処理施設＝迷惑施設として自治体や住民から忌避される構造は何一つ変わっていない。

「民主主義」を掲げて産廃施設計画の白紙撤回を勝ち取った御嵩町だが、その住民投票の意義を評価しつつも、その内実はどうだったのか、町長襲撃事件も含めた一連のできごとを追ってみたい。

# 第一章　柳川と梶原

## 柳川と梶原

御嵩町長の柳川喜郎《やながわよしろう》はＮＨＫの元記者・解説委員。岐阜県知事の梶原拓《かじわらたく》は元建設官僚で都市局長を最後に岐阜県副知事に転じた人だ。二人に共通するのはその強いプライド、自尊心だろう。

町と県の対立は、柳川が町長になってしばらくたって県に提出した「疑問と懸念」に始まる。寿和工業が町内に建設を計画した産業廃棄物の総合処理施設（管理型の最終処分場と焼却施設、破砕施設など）に対し、木曽川を利用している下流地域の飲料水汚染の心配などを列挙したものだ。

県に事前の相談もなく、いきなりの投げ込みだったものだから、梶原知事は驚いた。県庁を訪ねた町幹部は、県の担当者から「こんなものをいきなり提出して、県と町との関係をどう考えているのか」と正面切って言われたという。

県と市町村との関係は、法的には地方公共団体同士であり対等である。しかし、実際には県は補助金など様々な財政支援を行い、公共事業で道路や公共施設をつくるなど、県は市町の上位にある。何かといえば県におうかがいをたて、県のお墨付きをもらって行政を行っている。これは中央官庁と都道府県の関係にもあてはまる。法律の所管はそれぞれの官庁であり、都道府県が官庁の意向を無視して動くことはまずない。何かといえば「上位官庁」におうかがいをたてる公務員の習性は、広く当てはまるといってよい。

しかし、柳川町長はその「常道」を無視した。NHKの元社会部記者だから、そもそも根回しとか事前調整といったものとは無縁で、むしろそんな役所のやり方を批判してきた。といっても、これからどう解決の方向に結びつけていくのかと考えれば、県と腹を割って話し合いをしなければならないのは明白である。だが、町長にその気はさらさらなかった。ある意味、解決責任を伴う当事者という意識が希薄だったともいえる。「ガラス張りの町政」を標榜し、前町長時代のような隠し事をせず、情報を町民にさらすことを選挙の公約にして当選した人だから、これを徹底すると交渉事はやれない。

一方の梶原拓も、官僚出身の凡百の知事ではなかった。建設省在任中は、言いたいことをずけずけ言うエネルギッシュな官僚だった。従来の道路やダムといった公共事業に頼る建設省を批判し、「情報」の役割にいち早く気づくと、これまでの道路や都市整備といったハード事業に、情報というソフト事業をつけ加えようとした。

キャッチコピーに長ける梶原は、「情場《じょうじょう》」という言葉を造語した。「情場」とは、情報価値の生産現場を指し、多様な人や情報が出会い、触発されて新たな情報を生み出し、ネットワークをつくることだという。情報化社会の到来をいち早く予見してもいた。その一方で、元々のハード事業にも強いこだわりを見せた。

この二人が、産業廃棄物処理施設の建設をめぐって対立し、そして柳川町長は何者かに襲撃され、瀕死の重傷を負う。それをきっかけに住民投票の動きがわき上がり、産廃問題をめぐって全国初の住民投票が実施されるのである。梶原知事は打開の糸口を見つけようと、調整試案と呼ぶ計画の修正案をつくるが、それがますます町民の怒りを買う。最後には、梶原は町民の意思を尊重しない「悪代官」のような役回りを持たされてしまうのである。

両者がここまで根深く対立したのには、柳川と梶原という二人のパーソナリティーが大きく影響しているように思える。

## 母なる川

柳川喜郎は一九三三年一月、東京・神田で生まれた。梶原より一〇か月早いが同年齢だ。八つ違いの妹との二人兄弟で、父の輦《れん》太在門は新潟の出身で造園業を営んでいた。一家はまもなく神田から赤坂に移った。戦争が始まると母の弟が油圧機器メーカー萱場工業（現カヤバ工業）で働いていた縁で、徴用された父は同社に転籍。四五年四月、一家は御嵩町のそばの土田《どた》村（現可児市）に疎開した。父はそこから可児町（現可児市）にある萱場工業の工場に通った。そして国民学校を卒業したばかりの喜郎は、隣町の御嵩町の旧制東濃中学に入学した。

やがて学制が変わり、東濃中学は県立東濃高校になり、そこで同級生としてめぐり会ったのが、後に喜郎の妻となる道子だった。

道子も東京・荻窪の生まれで、三歳の時に一家で父親の出身地である御嵩町に戻っていた。父、伊崎隆三は早稲田大学を卒業後、東京都交通局に勤めていたのだが、御嵩町に戻った理由は、地元からその経歴を見込まれ、軽便鉄道の東美鉄道（六・八キロ）の経営にあたって欲しいとの要請を受けたからだった。実力を発揮した伊崎は三〇代で岐阜県知事から町長に任命された。そして公選制になった五五年から町長を三期務めたから、都合二〇年間町長を続けたことになる。

伊崎の住んだ家は、御嵩町役場から西に歩くこと五分、道路沿いに残っている。地元では名家として知られ、それが、町の刷新のため新町長の候補を求めていた人たちの目にとまり、柳川の擁立に動くきっかけとなる。当の柳川は東濃高校時代のことを、自宅を訪ねた私にこう振り返って語っている。

「白線の入った学生帽をかぶり、高下駄を履き、御嵩町まで電車で通学していました。御嵩町に向かう通勤客と通学客で混み合い、乗り切れない労働者たちが客車の窓の外にぶら下がっていました」

## 亜炭の思い出

亜炭は褐炭の一種で、石炭に比べ炭化の度合いが低く、身近な燃料として使われた。戦後しばらく、東濃地域では亜炭景気が続く。この亜炭が柳川の頭には「負の遺産」としてこびりつくことになる。

「戦前、戦中、戦後と亜炭鉱がまちのあちこちに掘られ、最盛期は七〇〇〇人が炭坑で働いていました。御嵩町には裁判所や警察署があり、飲食街は労働者で賑わい、亜炭ブームで町は活気がありました。彼らは金遣いも荒く、行動もみんな荒かった。亜炭は東濃地域の陶磁器産業や繊維産業のエネルギー源として大変な貢献をしました。しかし、やがてエネルギーは石油の時代となり、国策として栄えた亜炭はあっというまに寂れ、乱掘をつくした廃墟が御嵩町に残りました。あちこちで落盤事故が起き、町の一割が炭坑の跡地です。いまは負の遺産しか残っていません。僕は、少年時代のこの記憶と、いまの産業廃棄物処理施設の問題が二重写しになってしようがないのです」

柳川はのちに、議会でもこの亜炭のことをよく口に出している。例えば――。

「半世紀前、御嵩の町は亜炭で活況を呈しました。経済、それから町民の生活も大いに潤いました。私も当時、中学だか高校だかはっきり記憶しておりませんけれども、一夏、炭鉱でトロッコ押しをやった記憶がございまして、なにがしかの収入を得て、私もメリットを受けた一人でございます。極めて鮮やかに記憶しております。つまり、御嵩に亜炭というものが半世紀前に大変な富をもたらしました。同時にこのあたりの地場産業、愛知から岐阜にかけてでございますけれども、各種場産業のエネルギー源というものをこの御嵩の亜炭が支えてきたと、こういった厳然たる歴史もあるわけです。そういった大変なメリットのあったものでございますけれども、五〇年たって何が残っているか。何も残っていない。残っているのは古傷だけということであります」（御嵩町議会、九八年三月一二日）

そして産業廃棄物処理施設の建設計画に結びつけた。「私がこの御嵩町における産廃計画というものを知ったときに、私の少年時代の記憶というものが極めて鮮やかに、鮮烈にきらめきのように頭の中に出てまいりました」（同）

一方で、柳川は木曽川への思いも強かったようで、中学高校時代をこう振り返っている。

「梅雨明けのころから秋の彼岸まえまで、よほどの大雨でもないかぎり、川原にかよった。夏休み中は一日に5、6時間も川で遊んだ。川で暮らした、といってもよいほどであった。（中略）しめしこんできた褌で川の中に入る。川は深いところで2メートルぐらいあったが、底の水苔のついた石まで、澄んだ水をとおしてよく見えた。急流にのって対岸まで泳ぎ、また引き返してくる。泳ぎ疲れると、甲羅ぼしである。数百メートルの広い川原には、われわれ10人たらずの仲間しかいない。夏雲を見上げながら友と語らい、のどがかわくと誰もが川の中に入って水を飲んだ」（『河川』一九八一年六月号、日本河川協会）

## NHKの記者として現場に

柳川は五一年に名古屋大学法学部に進学した。翌年にメーデー事件、吹田事件、大須事件が起きた。争乱事件、謀略事件と騒がれ、学生や労働者のデモ隊と警察が激突し、政治の季節のまっただ中である。だが、仲間からデモに誘われた柳川は、一回も参加しなかった。柳川はこう書く。「良くも悪くも生来、群れに入るのが好きではなかった。（中略）右にしろ左にしろイデオロギーが苦手で、イデオロギーを主張することはもとより、イデオロギーについて考えるだけでも億劫になってしまう性分であった。そんなことからノンポリ人間、元祖無党派を自称していた」（『襲われて　産廃の闇、自治の光』柳川喜郎著、岩波書店、二〇〇九）。

その大学時代、柳川は高校の同級生だった道子とめぐり会った。女性が大学に進学することは夢のまた夢の時代。道子は優秀な成績で高校を卒業すると、代用教員になった。そして三年過ごしたあと愛知県立女子短期大学に通うようになった。大学四年生の柳川と短大一年生の道子は同じ電車で会話を交わすようになった。

柳川は卒業するとＮＨＫに入った。最初は名古屋中央放送局でサツ回り（警察担当のこと）から始まり、科学・技術、教育担当などで三年過ごし、金沢放送局では石川県政を二年、津支局ではデスク兼務で三重県政と県警を仕切った。そして六三年に念願の東京に栄転し、社会部記者として気象庁を担当し、地震問題を中心に取材した。東海地震説が出たころ、ＮＨＫは対応計画をつくることになり、柳川は動員計画や機材の設置などの計画づくりを任される。解説委員になった後も、災害担当として専門性を発揮する柳川は、「災害報道はＮＨＫにとって、選挙と並ぶ柱だった」と、私に自慢げに語った。

六四年秋には南極にも行っている。オーストラリアで米国隊に合流し、南極大陸で三か月間過ごした。この時、朝日新聞からは轡田隆史記者が参加し、柳川と交流を温めている。

南極から帰国した柳川は、しばらく社会部記者としてすごしたあと、六七年に外信部に異動、ジャカルタ支局長としてインドネシアに赴任した。その年の九月に左派系の軍人たちがスカルノ大統領を拉致し、大統領官邸を占拠すると、スハルト将軍がクーデターを鎮圧した。大統領に就任したスハルトは、イスラム勢力を中心に、激しい「赤刈り」を行った。柳川の記者時代の「勲章」はやはり、この外信部時代である。

町長になった後、夜に自宅で当時を回想し、私にこんな話をしてくれたことがある。

「共産党系の文化団体や進歩的な市民団体の人たちが片っ端から逮捕されていた。裁判にかけて有罪にし、アラフラ海のブル島につくったキャンプに閉じこめられた。周りにはワニがうじゃうじゃいる。良心の囚人と呼ばれた彼らはひどい生活ぶりだった。僕は原稿を電報で東京に送るんだが、検閲官が印を押さないと送れない。しかも絶えず盗聴されていた。それが常識だった。検閲と言えばインドがすごかった。インディラ・ガンジー政権下で、英語とローマ字で書いた二五行の原稿が僕の目の前で三行に削られた。検閲官に原稿を破り捨てられたこともあった。反政府活動を取り締まるために非常事態宣言を出し、憲法を停止していた。ラージジスト・デモクラシー・イン・ザ・ワールドと標榜していたインドでさえこうなのかと。人間がどういう思想を持とうが自由なはずだ。平和な日本から外に出て、その基本的人権が失われる不条理をアジアの国々で見てきた。だから、いまも自由や人権に敏感に反応せざるを得ないんだ」

七〇年に反マルコスのデモを取材した後、今度はＣＩＡの支援を受けたロン・ノル将軍がクーデターを起こし、シアヌークから政権を奪取したと聞き、現地へ。さらにカンボジアのシアヌーク政権によるクーデター、ベトナムでの民族解放戦線による南ベトナム政府軍へのテト攻勢――。激動と混乱のアジアを柳川はリポートし続けた。

## 木曽川渇水で提案

ジャカルタ支局とニューデリー支局の六年間の海外生活を終えて帰国した柳川は、定年までの一〇年間を災害問題担当の解説委員として過ごした。「一匹オオカミ」を自称し、「群れをつくるのは苦手だし、いやだった」柳川にとっては、この職が向いていたのだろう。そして六〇歳の定年後は、大学教員として第二の人生を送ろうと考えていた。

解説委員時代、柳川は、災害報道でつながりができた団体の雑誌に寄稿している。一九九四年に東海地方を襲った渇水騒ぎについて書いた文章がある。

記録的な小雨で木曽川水系のダムが干上がってしまい、名古屋市はじめ愛知県の下流地域は、深刻な断水の危機に見舞われた。長期断水が始まる寸前に農業団体が農業用水を飲料用に分け与えることを決断し、危機を脱することができた。

このころ、私は朝日新聞名古屋本社の社会部で「渇水キャンペーン」を展開していた。上流のダムに頼る都市の飲料水は長期断水の危機にあるのに、木曽川の表流水に水利権を持つ農業団体の農業用水は潤沢で、水田は満々と水を溜めている。そんな実態を写真をつけて告発し、農業団体は困った自治体に融通できないのかと指摘した。

その記事を見た吉川博参議院議員が動いた。融通することを決断し、配下の土地改良区に指示した。木曽川の水が名古屋市などに供給され、自治体は長期断水の危機を脱することができたのである。

吉川は、愛知県土地改良事業団体連合会会長を長く務め、農業団体の「ドン」。建設省や農水省から名古屋にある出先機関の長になった官僚たちが真っ先に挨拶に行くのが習わしになっていた。後に私の取材に、吉川は「あそこまで書かれたら、動かんわけにはいかんだろう」と笑った。

柳川はこの顛末を簡単に記し、こう提言している。

「今回の渇水でも、愛知県知事は各土地改良区をまわって、農業用水の一部を水道水に分けてくれるよう懇願した。しかし、土地改良区の返答は、木曽川の水は我々のものといって、水の分配には消極的であった。それが急に変わった背景には、世間の目が、豊かな水を使い続ける農業用水に対して次第にきびしくなっていったことがあるようだ。結局は、政治的判断によって、水の分配が決まり、断水は解除されたのだが、このあたりのことは、水利権に通じていない一般の人々には、とても理解できない」「がんじがらめの古い水利権秩序がつづく限り、今後も小雨の時には、渇水騒ぎがおきるだろう。水利権の変化に応じて、新たな水利権秩序が必要なのだが、そのためには、いっそのこと水利権を取引の対象にして、合理的、現実的な解決をはかるのはどうだろうか。そうすれば『既得組』の権利を尊重できるし、『新規組』も断水で右往左往する必要がなくなるだろう」(『月刊消防』一九九四年九月号、東京法令出版)

お金を出して困った時に水を分けてもらえばいいじゃないかという現実的な提案である。こうした柳川の柔軟な考えは、こと産業廃棄物処理施設になると、なぜか影を潜めてしまうのである。

## 方針に従えないなら辞めていただく

町長になった柳川は襲撃事件で重傷を追うが、そこから復帰すると、自分の性格と決意をこう述べている。

「町政の最終決定者は町長である私であり、その最終的な責任者も私である。だから、その方針に従えないというなら辞めていただくしかない。助役をはじめとする役場の執行部に向かって、町長就任以来そう言い放つ私に、『職員を敵に回さず懐柔を』とか、『少しは馬鹿になって話を聞いてやれ』とか言う友人もいる。要するに彼らにとっての私の性格は頑固すぎるから、少しはこれを変えてみろということなのだ。確かに私は頑固なところがあるし、安易な妥協を好まない。それは認めよう。だが、『方針に従えないなら辞めていただく』というのは、私の性格の問題ではない。これは法制度上の問題であり、地方自治における行政というのはそういう仕組みになっているのだ。したがって、私は、これから先もこのスタンスを変えるつもりはない（中略）私は暴力には屈しないし、金銭にも名誉にも執着はなく、己の信念にのみ従い、命をかけて町政に取り

柳川喜郎御嵩町長

組んでいきたい。これは偽りのない私の気持ちです」（『アエラ』一九九七年二月一七日号、今井一、朝日新聞社）

柳川の清廉潔癖な性格は、町長に就任してすぐに行動に出た、税金をつかった接待や付け届けを受け取る風習を真っ先に禁止したことからもわかる。当時、私は、公務員が税金を使って接待や飲み食いする「官官接待」批判のキャンペーンを展開していた。柳川町長は「上級官庁に贈り物をするなんて僕の常識外。必要性があるとは思えない。上級官庁という言葉がおかしい。上級も下級もない。平等、同等ですよ」と言った。反応の鈍い多くの自治体首長に比べて、柳川の決断はすがすがしかった。一方梶原知事は「総点検を命じたが幸いおかしなものはなかった。中央省庁との交流まで抑えてはいかん。角をためて牛を殺すことになるから」と言っている。

柳川の決断は英断だった。しかし、行政の継続性や前例にとらわれずにこうと思って突き進むやり方は、周囲との軋轢を生む。落下傘で舞い降りた新町長を職員が理解し、従おうとするには時間がかかる。それに職員が意見を述べたり、いさめたりするのは、町長の独断や独りよがりを防ぐためにも良いことだ。だが、一部の町議らは「町長に従おうとしない職員がいる」「従わない職員は辞めるべきだ」と言って、議会で柳川に強い意思表明をするよう迫った。その求めに「辞めていただきたい」と応じる柳川に、職員たちはより不安を募らせていく。

産業廃棄物処理施設の建設を巡る問題では、常識や正義という建前が優先され、根回しを嫌った。自分ひとりで書いた「疑問と懸念」を県にいきなりぶつけ、根回し行政に慣れきっていた県を困惑させた。「それなら空中戦だ」。県が投げ返し、対立の火花が飛び散った。

## 長良川に遊ぶ少年

梶原拓は一九三三年一一月、岐阜市で藤市ときみえの長男として生まれた。藤市は岐阜地方裁判所に勤める国家公務員だったが、その後中部電力に勤め、さらに司法書士兼税理士として開業した。きみえは拓が三歳の時に肺結核で亡くなり、岐阜市内の親戚の家に預けられた。そこでは毎日のように長良川で友達と遊んだのだという。

「特に夏は朝から晩までです。その時3回ほどおぼれそうになりました。ある時は、川面に口から出たあわが浮くのが分かった後、意識がなくなり、下流で男の人の足にひっかかって助かりました。両親が根尾村の出身だったため、夏にはよく根尾村に行きました。ダムの堤を登ったりし、ずいぶん危険なことをしました。根尾川には川マスが上がってきたため、川にもぐってモリでエラのところを刺してとりました。釣りは得意です。四国の吉野川に行った時、名人という人と釣りの競争をして勝ったこともあります」（一九九一年九月二一日日本経済新聞夕刊「母なる長良川、香り懐かしく」）

県立岐阜高校を卒業すると現役で京都大学法学部に進んだ。司法試験を目指したが失敗し、家庭の事情もあり浪人はできない。官僚の道を選び、一九五六年に建設省に入った。

ずけずけものをいう性格だったのだろうか。こんなエピソードがある。公務員試験に合格した梶原は、建設省で面接試験を受けた。梶原が、いまの資本主義はこんな状態じゃだめだと勝手なことを言うと、面接官の人事課の課長が、「君、それは理想論だろう」。「そんなことないですよ」と反論していたが、そのうち課長が採るつもりかなと思い、「いや、その通りです」。成績はよくなかったが、面接で気に入られたのだという。

入省した梶原は道路局路政課に入った。当時、高速自動車国道法案の法制化に向けて忙しい時期で、梶原もその最末端で働くことになる。

## 「ひどいやつがおる」

当時は仕事が終わると、官僚たちは、課の中で茶碗に日本酒を注ぎ、酌み交わしながら天下国家を論じたり、仕事の話で喧喧諤々《けんけんがくがく》の議論をするのが普通だった。たまたま一杯飲んで官房長室に入った。「どうぞ、どうぞ」。丁寧な応対に「いろいろとけしからんこともありますなあ」。梶原が部屋を出ると、官房長が「どこの社の者か。それにしても口の悪いやつだ」。文書課の職員が「いや、新聞記者でなく、あれは今度うちに入った者ですよ」。官房長はその後、会合があるたびに「ひどいやつがおる」と言っていたという（『夢おこし奮戦記――梶原拓岐阜県就任の1000日』角間隆著、ぎょうせい、一九九二）。疑問符のつくエピソードだが、梶原は先の入省時のエピソードとともにいろんなところで語ったり、自ら書いたりしている。

「豪傑」とか「エネルギッシュ」といった評判の梶原だが、自らそうしたイメージを周囲に植え付けるために吹聴していたように思われる。この評価は、梶原が建設省の幹部に昇進し、やがて岐阜県知事になってからもずっとつきまとうのだが、梶原に仕えた元県幹部や秘書に聞くと、先にあげたような人物像ではなく、繊細な神経と温厚な性格の持ち主だったというのである。

知事を退任した梶原が立ち上げた日本再生会議の事務所に、当時立命館大学の学生だった和田直也（現岐阜市議会議員）がインターンとして通ったことがある。梶原に仕えた最後の秘書だ。

岐阜市役所の議員控室を訪ねた私に、彼はこう思い出を語った。「自分の主張をまくし立てる人ではない。人の言うことにしずかに耳を傾ける人でした。僕のような若造に対しても。勉強熱心で、絶えず時代の先を行くような本を読み続けていました。パソコンは扱えず、メールもできない。連絡は主にファクスでした。これではというので、僕がパソコンのキーボードの打ち方を教えてあげました。人差し指で、ぽつぽつとキーを打っていましたね」。『都市情報学』『道路情報学』などの著書があり、ニューメディアを力説した梶原がパソコンのキーも打てなかったというのは愛嬌というべきか。

梶原は入省五年後に日本生産性本部の長期研修生として米国に留学、帰国後福島県への出向をへて、建設省道路局路政課の課長補佐として自転車道法案の制定にかかわった。住宅局から七七年に岐阜県庁に企画部長として出向した。そこで県議会の実力者古田好が上松陽介知事の後任と考え、上松も梶原を高く評価したことが、梶原の将来を決定づける。

上松は、梶原と同じ岐阜市の出身で、岐阜中学（現岐阜高校）から第八高等学校（現名古屋大学）、東京帝国大学法学部を卒業後、日鉄鉱業に就職。兵役をへて雑貨を扱う会社を設立し、その後岐阜市役所の要職についたあと市長に就任。七七年に知事選に出馬し、初当選したばかりだった。梶原は県第三次総合計画をつくりあげ、二年後に建設省に戻ったあと、事務次官候補の出世レースの条件となる大臣官房三課長の一つである会計課長に昇格。さらに道路局次長と出世の階段を昇っていった。

## 情報化掲げる革新官僚

ここで梶原が提唱したのが「情報化」だった。建設省に欠けているのがこれだと、道路に情報サービスのネットワーク、ターミナル設置を提唱した。「道路主権」という言葉を使い、道路行政の総合的な見直しを主張したという。これは公共事業一辺倒の「トンカチ」から政策官庁への脱皮でもあったと、ジャーナリストの田原総一朗は『週刊文春』の連載記事「スーパー官僚論」（一九八五年一〇月）で述べる。そんな梶原に省内には抵抗もあったという。梶原はこう語る。「何か事を起こす、現状を変革するのに対しては何でも反対。ことなかれ現状維持……」

〈梶原は、それを「永久停車型」と呼び「いつの時代も多数派」だと説明した〉

「それに対して、ぼくなんかは、さしずめ〝見切り発車型〟……。世の中を変える、役所を変えるためにはある程度、見切り発車、やっちゃえという荒っぽさ、強引さが必要でして、定刻運行型じゃ何も変わらない、何も進歩がない」。梶原は味方をつけるために、有識者やブレーンを集め、「日本の道を考える会」や「道路利用者会議」など数多くの会や道路経済研究所などの研究機関を設置して応援団を整えていった。いわゆる「革新官僚」といったところか。

都市局長となった梶原の自宅に、岐阜県知事の上松陽介から電話があったのは八五年の年明けだった。「こっちに戻ってきて、副知事をやってほしい。ゆくゆくは知事に――」。もともと上松は、梶原が岐阜県の企画部長として出向していた時、「後の面倒をみるから残らないか」と梶原を誘ったことがあったが、梶原はその時は断って東京に戻っていた。その後も上松は電話を何回もかけた。梶原はその都度断ったが、結局、上松の熱意に負け、副知事の話を受けることにした。

建設官僚なら国から公共工事を引っ張ってこられる。そんな周囲の期待に応えようとした梶原だが、その腹には「情場」の世界をここで実現したいという野心があったはずである。

## 大成功だった「ぎふ未来博覧会」

副知事としてそれが実現されたのが、八八年七月から九月まで開かれたぎふ未来博覧会だった。「人がいる　人が語る　人が作る」をテーマに、岐阜市長良川畔の県総合運動場に二一のパビリオンが出展し、県の自然や文化を大型映像で見せたり、光と音と映像をミックスしたり、実物大のスペースシャトルで夢の宇宙旅行を実現したり、リニアモーターカーを紹介したり、中国の友好姉妹都市から青年曲技団を招いたり――。期間中はマイカー規制し、会場へはバスかタクシーでしか行けないようにした。入場者の動員目標一五〇万人に対し四〇七万人が訪れ、二〇億円の黒字を計上、大成功に終わった。

翌年名古屋市で市制一〇〇周年を記念して開かれた世界デザイン博覧会が、目標の人数を超えたものの八億円を超える赤字を生みだしているのと対照的だった。梶原は成功した理由として、面白さ、楽しさ日本一を掲げたこと、連日日替わりで繰り広げた多彩なイベント企画の面白さ、参加型の博覧会だったことをあげている。

梶原はこう述べている。「博覧会は、単に会期中の一定期間のみの催しということではなくて、県民総参加で町おこし、村おこしを進めていく絶好の機会としてとらえるべきであるという考えかたを示したものでした。私は、今回の未来博は単なる博覧会にとどまることなく、『博参会』ともいうべき参加型のイベントとして実施できたことに成功の要因があったと考えているところです」(『地域活性化大学』梶原拓著、実業之日本社、一九八九)。

こうした成功物語をひっさげて、梶原は上松から禅譲され、八九年に知事選に出馬、知事の座を射止めた。梶原が訴えたのは「二一世紀の夢起こし県政の推進」。未来博同様、県民が総参加して理想の県土づくりをめざそうと呼びかけた。

夢おこし県政とは何か、梶原は県が開いたシンポジウムでこんな説明をしている。

「現代では民主主義制度の基盤は間接民主主義となっていますが、これだけではなかなか大衆の欲求をつかみ切れません。間接民主主義が基本ですが、それだけに依存していると、どうしても大衆と政治・行政の間にスキマができ、大衆は政治に拒否反応を示しがちになります。これは社会全体のエネルギーの有効活用という面では望ましいことではありません。そこで、夢起こしという一種の直接民主主義的な手法で、このスキマを埋めることができないかと考えたのです。なぜ、夢という次元でとらえたかというと、現実的なテーマでは、利害関係にとらわれて自由な発想がなかなか出てこない。

しかし、夢であれば法律や予算に縛られずに何でも言え、伸びやかな発想ができるからです」

梶原は当選した八九年度を「夢おこし元年」とし、市町村や県の出先機関に「夢登録所」を設置し、地域作りのアイデアや意見を募集した。八九年度から九一年度までに採用された「夢」は延べ約二万六〇〇〇件、六三一事業。さらに「情場」づくりに取り組み、情報基地として大垣市にソフトピアジャパンを建設、情報関連企業を集め、大学を誘致し、人材の育成や情報の交流機能を持たせた。

こうしてアイデア知事の評価を得た梶原は、二期目の選挙では六〇万票を獲得し、得票率は七六％と、初当選した時の数字を大きく上回った。岐阜県は元々自民党王国と呼ばれ、県議会も過半数を自民党の会派が占める。梶原は県議会の重鎮の議員らの信頼をつなぎとめながら、持論の「ボトムアップよりトップダウン」での決断が増えていった。

梶原拓岐阜県知事（『情場の時代を生きる』梶原拓著、和田直也編より）

梶原が発案し、裏木曽街道に全国で初めて設置した「道の駅」もその一つだった。
「情場」の実現のために、県民参加を促し、東京の有名知識人を引き込み、イベントを展開していく梶原は、時代の先駆者であった。しかし、県政とはそのような華やかなものばかりではない。県民が地域で健やかに生きていくためには、ソフト・ハード両面でのさまざまな地道な取り組みが必要で、それは市町村と連携しながら進めることになる。頻繁に東京と行き来する梶原が岐阜県の広告塔なら、残った県の職員たちは地味な縁の下の力持ちとして梶原県政を支えたのである。

## 公共事業の推進

梶原にはもう一つの顔があった。元建設官僚の強みを発揮し、道路や橋梁、下水道、ダムなどの公共工事を進めるという顔である。岐阜県の建設業界や議会はむしろこちらを求めた。そして、そこには強引とも見える梶原の顔がのぞく。お祭りのイベントやソフト事業について「ボトムアップよりトップダウン」で行っている分には大きな問題は起きなかったし、むしろそれは県民の参加を促し、活性化させるというメリットがあった。

一方、公共工事については、その推進を求める県民もいれば、環境破壊や税金の無駄遣いなどの理由から反対したり縮小を主張する県民もいる。こうした人たちにどう向き合うのか。

本来であれば、粘り強く対話を続けて説得し、あるいは調整・妥協しながら目的を達成する。時には軌道修正も求められる。だが、この分野では梶原はなぜか強硬姿勢の一点張りだった。その象徴が長良川河口堰（三重県桑名市）である。全長六六一メートルの威容を誇る、治水と利水を目的とした可動堰だ。ゲートを操作し、海水の遡上を防いでいる。

洪水対策のために川の河床を掘削、流れを良くすると、海から海水が遡上し、農業や飲み水に影響を与えてしまう。それを防ぐために河口部に可動式の堰を設け、海水の遡上防止を図る。河口堰が構想されていた六〇年代は高度経済成長時代で、むしろ水資源の確保が主目的だった。建設計画をめぐっては、七三年に長良川流域の漁協関係者ら約二万六〇〇〇人が建設差止めの仮処分を岐阜地方裁判所に提訴したが、国が補償金を払うことを約束して訴訟を取り下げた。しかし、八〇年代の末になって河川環境の保全の立場から、全国の市民活動家や自然保護団体が立ち上がった。無駄な公共事業の象徴にまつりあげられた河口堰は全国の注目を浴び、建設省の河川政策の転換や河川法改正につながるとともに、公共事業のあり方に一石を投じることになった。

しかし、これまでの強硬路線から話し合い路線に転じた建設省に対し、梶原知事は激しく反発した。

## よそ者による批判に激しく反発

稼働堰が完成し、稼働に向けた試験湛水（ゲート操作）を始めようとした九四年春。当時は自民党と社会党、さきがけの連立政権下にあった。天野礼子ら反対派がボートをこぎだし、可動堰のゲートの直下に入り、妨害した。

五十嵐広三建設大臣は梶原知事に電話した。「反対する人たちがボートに乗って妨害している。ゲートの操作ができないので延期したい」。「大臣、それはおかしい。実力を使わないと建設省は動かないのですか。そうであれば、私たちは竹槍を持って現地に行きますよ」

梶原はこれを記者たちに話した。その日、私は、朝日新聞名古屋本社社会部の遊軍キャップとして河口堰の一連の取材をとりまとめていた。岐阜支局から社会部に送られてきた原稿を見た私は、同僚に言った。「議会向けのパフォーマンスだな」

建設省に説得され、天野らはボートから下りた。そして五十嵐大臣と話し合い、本格稼働につながるゲート操作を中止し、一年間環境調査をし、賛成派と反対派が意見を述べあう円卓会議の設置が決まった。梶原はこの五十嵐の決断を批判した。しかし、環境への懸念を対策でクリアし、話し合いで何とか合意形成に持ち込もうとしていた建設官僚たちは、梶原を援軍とは見ていなかった。ある官僚はこう言った。「県議会の受け狙いのようなパフォーマンスはやめてほしい」

稼働の決断は、五十嵐のあと建設大臣に就任した野坂浩賢が下した。野坂から意見を聞かれた梶原は、治水や農業の保護のためにも一刻も早く河口堰の稼働を求めた。さらにこんな文書を提出したと梶原は回顧する。「現地の住民が、いつ大水が出て生命が危険にさらされるかわからないのに、地元に関係のない反対運動の方のご意見で、大臣の河川管理権が左右されるのはおかしいじゃないか。もしこういうことであれば、河川管理権を返してもらいたいということを公文書で出したんです。建設省、建設大臣にずいぶん怒られたそうです」（『証言・長良川河口堰　対立する世論　錯綜するメディア　苦悩する行政』公共事業とコミュニケーション研究会、産経新聞社、二〇〇二）。

野坂は九五年、稼働を決断した。いたずらに問題を先送りするつもりはなかったと野坂は言う。「円卓会議では毎回ほぼ同じ主張の繰り返しである、学者の意見も真っ向から対立している。私が結論を出す以外にこの問題に決着をつける方法がないと考えた」（『政権』野坂浩賢著、すずさわ書店、一九九六）

あくまでも地元にこだわる梶原は、外からやってきた河口堰建設反対の市民団体を嫌った。「市民運動とか、市民グループとかおっしゃるけれど、どこの市民かはっきりしてから質問してくれと。反対運動というのは地元ではほとんどなかったんです」「知事というのは住民の生命を預かっているわけですから、建設大臣に怒られようが何しようが、正論を言わなければならない立場です。地方自治というのは地方の住民に任せたということですから、その地方自治を無視して、東京で地元に関係のない人の意見で左右されるというのはとんでもないことですよ」（『証言・長良川河口堰』）

梶原は自ら県民調査団をつくり、各界各階層の代表者たちに現場を見てもらった。説明を聞いて、その意見をもとに知事が建設省に意見を出した。県の人選による「官製組織」だから、もちろん建設推進を求める住民の声となる。

御嵩町の産業廃棄物処理施設の建設問題も、河口堰と同じ受け止め方だった。下流の名古屋市などの市民グループが反対運動の中心となり、岐阜県の進める事業に介入してきていると、梶原は反発した。よそ者の批判など受けたくないという土着へのこだわりと、民意は県に協力してくれる大衆を動員してつくり、それを「県民総参加」と呼ぶ。この梶原の意識は、ややもすると自分の意見にあわない人々を排除する方向に向かう。そして東京生まれで落下傘を背負い、御嵩町に舞い降りた柳川も、梶原にとってはよそ者でしかなかった。

梶原と柳川が対立していたころ、私は長良川河口堰と徳山ダムの取材で、霞が関の建設省河川局をしばしば訪ねていた。ある時、課長と雑談していると、こんなことを言った。「岐阜の大名行列がまもなく来るんだ。幹部らは居留守を使って、みな部屋を出た。建設省を辞めた過去の人なのに、影響力を持っていると勘違いして、勝手に部屋に入ってくる。こんな先輩を持って恥ずかしい」。しばらくして「大名行列」の一行の姿が見えた。梶原知事が大勢の職員を引き連れ、廊下を練り歩いている。

これは奢りや虚勢の片鱗にすぎないが、しっぺ返しが知事をやめた晩年にやってきた。県庁の職員組合に庁内で組織的に集められた裏金がため込まれ、職員たちが分けたり、飲み食いに使っていたことが二〇〇六年に発覚したのだ。

私が朝日新聞名古屋社会部で九〇年代半ばに行った「官官接待」キャンペーンで、多くの自治体は身をただした。しかし、裏金の保管に困った岐阜県は、情報公開条例や監査の及ばない職員組合に裏金を移し、悪習を続けていた。梶原の後任の古田肇知事が徹底調査を命じて一七億円の裏金が判明し、大量の職員とOBが全額を返還することになった。

梶原は最も多い三七〇〇万円を返還した。知事時代に「(官官接待をやめることは)角をためて牛を殺すことになる」と語っていた梶原は、組合への裏金の移動を了解していたと部下から暴露された。すでに往年の勢いはなく、県民の非難の嵐を受けて背を丸めざるを得なかった。

それでも梶原が岐阜県に残した足跡で、評価されるべきものは幾つもある。二〇一七年八月に八三歳で亡くなったときは、政財界から多くの人々が参列し、その人脈の広さと、多くの仕事を手がけたその功績を称えた。

# 第二章　県を手玉にとった町

## 「処分場なんてとんでもない」

　寿和工業の清水正靖会長が平井儀男町長に面会を求めて御嵩町役場にやって来たのは、一九九一年八月二三日のことだった。町長室で平井町長に向き合った清水会長は、御嵩町の小和沢に約四〇ヘクタールの管理型最終処分場の建設を計画していることを説明した。「おまはんは昔、炭鉱の穴を掘って、今度は産廃か」。平井町長が皮肉を込めて言うと、会長は「昔世話になったので、ご恩返しだ」と返答した。

　清水会長は以前町内で炭鉱を経営していた時代から、稼業が酒屋だった平井町長とは知った仲だった。平井町長は「処分場なんてとんでもない。認められない」と反対の意向を示したが、清水会長は引き下がることはなかった。一週間後会長は豊吉助役を訪ねて同じような説明をした。豊吉助役は会長が帰ると、急遽、課長会議を開いた。「君らの意見を聞きたい」。豊吉助役が意見を求めると、課長たちは口々に「計画に反対すべきです」と述べた。

　寿和工業の動きは早かった。御嵩町大久後に完成させたばかりの安定型処分場の隣に位置する小和沢に二〇〇ヘクタールの広大な土地を確保し、管理型の最終処分場とリサイクル施設を建設する計画を進めていた。清水会長が平井町長に会った一カ月後の九月二五日、日経産業新聞にこの建設計画のあらましが掲載された。この記事は、計画の中核となる最終処分場のことには一行も触れていないが、寿和工業の電話番号まで書かれているから、寿和工業がネタを提供して書かれた記事だろう。その翌日には、寿和工業は小和沢の住民一〇世帯と覚書を締結し、移転補償の話がまとまった。

廃棄物処理施設を設置する場合、県の「産業廃棄物の適正処理に関する指導要綱」に従い、町との事前協議を行い、許可申請までの様々な課題をクリアしていかねばならない。それだけではない。土地売買の契約書を結んだら土地売買等届出書を、土地開発を伴う場合は、「土地開発事業の適正化に関する指導要綱」のもとで、町との事前協議が必要だ。岐阜県の場合は土地開発要綱の手続きを優先させ、それが終了してから産廃施設要綱の事前協議に移ることが要綱で定められていた。

寿和工業は、一〇月二二日に国土利用計画法にもとづき、土地売買の契約をした時に義務づけられている届出書を町に提出した。受け取った町は県に送付し、県は利用目的に著しい支障がない場合には受理する。この予定地の買収をもっぱら進めたのが社長の道雄だった。道雄は正靖の長男として生まれ、小学校までは御嵩町で父と一緒に暮らした。やがて東京の親戚宅に預けられ、東京の大学を卒業すると、しばらくは東京で働いた。やがて正靖が産廃業に乗り出し寿和工業を設立すると帰郷し、正靖の片腕として働くようになった。正靖と違っておとなしい性格だが、真面目に仕事をこつこつこなす姿は社員たちの信頼を得て、専務を経て九〇年代に入ると社長に就任した。

道雄は、専務時代から小和沢の民家を一軒一軒訪ねては処理分場の必要性を説いた。そのころの小和沢は一〇世帯、三三人にすぎず、コミュニティの維持が困難になりかかっていた。小和沢を含む上之郷地域では、バブル期にゴルフ場が幾つもでき、森林や農地を売って大金を手にした農家が幾つもあった。それがまた小和沢の人たちの焦燥感をかきたてていた。どんな補償をしたら納得してもらえるのか、道雄は住民から話を聞き、条件を詰めていった。結論は全戸移転。移転先を斡旋し、土地代は相場の三倍、そして一億一〇〇〇万円の補償金を払うことだった。条件は破格と言っていい。二年かけた努力が実を結び、ようやく九一年九月に覚書を締結する運びとなっていた。

小和沢は、御嵩町の中で木曽川に接する北端にある地区の名前で、『御嵩町史』(通史編下、一九九〇)によると、御嵩町に合併する前は、小和沢村として江戸時代は尾張藩領となり、米作を営む二〇戸、九〇人から成り立っていた。それが、一八八一(明治一四)年には二一戸、一二一人に増え、やがて一三の村が合併し上之郷村となり、一九五五年、御嵩町になった。御嵩町の中心地は人口が増え、町の発展の恩恵を受けたのに対し、小和沢は発展から取り残され、八八年には一〇戸、三三人に減っていた。

すぐそばにある丸山ダムは戦争中の一九四三年に建設事業が始まり、中断ののち戦後の五一年に工事が再開され、三年後に完成した。運搬道路が通ったり、コンクリートをこねる工事現場が設置されたりしただけで、ダムの恩恵に預かったのはもっぱら対岸の八百津町だった。もともと距離が近い八百津町との交流があり、町村合併の時には小和沢の住民たちは八百津町への編入を望んだ。今度は、新丸山ダムができることで、その恩恵として道路の整備や補償金を期待したが、見事に裏切られた。そんな時期に寿和工業が話を持ちかけたのだった。

もちろん、彼らがお金だけで納得したわけではない。私は、最終処分場の経営者に話を聞くことがあるが、彼らが異口同音に語るのが、地元住民の同意をどう取り付けていったかという苦労話だ。廃棄物を外から持ち込んで埋める処分場は、地域にとっては迷惑施設でしかない。しかし、廃棄物の処分のためには、いくらリサイクルが進んでも、なくてはならない施設である。

その実現に向けて、処理業者は血のにじむような努力をする。町内会に入ったり、盆踊り大会に出たり、施設の見学会に招いたり、集会所の建設費用を援助したり、田畑の手伝いをしたり、日本酒の一升ビンを下げて訪ねたり。最初は玄関先で追い払われていたのが、玄関の中まで入れてくれるようになり、さらに応接間に。お茶を飲みながら世間話が出来るようになり、やがて酒を酌み交わす仲になる。そこでやっと、補償や条件提示の話ができる――。そんな話をかつて長野県の処分場経営者から聞いた。千葉県に最終処分場を持つ東京の業者は、「どんな人間か知ってもらおうと全力でぶつかった。虚飾を捨て、まる裸になって自分をさらけ出すしかなかった」と語る。道雄にもそれに近い経験があったのかもしれない。

## 県の要請で安定型処分場を容認

御嵩町の豊吉助役は、清水会長が町長に面会する前から、寿和工業が小和沢で進める計画をおぼろげながらではあるが、町役場の職員から聞いていた。しかし、小和沢の住民たちの口は堅く、全貌はわからなかった。

助役を引退した豊吉を御嵩町の自宅に訪ねると、豊吉は応接間に招き入れ、その当時の様子を語ってくれた。「当時はなんていった法律だったかな。そうリゾート法。それが制定されて、開発に拍車がかかったのです。だから処分場の話も開発行為として注視しないといけないと思っていました」。八〇年代後半からゴルフ場の造成が始まり、九〇年代には上之郷地域に六か所のゴルフ場ができていた。さらに上之郷にある農園の経営が苦しくなり、名古屋から産業廃棄物の汚泥を受け入れ、農地の造成に使うという話が浮上した。豊吉によると、町がこの計画に反対し、受け入れを阻止したという。

寿和工業がのちに町に出した計画書には、御嵩町事業として一～三期の事業が描かれていた。一期事業は小和沢の隣の大久後地区での水処理施設を持つ準管理型と呼ぶ安定型処分場。その約二ヘクタールの処分場は供用開始を待つだけだった。二期事業は小和沢地区に一四ヘクタールの管理型の最終処分場、焼却施設（八〇トン炉二基）、中和・脱水施設、破砕施設などを整備するとし、総面積は約四〇ヘクタール。三期事業は管理型最終処分場（三〇ヘクタール）、焼成施設、廃プラスチックリサイクル施設、メタンガスの回収・発電施設などのリサイクル施設を中心に据えていた。当時、このような壮大な絵を描いた産廃業者はいなかった。

寿和工業が小和沢の地を選んだのは「埋め立てに適した大きな沢が幾つもあり、廃棄物を大量に効率的に埋めることができるからだった。さらに一〇戸の民家が立ち退きしたあと、周囲に民家はほと

県と寿和工業と交渉を重ねた豊吉貢元御嵩町助役

んどない。さらに中心市街地から離れているためにトラックによる交通公害の心配も少ない」（元幹部）という地の利があった。

同社は、小和沢の隣の大久後に安定型処分場を完成させたばかりだった。管理型処分場が、遮水シートを敷き、水処理施設も設置した重装備の処分場なのに対し、安定型は埋めても環境汚染の心配のないがれきなど五品目に限られるため素掘り形式だ。だが、ここには環境対策が施され水処理施設が設置されていた。埋め立て地は二ヘクタールと小さい。この計画が町に伝えられた八〇年代後半、町は設置に反対したが、県に説得され、容認に転じた経緯があった。町は県に恩義があった。豊吉が語る。「以前、処分場のある大久後地区に町営の埋め立て処分場を造ろうと計画した。ところが木曽川対岸の八百津町が反対して困った。そのとき、八百津町を説得してくれたのが県だった。おかげで処分場は無事完成した」

## 土地売買の手続きから始まった

こうして安定型処分場は完成したが、スケールの大きい管理型処分場となると、話は別だった。寿和工業が国土利用計画法に基づき土地売買等届出書を町に提出したのは、清水会長が平井町長に計画を明かして二か月たった一〇月。目的を「資産保有・資材置き場」としていた。一週間後に寿和工業の清水社長が役場を訪ねた。豊吉助役が、「資産保有として届け出を受理するものであり、開発を認めるものではない」と言うと、社長は「承知しています。処理施設の計画ができた段階で協議をします」と答えた。

町は、同社が出した届出書について、売買の承諾に当たる「不勧告通知」を行った。同社の目的は産廃処理施設の設置にあり、この記述は厳密には国土利用計画法に抵触する。のちに国会でこの件の妥当性について質問を受けた国土庁の局長は、「国土法の趣旨から可能な限り具体的な利用目的を記載させることが望ましい。岐阜県も当初から産業廃棄物処理施設を造る意向を有していることを承知している節があり、県の対応は必ずしも十分適切であるとは思えない」（九七年一月一六日、参議院決算委員会）と述べている。

一一月一三日、平井町長ら町幹部は、上之郷地区の公民館で開かれた自治会長会に出席した。一六人の自治会長が集まった。豊吉助役がごく簡単に寿和工業の計画を説明した後、企画課長が、寿和工業から出ていた土地売買の届出書を県に送ったことを伝え、「このことで町として開発を認めたわけではありません」と念を押した。

自治会長たちの意見はまちまちだった。小和沢地区の自治会長は「移転計画はあるが、場所は未定だ。いままでの町の対応が悪かった。今回満足していないが、故郷を捨てることにした」と言うと、西洞地区の自治会長は「住民が反対運動をしても処理施設ができてしまうのではないか」。町長は「問題が出てきたので、説明させていただいた。簡単に処理場ができてしまえば問題が残るので、県の指導を受けながら考えていきたい。寿和工業の会長が来て、地元に十分協力し貢献したいと言っている」と結んだ。

## 波紋呼んだ上申書

翌一二月になって清水社長が役場を訪ね、上申書を提出した。国が寿和工業の計画地を通る道路を拡幅・延長し丸山ダム工事の付け替え道路にしようとしており、処分場計画を中止せざるをえないとしていた。そしてダム工事と廃棄物処理が「共存できる大所高所よりの判断が必要」と、道路の迂回を求めていた。

この上申書は建設省にも提出され、扱いをめぐって丸山ダムの担当者と県・御嵩町、八百津町の担当者が話し合った。御嵩町は迂回を認め、八百津町は住民に説明済みなので変更は困ると難色を示した。建設省は、従来の案だといずれ寿和工業に道路を払い下げることになり、整備費用が無駄になると指摘した。結局、迂回することで落ち着いた。ただ、疑惑を呼んだのが、上申書の「当社は、現在までに土地代、移転補償費等々にて約四〇億円以上を支出しております」との記述だった。国土利用計画法は届け出前の土地売買を禁止しており、土地代金を払っているなら違法となる。加茂県事務所に相談した町は、清水社長を呼び出すことにした。

豊吉助役が尋ねた。「この四〇億円はどこで支払っているのですか」。社長が「そこまで言う必要はないし、法律に基づいてやっております」と言うと、助役は「小和沢や大久後に四〇億円かけているように見えます」とたたみかけた。社長が「御嵩町以外でも関連して事業を計画しています」と釈明するが、助役は納得しない。「一〇軒の（お金）は四〇億円に含まれていないのですね」と確認すると、社長は「小和沢の移転補償費で一割払っています。土地代は支払っていません。やれば免許取り消しになってしまいます」と釈明した。

助役の追及はさらに続くのだが、私が役場に残された記録文書を入手し、やりとりを再現していくのは、後に豊吉ら平井町長時代の町職員が、同社に便宜をはかったのではないかと柳川町長を支持する議員たちから疑われ、それが今も半ば定説のようになっているからだ。本当のところはどうだったのか、見ていきたい。

## 地元に説明して欲しいと要望した助役

それが終わると、助役は社長にこんな要望をした。「廃棄物処理法が（九一年）一〇月に改正され、周辺地域の生活環境の保全及び増進に配慮することになっていますし、県の指導要綱でも地域住民の理解を得るよう努力することになっています。上之郷の自治会長会でも反対の意見がでているので、理解を得られるよう努力してほしい」

社長が同意をとることを渋ると、こう諭した。「計画を住民に話してほしい。八百津は上水道施設があり、有害なものが流れてくるのではと、いろいろな心配がある。八百津は計画地の真正面になるから、景観上から言ってもよくない。公害も心配です。だから八百津さんに理解を得てもらいたい」

清水社長は「わかりました。八百津には近いうちに行ってきます。上之郷自治会長にも説明するので、どの範囲か指導してほしい。地元の了解をとるのはエチケットであるのでとるよう努力します。法的に同意をとる必要はないが、助役さんの言うことを善意に解釈し、了解を得るようにします」と答えた。地域住民が納得しない計画では困るという町と、同意を取ることを回避したい業者とのせめぎ合いが始まったのである。

年が明けた九二年一月八日、役場で課長以上の出席による庁議が開かれた。平井町長が「今後、

(地元選出の）田口、新藤両先生に相談していきたい。県とも打ち合わせをし、今後住民運動に発展する可能性もあるので、慎重に対応したいと説明した」と語り、今後どう対応するか、課長たちが同社への要望事項を述べた。「町有地は処理施設の予定地から外すこと」「国定公園内にあり、自然環境の破壊につながる」「地元住民とともに八百津町の同意をとること」「四〇ヘクタール以上の開発は認められない」。結局、寿和工業が町に提出した土地開発の事前協議書は資料が乏しく、これでは開発計画や事業内容が判断できないと、会社に突き返すことになった。

その三日後の一一日、朝日新聞夕刊（名古屋本社版）の一面トップに同社の計画が載った。「住民移転させ産廃総合施設　岐阜・御嵩町で業者」の見出しで、「五〇ヘクタール程度の産廃最終処分場の周囲に、産廃中間処理施設、リサイクル工場などを建設。処分地と工場間の樹木を残すなど、森林に

配慮するという。扱う産廃は廃自動車、建設廃材など五、六種類。集めた産廃からプラスチック、鉄、非鉄金属、ゴムなどを再資源化する。施設から出る余熱を利用したプールなどレジャー施設も造り、地域に開放する」。同社は町に開発を申し入れており、地元説明会を開いて理解を得た上、県の許可を得て工事をすすめるとしていた。

記事には、「産廃というだけで反対する人が多いが、地区のごみの優先処理もする。理解してもらいたい」という清水社長と、「このままでも過疎化が進んでいくので、移転は仕方ない」との自治会長の談話もあった。しかし、肝心の町の談話がない。記事には町と住民が最も嫌う最終処分場のことが抜けていたから、同社がリサイクル施設に絞って情報を提供したのだろう。

建設がすでに決まったかのごとく書かれたこの記事は、町内にハレーションを起こした。

## 「みたけ未来21」は産廃処分場に反対

それから一週間ほどたち、役場の委員会室である話し合いがもたれた。豊吉助役に向き合ったのは、「21世紀の御嵩町を考える会」(後に「みたけ未来21」に改称)のメンバー七人だった。桃井病院院長の桃井知良、農機具販売の田中俊郎、リサイクル業のK、酒店経営落合紀夫ら、地元で自営業を営む業者たちで、平井町政に不満を持ち、町政の刷新を目指していた。

平井町長の家は昔からの造り酒屋で、祖父の信四朗は大正時代に岐阜県議長を務めた実力者だった。町長自身は温厚で裏表のない人柄で、職員らに安心感を与えていた。しかし、自ら引っ張るタイプではなく、実務は豊吉助役にまかせっきりだった。隣の可児市は人口が急増し、大型の工業団地の開発が進んでいるのに、御嵩町は地盤沈下したままだと、会のメンバーらは不満を抱いていた。

新町長を自分たちで擁立しようと候補者さがしをしたが、九一年春の町長選はふさわしい候補が見つからず、平井町長の四選を許していた。そこに朝日新聞の記事がでた。町民の知らないところで、産廃処理施設の建設計画が進められているのは見過ごせないと彼らはいきり立った。記事のコピーに「ご存じですか?」の見出しをつけたチラシをつくり、新聞の折り込み広告にし、各戸に配った。

不動産業と学習塾を営む谷口鈴男町議が振り返る。「御嵩町商工会の青年部の中で、町に元気がない、町を変えなければいけないと感じた人たちが、桃井さんや落合さんを中心に集まっていた。商工会以外の人も含めて四〇人ぐらいか。新聞を読んで、大変なことが起きているとなってチラシを五〇〇〇～六〇〇〇枚ぐらい刷っただろうか。大きな反響があった」

それを受けてのこの日の話し合いだった。

桃井が、「記事は九分九厘決まったような書き方で、不明確、不公平な書き方だ。御嵩町の意図を知りたい」と質すと、豊吉助役が「小和沢全戸移転の話は突然出てきた。寿和工業もこれほど早くまとまるとは思っていなかったと聞いている。九月二六日に（移転の）契約が締結されているが、町にはまったく相談がなかった。寿和工業が急ぐ理由は、九二年以降税制改正で税率が上がるからと聞いている。その後寿和工業から計画が示されたが、現段階では町は反対と回答した。考えられる問題として予定地の農地の農振法除外、保安林の解除、町有地の取り扱いがある。町有地を貸したり売ったりする考えは現在ない」と説明した。

Kが「町としてどんなプラスがあるのか」と問うと、助役は「産業廃棄物処理場も一国の経済活動から見れば必要な施設だ。御嵩町で造られる処理場は町民意識からして好ましい施設ではないが、法律的に諸条件を整え、県で許可されたとしても公害防止協定を締結することも必要だと考えている。住民生活に大きな影響を与えることなので慎重に対処したい」と答えた。

まもなく議会の全員協議会で、町が経過を説明した。共産党の木下四郎議員が「産廃処理場は基本的には賛成か、反対か」と尋ねると、平井町長は「産廃の施設は社会全体から見ると必要な施設である。地元も集団転居の意向に決定した。県と協議して進めたい」。木下が「産廃処理場には基本的には反対だ」と言うと、他の議員も同調した。

三月五日、加茂県事務所を豊吉助役が訪ねた。豊吉助役が町の方針を述べた。「保守系の集まりのみたけ未来21と話し合いの場を持った。寿和に対し反対の意見が多数で、婦人層でも反対の声が出ている。共産党の議員（木下のこと）も木曽川汚染を心配している。国、県レベルでは必要な施設ではあるが、町民の声から考えて賛成といえるものではない。木曽川の下流には飲料用の水源もある。いずれ寿和を呼んで町の意向として『反対』を言うつもりである」

所長が言った。「プロセスが大切です。反対という結果を出すプロセスが大切なのです。特別委員会を設けるとかして、議論する場を設けてみては。頭から反対で、仮に反対という意見をひっくり返したら町としても立場が悪い」

反対は得策ではないというのである。豊吉助役が県の考え方を尋ねても、県がどう考えているのか、明かしてもらえなかった。

## 前のめりの県の姿勢

その三週間後、県の環境整備課と環境衛生課の課長と係長が御嵩町役場にやってきた。寿和工業の計画をどう扱っているのか情報が伝わってこないので教えてほしいという。国会に提出されたばかりの「産廃処理の整備促進法案」の説明もかねてやってきたという。整備促進法案は、産廃処理施設の設置を進めるために、国が事業者に低利融資を斡旋し、施設のできる地区を指定して公共施設を整備し、産廃施設の設置を進める狙いがあった。民間業者の計画に、わざわざ本庁から課長が来るのは異例である。

豊吉助役が経過を説明した後、「この法案は官報で読んで承知している。処理施設の整備が必要という総論は理解できるが、町に造る必要はない」との立場を伝えた。

それに対し県は、「県内で六〇万トンの廃棄物を処理しなければならないため、小和沢地区に処理場を造ってもらうことを県として願っている。一つに第三セクター、もう一つは民営活力の二本立てだが、第三セクターは検討中。住民の理解も得て、体育施設も造れれば幸いです」と述べた。

豊吉助役が言った。「全国から搬入されれば危険なものも持ってくるだろうし、将来的に不安です。どうやって住民に安全であると証明するのか、これが一番問題。それにスポーツ施設を造っても町の負担が大きくなり、町にメリットはありません」

県はすでに産廃処理施設の建設を前提に検討を進めていた。町が心配する水質汚染について、業者が行う水質検査を月一度、県がチェックし、県の要綱で定めた管理目標値（環境基準の一〇分の一）の一〇分の一を超えれば指導すると説明した。「きちんとした管理のなかで整備されたものを造れば安全である。自然環境を壊さない程度の規模の処分場はいる。いまの業者は管理体制がとれて、かなり慎重である。一度失敗すると二度とできないし、信用を失う」と、積極的な姿勢を見せた。それには、次のような県の事情があった。

## 日米構造協議で公共事業が膨らむ

日本がバブルに浮かれていた一九八〇年代後半。八五年のプラザ合意で円高ドル安基調となったが、米国の対日貿易赤字問題は一向に沈静化の気配を見せなかった。そればかりか、一ドル二四〇円から短期間に一二〇円まで進む急激な円高は、日本に巨額の貿易黒字をもたらし、日本企業は、その資金を海外に環流させた。主要な相手先は、債務国に転落した米国だった。毎年五〇〇〜七〇〇億ドルものジャパンマネーが流れ、日本企業は不動産を買いあさった。ジャパンマネーに、米国民の怒りの炎が燃えさかった。

八九年五月二五日、前年に成立した新貿易法スーパー三〇一条（不公正貿易国・慣行の特定と交渉、制裁）の適用がブッシュ政権のもとで公表された。日本を不公正貿易相手国と特定し、対日交渉に乗りだすという。スーパー三〇一条は個別の品目に対し交渉を求め、米国の貿易収支の改善を図るものであったが、まもなく解決のために米国財務省が立案したのが「日米構造協議」だった。米国の対日赤字の要因を日本の市場の閉鎖性にあるとし、市場の開放と経済構造の改善を求め、二国間協議で実行を迫るものだった。

構造協議は八九年九月に東京で一回目の協議が行われ、米国財務省のダラーラ次官補は「日本としてどういう対応が可能なのかを示してもらいたい」と切り出し、日本国内の投資不足を取り上げ、公共投資の増額を提案した。「日本のGNPは世界でも有数ですが、都市の公園面積は先進諸国の一〇分の一、高速道路も三分の一。日本の下水道の普及率、道路舗装率はいずれもOECD諸国の平均を下回っています」

まもなく二〇〇項目の要求が提示された。公共投資支出をGNP（国民総生産）比一〇％にするとあった。九〇年六月の最終報告のとりまとめで、日本政府は過去一〇年の一・五倍に当たる四一五兆円を提示したが、米国は納得せず、海部俊樹首相と橋本龍太郎大蔵大臣が四五五兆円に上積みして決着した。公共投資は下水道や公園など生活関連分野に重点を置き、社会資本の整備を進めるとされていた。

この結末に注目した一人が梶原知事だった。八九年に副知事から知事に就任した梶原は、建設省出身の知事として下水道整備に目を向けた。下水道は、市町村の固有の「公共下水道」、市町村が共同で処理施設を造る「流域下水道」、農村集落を対象にした「農村集落排水」（通称・コミプラ）、家庭ごとに設置する「浄化槽」があるが、日本の下水道の普及率はこのころ四二％と、ＯＥＣＤ諸国（欧州）の五七％、北米の七三％に比べて立ち遅れていた。特に山村が多い岐阜県は二五％と低かった。

そこで梶原は、市町村任せにせず、県が全県下対象に整備を進めるために、全県域下水道化構想を策定した（九三年）。整備指針を策定して農村の整備の促進、都市と農村の均衡、長良川の清流の保全を目指した。公共下水道、木曽川右岸流域下水道、コミプラ、浄化槽を地域ごとに振り分け、汚水処理人口の普及率を九一年度の二九・二％から二〇二〇年度に七八・八％に引き上げる目標と、そのための事業費として約一兆四五〇〇億円を掲げていた。この事業の重要な担い手が木曽川右岸流域下水道だった。最終的には流域下水道人口を五一万人と想定するこの事業には膨大な予算がかかるが、こんな計画がつくれたのも日米構造協議の「恩恵」の賜だった。

しかし、大きな壁があった。流域下水道の終末処理場から出た汚泥の処理先が見つからないのだ。寿和工業が町に処理施設の構想を持ち込んだ一九九一年、流域下水道は各務原市と岐阜市の一部地域（供用人口六万人）で開始し、汚泥は同社の多治見の処分場で処理されていた。だが、いずれ汚泥は膨大な量となり、多治見だけで受けきれない。新たな処分先が必要だった。あてにしたのが、同社が御嵩町に造ろうとしている処分場だった。

流域下水道事業は七七年に都市計画事業が認可され、各務原市の木曽川沿いに終末処理施設を造ることが決まっていたが、終末処理場の予定地の周辺住民が「木曽川右岸流域下水道終末処理場建設反対期成同盟会」を結成し、反対運動を展開していた。測量しようとした県に対し六〇〇人が実力で阻止した。そして、「各務原市郷土を守る会」を結成し、工場排水の受け入れや、終末処理場から発生する汚泥の処理方法と処分地が明らかにされていないと反対した。県は、汚泥を御嵩町上之郷の山林で処分しようと検討したこともあったが、反対派に暴露され、釈明に追われていた。

## 寿和工業に頼る下水汚泥の処理

七八年には県の建設予定地の抜き打ち調査に七〇〇人の住民が実力で阻止したが、県はその後機動隊を出動してボーリング調査を強行、土地収用法を適用して地主の土地所有権を県に移すことに成功した。結局、八七年に県と反対住民との間で終末処理場予定地の補償交渉が締結されて紛争は収まった。県は、周辺地域振興整備を進める、地元の前渡西町全体に五億円補償する、終末処理場から発生した汚泥は市内で処理しないことが確約された。

今度は、最終的に一日一八〇トンを想定する汚泥の処理先が新たな懸念材料になった。県が、産廃業者でつくる県産業廃棄物処理協同組合や、排出事業者団体、県下のすべての市町村を参加させて社団法人岐阜県産業環境保全協会を設立したのは一九八九年四月。協会の理事長の座についた梶原知事は、このオール体制のもとで県内を四つのブロックに分け、公共関与による処理施設を整備しようとしていた。その中で実現性の高かったのが寿和工業が単独で進める御嵩町の計画で、梶原は、終末処理場から出た汚泥をここで処分してもらうことを期待した。

関係者によると、清水会長は梶原知事に岐阜市の料亭に招かれたことがあった。有力県議も同席する場で、「下水汚泥をよろしく頼みます」と梶原知事に頭を下げられた清水会長は、「梶原に頼まれた」と上機嫌で自宅に帰ってきたという。

八〇～九〇年代、梶原知事の信頼を受け、多くの懸案事項の解決に取り組んでいた桑田宜典（後に副知事）が振り返る。「終末処理場から排出された汚泥をどこで処理するかは当時の大きな課題だった。県外へ出すのは無責任だし、県内で処理するしかない。終末処理場ができた頃は汚泥の量は少なく、寿和工業の多治見処分場に持ち込まれていたが、処理量が増えれば別に処分場が必要となる。岐阜県では工業団地の造成を進め、積極的に企業誘致を図っていたが、工場から出た産廃を処分する大型の管理型最終処分場が県内にほとんどないのが悩みだった。市町村も一般廃棄物の処分場がなかなか造れず頭を痛めていた。これらの課題の解決のためにも公共関与で最終処分場を造るのが梶原知事の考えだった」

名古屋から車で北上して各務原市に入り、木曽川を越えた河川敷に各務原浄化センターがある。隣にはサッカー場、野球場、テニスコート、ふれあい広場が併設されている。

下水処理施設と管理棟、ポンプ棟があり、現在二一万六〇〇〇立方メートルの処理能力がある。岐阜市の一部、美濃加茂市、可児市、御嵩町など四市六町の下水を処理している。御嵩町では九六年に処理が始まった。汚泥は、岐阜県本巣町にある住友大阪セメント岐阜工場でセメントの原料に使われている。九七年五月から上石津町にある㈱りゅういきで汚泥を乾燥させて岐阜工場に持ち込みはじめ、現在は年間約三万四〇〇〇トンの脱水汚泥が処理されている。しかし、終末処理場が稼働したばかりのころは、全国で発生した下水汚泥（水分を除いた固形分）の八割が埋め立て処分されていた。リサイクル率は一五％にすぎず、セメント化が始まるのは九六年になってからだ。

## 町の意見は「不適当な施設」

当初、清水社長は、手に入れた二〇〇ヘクタールの土地をまるまる開発したいと考えていた。しかし、四〇ヘクタール以上の土地は町が土地利用計画を策定していないと難しいことがわかり、四〇ヘクタール未満の計画に改めることになる。

九二年七月二九日、寿和工業が提出した土地売買等届出前協議申請書を御嵩町が受理し、総合意見をつけて県に進達した。総合意見は、▽下流に上水道の取水施設があり、処理水で汚染され、公害が発生する恐れがある▽周辺に民家が点在し、交通公害が危惧される▽一部が国定公園の第二種・第三種特別地域に指定され、環境保全が望まれる▽予定地周辺は山林として保護すべき地域で、区域内の町有地は払い下げ、賃借等に応ずる考えはないとし、「当町としては、不適当な施設と考えております」としていた。

ただその後、事業計画について事前協議が開始され、町が意見を述べた課題がクリアされると、反対し続けるのは難しくなる。しかも、県は許可に前向きである。まず「土地開発事業に関する指導要綱」に従い、寿和工業と町の事前協議が始まった。

八月五日、町役場の各課長でつくる開発審査委員会が開かれた。豊吉助役が「町民感情もあるので取り扱いが難しい。一説には木曽川自然保護団体も巻き込んで反対運動を行っていくという話もあり、みたけ未来21も非常に関心を持っている」と言うと、次々と意見が出た。「森林保全計画で森林保全区域になっていることを盾にとる」（企画課課長補佐）、「町長が絶対反対だという意向をしめせばどうなるか」（厚生課長）、「裁判でしょう。負けるのを覚悟で裁判をしなければならない。しかし、裁判で決着すれば住民も納得するかもしれない」（企画課長）。

八月一四日夜には、上之郷地域の自治会長一四人が出席して町の説明会が地元の公民館で開かれた。町は事前協議を始めると説明したが、会長の多くは反対の姿勢だった。

自治会長「町として必要な施設なのか」

助役「好ましい施設だとは考えていない。ただ、法に照らしあわせて適法なものを造ることをとことん止めることはできない」

自治会長「町としてビジョンはないのか」

助役「意見書として提出します。議会とも協議しなければならない。議会も好ましくない施設としている」

自治会長「あそこが適当なところか、子どもの代まで考えなければならない。町としてメリットがあるのかということも」

助役「よく心にとめておきます。自分の土地に適法なものを造るのを止めることは困難です。町の意見をどうするのかは検討します」

二四日には、みたけ未来21の六人が役場を訪れ、「正式に町が動き出したら、こちらも正式な反対運動を行いたい」と通告して帰った。

メンバーたちは分散して、町内の各地区の自治会長や地区選出の町会議員を説得し、建設反対の請願書を町議会に提出させるために動き始めた。一二月、町内を四つに分けた各区地区の自治会が、建設反対の請願書を町議会に提出した。上之郷自治会の会長名で反対の陳情書も町に提出された。陳情書は「寿和工業の企画を認めれば、(その後に出て来る)小規模処分場は当然設置を許可せざるをえません。激しい公害地域と化し、人が住めない地域となるおそれがあります」と訴えていた。

この請願は、翌九三年一月、町議会の民生文教常任委員会で審議が始まった。六月まで半年間に九回審議した結果、全員賛成のもとで「趣旨採択すべきもの」と決定された。「趣旨採択」とは、請願の趣旨に賛成だが、行動を起こさない曖昧なものである。

委員会のメンバーらは、寿和工業の会長と社長、県の環境衛生部の職員を呼んで話を聞き、寿和工業の多治見処分場を視察した。反体請願をした自治会役員や建設賛成の小和沢自治会の役員も招いた。上之郷自治会の役員は「産業廃棄物処理場は必要だということは理解できるが、請願の趣旨から言って反対だ。ただし、どうしても造らなければならないと県が許可すれば、行政が監視を行い、公共が関与した第三セクター方式であれば住民を説得できるだろう」、小和沢の自治会役員は「自治会は戦後一八戸あったが、丸山ダムの建設で田畑や家屋の多くが沈んだ。今後も若者の定着は望めず、自治会の存続は困難だ」と述べた。

## 廃棄物の五原則を打ち出した梶原知事

九三年二月、大量得票で再選を果たした梶原知事は、廃棄物・リサイクルの五原則（リサイクルの徹底、安全第一、自己完結、公共関与、複合行政）を打ち出し、四月には産業廃棄物適正処理に関する指導要綱（一九九〇年制定）を改正した。県の責務にこの五原則を書き、処理施設の設置については、申請する業者に、隣接地の土地・使用権者、関係地域住民、水利権者の同意を得ることと、環境アセスメントを求めた。また県の審査にあたっては関係市町村長と協議することを定めた。技術・管理面から幾つかの指針もつくり、旧要綱の大幅な手直しとなっていた。

これらの新たな手続きは九七年に廃棄物処理法が改正された時に取り入れられており、岐阜県は要綱に限ると、全国の自治体の先頭集団を走っていた。梶原は九三年の年頭会見で、「森林・山村活性化」「廃棄物・リサイクル」「個性を伸ばす学校教育」の三本柱を県政の重点・点検項目にすると明言した。「四年間で県民ニーズの把握のため、ガヤガヤ会議や夢投票などを実施してきたが、組織の中でシステム化が必要になってきた。産業廃棄物は県内各地で問題になっており、いまや公的機関が積極的に関与しなければいけない」と語った（中日新聞一月五日付朝刊）。

ところが、せっかく要綱を改正したのに、県はおかしな行動を起こした。九三年五月、県本庁の地域振興課長名の通知文が寿和工業に送られた。現在の「土地開発事業の指導要綱」に基づく事前協議で、御嵩町が「不適」の理由にしている幾つかの項目について町と協議することを求めていた。これは当然の措置だが、問題は、「口頭伝達事項」として業者に「『産廃の適正処理の指導要綱』に基づく事前協議を行う必要がある」と伝えたことだった。「産廃の適正処理の指導要綱」には、「土地開発事業の指導要綱」での事前協議が終わってから、産廃の要綱の事前協議に入ることが条文で規定されていた。要綱違反になる指示をなぜ、業者に出したのか。

この存在を知った町は県事務所に相談したが、事務所の係長は「私も文句をつけたいところだが、県に対し強い姿勢で指導を請えば、県もガードを固くする」と逃げた。翌日、寿和工業の清水社長が町役場を訪ね、この通知文を見せて事前協議を迫った。豊吉助役は「請願書を町議会で審査中なのでコメントできない。文書のほかに口頭での指示がありましたか」と尋ねた。社長は「口頭の指示はありません」ととぼけたが、隣の鈴木元八常務がぽろっとこぼした。「地域振興課では国土法のみではなく、産廃の施設に関する件の事前協議も進めています」。鈴木の隣にいた林三千常務も、「第三者として見て、（寿和工業は）国家的な課題に取り組んでいる。最後に御嵩町にどれだけ利益をもたらすかが図式であり、ありがたく納得のいく話である。ゴルフ場と同じで当初は問題視されたが、すんでみればにっこりである」と尊大な口を利いた。

鈴木は御嵩町役場を途中で辞めて寿和に再就職した人で、林は可児警察署の次長から天下った元警察官。寿和工業が多治見処分場の稼働で急成長する中、社内体制を強化しようと会長が引き込んだのだが、二人は廃棄物についてはずぶの素人だった。

## 要綱の規定をねじ曲げた県

このような通知と要綱に違反する指示を出した県の真意を知るため、豊吉助役は県庁の地域振興課を訪ねた。地域振興課の宇野土地利用対策監ら三人、環境整備課は池戸洋二課長補佐、松井康雄技術補佐ら三人、加茂県事務所の総務課長ら二人の総勢八人が応対した。

豊吉助役が、「寿和工業と協議するよう通知を出されたが、議会で審議中なので協議に応じる環境ではありません」と述べたあと、産廃要綱の規定に触れ、「土地開発の事前協議が整うまでは、産廃の事前協議に入らないと解してよいか」と確認した。そして、「町としては不適当な施設と考えているが、関係町長が同意しないものは許可しないお考えか。県は、環境行政の立場から、この問題に積極的に関与し、関係町に理解を求める等努力される考えがあるのですか」と、皮肉を込めて言った。

池戸総括補佐が答えた。「(同時並行の審査は)原則として応じられないが、環境整備課と地域振興課と協議した結果、同時進行させたいと考えている。ただしこのことは例外として取り扱う。県内で産廃を処理できる残余年数は四年程度で、県として産廃処分場が必要と考えている。寿和工業は信頼できると思っている」

早く造らないと、産廃の行き場がなくなるというのである。さすがに加茂県事務所の総務課長が「同時進行の通知が出せないのか」と言うと、松井補佐は「勉強会のような場なら県が説明をさせていただくが、記録に残るような場は遠慮したい」と述べた。この町と県のやりとりから、県事務所は町に同情的だが、梶原知事の意向を受けた本庁の担当課は前のめりだったことがわかる。町は、上之郷地域の自治会長を集めて説明会を開き、経過を説明した。

この時点で、町はまだ土地開発の要綱の事前協議に入らずにいた。夏が過ぎると、業を煮やした同社は、協力要請の文書を県に提出し、県が許可権者なのに責任を町に負わせ、町は一人の反対があっても決断できない状況になっていると訴えた。そして町に協議願と要請書を出した。町は、議会でこの問題を審議しているからといって、いつまでも協議に入るのを拒むわけにもいかなくなった。平井町長は、議会の全員協議会で土地開発の指導要綱について事前協議を始めると報告した。

一〇月、役場に寿和工業の社長を呼び、事前協議が始まった。清水社長が計画の概要を話し、次に技術担当部長が、水処理や中間処理施設の排ガスの処理方法などを説明し、環境アセスメントを財団法人岐阜県公衆衛生検査センターに依頼したと説明した。ここで出た町からの疑問や指摘を踏まえ、翌月に同社は説明文書を町に提出した。産廃処理だけでなく、運送、新たな資源化、エネルギー関連事業、専門学校の開設などの分野にも広げる、雇用拡大と納税で町に貢献する、保養施設や温水プールなど地元還元施設の設置、町と公害防止協定を結ぶことなどが書かれていた。

## 公共関与の模索

翌月、県庁の地域振興課で町との調整会議があった。宇野・地域振興課土地対策監は「町の総合意見が『不適』であった。町の意見の修正がない限り前には進まない。本来なら、町で不適なものについては県に進達してはいけない」と、露骨に意見書の変更を求めた。

一一月に入ると、寿和工業は地域振興課に、町との事前協議の報告書を提出した。排水処理、水処理、交通公害、国定公園などについて、すべて「町と合意した」と書かれていた。このことを県事務所から知らされて驚いた町は、地域振興課に連絡した。「内容に誤りがある。何の合意もしていない」。

平井町長と豊吉助役は、町議らと相談し、議会に特別委員会を設置してこの問題を集中審議することを決めた。これによって県の前のめりの姿勢にブレーキをかけようとしたのだろう。

一方、産廃を所管する県の環境整備課は、梶原知事が打ち出した「公共関与」について検討を開始していた。その手始めに、厚生省の外郭団体が東京で開いた産廃特定施設整備促進法の説明会に近藤邦弘産業廃棄物係長を参加させた。

説明会では厚生省の産業廃棄物対策室長が、産廃の発生量が一般廃棄物の八倍あり、処分場の残余年数は一・七年しかないと危機感を煽った。そして整備促進法で特定施設に指定することで公共関与、民間問わず整備が進むと期待感を語った。会場のホテルに五〇〇人が集まる盛況ぶりだったが、帰庁した近藤係長の報告は、期待を裏切るものだった。「率直に言って期待できる内容ではない。法そのものが、市町村の協力を得なければならないように策定されている。特定施設の周辺地域の整備といってもごく限られた地域で町全体の指定もできない。公共事業といっても限られたもので、老人福祉センターや病院、保健所などは考えていない。具体例は何も示されず、他省庁を入れたくない様子だった」

それでも県は、御嵩町での事業計画を同法の適用第一号を目指し進めることにした。その後、平井町長と豊吉助役が県庁を訪ね、環境衛生部の交田公也次長と面談した。この法律は町にどんなメリットがあるのかを聞くためだった。

交田次長は「処分場建設で県が行う許可は、自由裁量行為ではなく、羈束《きそく》裁量行為（法律等でその要件を一義的に定め、裁量を縛っている）であり、申請者が条件を整えて申請すれば許可せざるを得ない。整備促進法は、周辺整備地区を県が指定し、公共施設の整備方針を策定することになっている」と、全国で第一号になる前提で説明した。

平井町長の顔色が明るくなった。「説明を聞いてもやもやが取れてきた。法律ができて初めての申請で、第一号となることもわかった。業者が一方的に大きなことを言っていたので信用できなかった。県の指導を願い、周辺整備事業に多く期待しています」。交田次長は「厚生省も早く第一号を指定したいとの考えがあり、寿和工業は条件的には十分パスする能力を持っている」と言った。

しかし、豊吉助役は懐疑的だった。「この法律は、業者に対する資金の無利子低利子融資という優遇策が主体で、迷惑施設が設置される地元に対するメリットは特にないのではないか。業者からこの法律で国費が非常に多く投入されるような話が広がり、一人歩きして誤解を招いている」とクギを刺した。安易に県を信用する町長に対し、助役は慎重に事態を見ていた。

## 調査研究特別委員会の設置

年があけた九四年一月一四日、御嵩町議会の産業廃棄物処理場調査研究特別委員会が開かれた。この日は、県から衛生環境部の交田公也次長、環境整備課の松井康雄総括課長補佐、可児保健所長ら県の関係者、平井儀男町長、豊吉貢助役ら町の幹部に加え、地元選出の田口淳二と近松武弘の両県議も出席した。

交田次長は、改正された産業廃棄物の指導要綱について、「法律の精神に基づいてできるだけ適正に処理できる施設を適正に配置していこうという精神でつくった」と狙いを語り、この要綱が関連資料も合わせると三〇〇ページに及ぶ大著で、他の自治体のひっぱりだこになったと自慢した。その後、下水処理の現実を語った。「流域下水の汚泥が五一万五〇〇〇人、県民人口の約四分の一を流域下水で実施するが、全部完成すると毎日四〇トンの下水汚泥を抜き取る。現在はその一〇分の一ぐらい。現在脱水、減量し、ほとんどが寿和工業へ行っている」

委員会の藤田正議員が「何を捨てられるかわからんぞという疑いを我々は感じる。搬入されたものを捨てる手前でチェックするというのが最高かと思うが、とてもできない」と言うと、交田次長は「車一台一台をチェックすることは人的にほとんどできない。パトロールや査察（立ち入り調査）の時に問題だと感じたら試験期間で含有物をチェックし、抜き打ち的に採取して検査をやっていきます。また水処理施設から出る排水をチェックするだけでなく、処理施設に入る前の段階でもやります」と答えた。

田中芳郎議員は、計画地の一部が国定公園の特別地域にかぶさっていることに触れ、「（九三年）五月に県企画部地域振興課長から寿和工業に、『非常に風光明媚な自然を大切にするという意味の中で環境保全を守れ』という文書が出ている。どういう方法で国定公園を守っていくのか、県の考えをお尋ねしたい」と質問した。交田次長は「国定公園に著しく悪い影響があるような業者はやってはならない。自然公園法で厳しく決められ、その範囲でなければならない」と、一般論を答えた。

自然公園法は、国定公園内の特別地域での開発や土地の改変について知事の許可を必要とし、当時環境庁はオートレース場などの設置を禁じる指針を示していた。廃棄物処分場は禁止リストになかったが、大半の自治体では処理施設も禁止していた。ところが岐阜県は許可し、当時国定公園の特別地域に九つの廃棄物処理施設があった。うち八つは市町村や一部事務組合の最終処分場や処理施設で、もう一つが寿和工業が御嵩町に設置した安定型処分場だった。

この委員会が開かれた三か月後の九四年四月、環境庁は、国定公園の特別地域内での廃棄物処理施設の新設を禁止する通知を出した。都道府県はその通知を市町村に流し、即適用した。しかし、岐阜県は通知を眠らせ、翌年の三月に林政部長名で通知の発効を二年間猶予するとの通知を出した。寿和工業はそれに従い、自然公園法での許可申請を行った。

なぜ、一年間眠らせたあげく猶予期間を設けたのか。私は担当の林野庁から出向していた福田隆政自然環境保全課長に尋ねると、「当時公園内で四つの処分場計画が進行中で、はねつけられなかった。どうしようか悩んでいる間に一年が過ぎた。環境庁と協議して猶予期間を定めた通知を出すことにし、了解をもらった」と答えた。

しかし、それは事実ではなかった。環境庁の幹部が私に言った。「当時の計画課と国立公園課の職員全員に尋ねたが、協議記録はおろか、電話一本なかった。そもそも国立・国定公園の特別地域に廃棄物処分場なんか認めていたのは岐阜県だけ。たちが悪い県だ」。福田課長にそのことを伝えると、「このことが報道されたら林野庁に戻れなくなる」と泣き出した。寿和工業で図面を引いていた社員はこの通知を知らず、「景観に配慮すればクリアできると考えていた」と言う。

## 京都の最終処分場を視察

御嵩町では、議員らが職員らと一緒に他の地域の処理施設を見て回っていた。大型バスをチャーターして京都府に向かったこともあった。

元町議の鍵谷幸男が振り返る。「公共関与の処分場として京都府京丹波町にある京都環境保全公社の瑞穂環境保全センターを見学した。処分場は田畑に囲まれ、水質汚染などの公害が発生したことは一度も起きていなかった。京都府との協定で定めた処理水の数値は国の基準の一〇分の一以下で管理されていた。きちんと管理すれば安全でないかと、処分場に対する見方が変わった」

鍵谷は、議会の中では処理施設に最初から反対の強硬派だったが、次第に考え方を変えていく。この処分場は住民紛争を克服したことで知られていた。一九七四年に民間業者が処分場を計画したが、由良川の支流である土師川の最上流だったことから、反対運動が起きた。京都府と京都市は自ら出資し、先の民間業者など三三社からの出資も得て京都環境保全公社を設立し、事業を引き継いだ。だが、住民たちは建設中止の仮処分申請を裁判所に起こし、完成後は操業中止を求めた仮処分申請も行い、紛争が続いた。

やがて京都地裁の和解の勧めで合意に達し、八四年にようやく操業できることになった。その和解条項を見ると、処分場の安全性を確認するため、科学的な地下水調査の実施やデータの公表、埋め立てる廃棄物は安全無害なものにすることなどを公社に義務づけており、御嵩町にも参考になることが多かった。鍵谷が見学した時には、住民と公社の関係は良好で、地元の監視委員会が三か月に一度、施設を立ち入り調査していた。春には施設見学会があり、桜の木の下にテントを張って住民と職員が交流したり、京都市の子どもたちのバスツアーを組んだりしていた。

御嵩町の議員たちはその後も埼玉県の焼却施設などを見学し、産廃に対する偏見が薄らいでいった。

二月に開かれた特別委員会では、寿和工業の計画案と、町が出した「不適」の判断が議論された。木下四郎議員が「(不適とした)執行部の基本的な考え方はどうなのか。特別委員会でやるのか、独自に執行部でやるのか」と尋ねると、平井町長は「県の指導をよろしきを得ていくべきという方向ですが、基本的に不適当な施設という意見書の趣旨を踏まえてきた。(県に出す)回答書は、いまのところは不適切であるという姿勢を崩さず回答をすべきと思って内容を検討している」と答えた。

木村光夫議員が、「業者が法にかなったことをしてくれれば、裁判で受けて立つ腹は持ってみえるのか。対抗はできんと思うわけです」と言うと、豊吉助役は「法に適応したものは最終的に許可せざるを得んという前提で、指導要綱で指導してほしいと。県の指導に従って、会社の存続をかけてやってきておる中で、通らなければ法に基づいて処理してくれと県に持ってくれれば、断ることはできんと思います」と答えた。

木下議員が町長に質した。「何や、決まっちまったじゃないかという腹なのか。やっぱり真剣に考えていろんな形で議論をしていくという腹なのか。町長はどうなんですか」。町長の返答はあいまいだった。「期が熟していったというか、国にはいってしまっておると判断しておるわけです」

平井岬議員が言った。「けんかしゃいいというもんじゃないんだ。一番いいことは、血を流さずに話をつけるのが政治の王道。だから、御嵩町がどうしたら一番有利になるかを模索しているんだ。腹を決めていると私は見ている」

すでに町長の腹は条件闘争に傾いていた。

豊吉助役は再び県庁の衛生環境部を訪ねた。

**豊吉助役**「町長が徹底的に反対したら処分場はできない」

**交田次長**「県の産業行政の一環として何がなんでも造らなくてはならない。民間でどうしてもできなかったら、県が関与して処分場をつくっていきたい」

**豊吉助役**「すべてを公共関与で行うことは無理でも、監視体制だけならできないか。知事選での公約で知事は公共関与をうたっている。公共関与の第一号として県は参加してほしい。寿和工業に対して県の評価は大変に高いが、地元では厳しい評価がある。迷惑施設だが、県の産業行政上必要だから何とか協力してほしいと（県から町に）要請できないか。民間といえども準公共的な仕事をし、業者は、流域下水汚泥を俺たちが片づけてやっていると言っている」

交田次長「民間企業だけに町に依頼することは難しい。しかし、玉虫色にしても回答を考えている。口頭で伝える方法もある」

豊吉助役「迷惑施設の受け入れを地域に行って説明するのに、空手ではできない」

交田次長「水の管理や安全性の確保の問題と、地域への還元をセットに町長は進めていったらどうか」

豊吉助役「部外秘として検討する。セットで進めていく」

交田次長「絶対反対ならどんなに話し合っても無駄だが、御嵩町の姿勢に感謝したい。町の要望にそって住民に必要な施設を整備することにより地域住民に喜ばれるような状態にしたい。災い転じて福としたい」

町は安全性の確保と町への還元という二本柱による妥協策を探ることになった。

三月三日、町はまず、既定路線だった「本施設の設置計画については不適切である」との回答を県に提出した。中途半端な妥協は町にとって最悪の結果をもたらすと、豊吉は考えていた。

## 夜の懇談

その三日後の夜、岐阜市内の山月という料理屋で、県の小田清一衛生環境部長と平井町長の懇談があった。県は交田次長ら四人、町は豊吉助役と住民課長がそばに控えていた。

小田部長は、県内で発生した産廃は五〇〇万トンあり、四七万トンが最終処分場で埋め立て処分され、管理型最終処分場の新設がないと九六年に残余容量がマイナスに転じるとの予想を語り、寿和工業の計画の重要性を強調した。そして、安全対策を説明したあと、町が要望すれば、県は整備促進法の趣旨を踏まえ、農政部、林政部、土木部などの関係部局に関連事業の推進を要請すると語った。

平井町長「県のこうしたらどうかという言葉がいただければよいが」

小田部長「何をどうするかは県から言えない。町から言っていただかねば」

平井町長「町としてあることはあるが、いま言う時期なのか」

交田次長「やるとしても、衛生環境部でやるとは答えられない。道路なら土木部になる。業者にやってほしいことがあれば、県が代弁してもよい」

豊吉助役「広く県民の福祉を考える立場で、福祉の里を御嵩町につくる構想はできないか。特養とデイサービス、ショートステイを備えたものを造ってもらえないか」

保健所長「民生部には民生部の計画があると思うので、難しいのではないか」

交田次長「県がどこまで踏み込めるのか。県への要望については地元で検討してほしい。流域下水道の終末処理場となった各務原市の周辺整備の例もある。これは県で行った事業だが、地元還元事業という名目ではない。排出事業者に処理料に一定の金額を上乗せさせ、それを地元に使っていただけるようなことも考えたらどうか」

実は、排出量に上乗せした金額を地元還元に使うという交田次長のアイデアは、後に町が業者と協定書を結び、協力金の金額を決める際に使われるのである。

そのころ、特別委員会の議員らは、町の顧問弁護士に相談している。弁護士は、周囲の反対があっても「施設の整備をしっかり行えば許可が得られる。同意は『できることなら住民の同意を得なさい』という行政指導であり、法的な争いを行うとすれば業者に分がある」とし、「補償及び協定は、しっかりしたもので協定することだ」と助言した。

また、県は町に「寿和工業の御嵩町計画に対する対応について」という一枚の文書を示していた。「土地売買等届出前協議に関する御嵩町意見書『不適』を『適』とするための衛生環境部として出来得る事項」と書かれ、項目が幾つか並んでいた。

【最終処分場の監視指導について】

①県環境整備課で月一回の監視査察の実施、保健所の週一回のパトロール
②市町村、住民の要請で、共同で立ち入り検査を実施
③寿和工業は放流口に水質自動測定装置を設置し毎日測定
④水質検査は毎日、毎週、毎月行う
⑤寿和工業は市町村と地域住民の立ち入りを認め、水質検査記録、溶出試験の閲覧を実施
⑥寿和工業は地域住民が指名する第三者による水質検査等を実施

【基金等の創設】

寿和工業は環境保全基金（仮称）を創設し、第三者賠償責任保険に加入する

【地元協定について】

御嵩町職員と地元住民（限定）の立ち入りを認め、水質検査記録等の住民への閲覧を規定する。地元住民の雇用を促進する

これは現在の処分場に対する行政の監視・指導体制と比べても、遜色がないばかりか、相当充実しているといえる。しかし、それは本来、町が判断することで、県が口出しすることではない。

## 容認に傾く議員たち

五月二三日、特別委員会は建設反対の請願書を出したみたけ未来21などの六人を役場に招いた。県からも坪内全治次長ら六人、それに町長ら町幹部四人が並んだ。

田中俊郎（みたけ未来21、田中農機経営者）「処分場建設について、公害防止策等を行えば許可するという妥協があったように思われる。今後の議会の方針は？」

小栗議員「町民への説明、意見を集約して判断したい。議会の結論はまだ出していない」

田中「小和沢地区は処理施設設置の場所としてどのように思っているか」

坪内次長「通常、産業廃棄物処理施設は山間部に多く建設されている。施設整備に万全を配慮すれば山間部でよいと思う。地形的にはどこでもよいとは言い難いが、小和沢地区にしっかりした施設を整備すればよいと思う」

田中「町は亜炭の町のイメージがあり、現在も影響は顕著である。性格は異なるが（処分場は）悪いイメージがある。どこでも迷惑施設と住民の反対の機運があがっている」
坪内次長「総論賛成・各論反対という状況がある。どこかで処理をしなければならない状況の中で、地域住民の理解の下で行政を行わなければならない。ただ反対、反対だけではどうにもならない」
渡辺公夫「企業の利益追求のために処理施設問題が生じている状況から反対している。自治体がこの事業を行うべきだ」
高木勉環境整備課長「第三セクターで行うべき場所があれば積極的に参画したいが、現状では個人の財産権の問題があり困難だ」
田中「（流域下水道の）汚泥の処分は管理型処分場が必要になると思われるが、県が処分するのか、市町村が行うのか」
平野典夫加茂保健所技術課長「最終処分は市町村で処理しなければならず、加茂保健所管内では処理する場所がない」
佐谷時繁「何がなんでも反対だ。自然環境が一番良いということで御嵩町に引っ越してきた。なぜ、御嵩町なのか」
坪内次長「反対、反対だけでは行政は進まない。反対なら反対の理由があり、行政はその対応が必要である」
木下議員「趣旨採択について反対の精神で署名したし、現在もこの考えは変わっていない。ただし、状況が変化する中で対処すべき問題である」

田中議員「この施設は御嵩町にないほうがよいと思っている。しかし、法律等の問題もあり致し方ないのではないか」

六月二四日、最後の特別委員会が開かれ、次の報告書案が示された。

「県は、申請内容を審査し、許可要件を満たしておれば許可せざるを得ないとのことでありますし、町執行部も、公害の防止と事故発生時の責任体制の強化と御嵩町に対して、国・県及び事業者がそれぞれ要望を受け入れることを条件として前向きの姿勢をとることとしたい、というものであった」

「以上の諸点を勘案し当委員会としては、迷惑施設であり基本的には反対であるが、町の見解は止むをえないものと認めた。今後、町執行部が施設の設置に前向きの姿勢をとられるならば安全を第一に考え、万一事故が発生した場合の措置に万全を期する体制を確立すべきであり、国・県・事業者に対しても強く働きかけ町の要望の実現に努力することが重要である」

ある議員が難色を示し、「町の見解は止むをえないものと認めた」が削除された上で了承された。これによって、特別委員会が何を言いたいのかよくわからない報告書となった。せっかく様々な声を集め、議論し悩んだのなら、その内実をしっかり書くべきであった。

## 「不適」から「やむを得ない」への変更

七月一五日、豊吉助役は県庁の環境整備課を訪ねた。豊吉助役が、特別委員会報告と、県への要望事項を説明した。苦労の末、何とかたどりついたというのが町の本音だったが、高木環境整備課長の反応はそっけないものだった。

高木課長「(県営を要望した)福祉の里構想は変更がないのか。どの程度御嵩町の要望に応えることができるか問題だ」

町は、県がどんな対策をとるのか、空証文に終わらせないよう、文書化させようと考えていた。

豊吉助役「いままでの部長発言メモなどを文書で交わしたい。今後も御嵩町の要望事項が受け入れられるならば協定書など文書でお願いしたい」

近藤産廃係長「協定を結ぶのか。前例がない」

豊吉助役「現在までの要望の提示及び交渉は水面下であり、本日から本格的に交渉することとなります。要望事項を変更するとなると、住民に説明と土産が必要です」

そしてこれまでの経緯を町の広報紙で掲載する予定であると伝えた。県は「将来的に誤解を招く恐れがあり、広報掲載はやめた方がよい」と渋ったが、助役は「九月の広報で掲載したい。内容は県の指示に従います」と引き下がらなかった。その後、広報誌に「産業廃棄物総合処理施設の開発計画についてて」の大見出しで、計画と経緯を書いた記事が見開きで掲載された。その原稿は豊吉助役の言う通り、あらかじめ県がチェックし、見出しや表現が直されたものだった。

町の次の課題は、計画に対する意見書に「不適」と書いたその後の扱いだった。

八月五日、県庁の環境衛生部の次長室を豊吉助役ら三人が訪ねた。坪内次長が御嵩町の現在の考え方を尋ねると、豊吉助役は「町は条件付きで考えている。条件は議会と相談しながら進める必要がある。県と町が提案しながら進めていきたい」と述べた。

次長が「国土法にもとづく事前協議での御嵩町の（不適の）意見を『適』にするのは難しいと思うので『やむをえない』に変更できないか」と言った。助役は「原状では困難である」と答えた。県は安全と地域還元の二つのうち、地域還元が何も決まっていない。町はこれを盾に粘った。

やがて次長が「県の事業で看護大学はどうか」と持ちかけた。環境衛生部が所管する事業なら他部との折衝なしでやれる。しかし、豊吉助役は返事をせず、物別れに終わった。

## 福祉の里の実現へ

町の福祉の里構想は、四ヘクタールの土地に福祉センターと老人ホームを備えた総合施設を造るというもので、福祉センターは老人福祉センター、デイサービスセンター、シルバー人材センター、児童センター、ボランティアセンターからなり、老人ホームは特別養護老人ホーム（五〇人）、擁護老人ホーム（五〇人）、ショートステイ（二〇人）からなり、軽スポーツランド（一ヘクタール、児童公園と緑地公園）も備えていた。

総事業費五〇億円、計画年度を用地獲得の九四年にスタートし、九九年完成を目論んでいた。本格的な老人福祉施設のない御嵩町にとって重要な事業だ。資金計画では、五〇億円のうち国庫補助の一〇億円を引いた四〇億円が町の負担となり、三〇億円を起債でまかない、残った一〇億円が一般財源となる。県営が無理でも、県の支援で町の負担を減らしたいと町は考えていた。

町がこだわったのが県と覚書を交わすことで、町が独自に作成した覚書案は七条からなっていた。一条は構造基準、水質基準等で国より厳しくし、公害発生をさせない方針で臨むこと。二条は県の月一回の監視査察、週一回の保健所のパトロール。三条は、環境保全協会に一〇億円に基金を増額するとしていた。四条が空欄になっていたのは、そこに福祉の里に対する県の補助額を入れようとしていたからだ。

八月末、加茂保健所で県との協議があった。町の住民課長が迫った。「四条が空欄になっているが、ここに文面が入れば（産廃処理施設に反対している）町議会と協議できる。県は御嵩町が行う『福祉の里』建設事業に対し、特別養護老人ホーム等（二〇億円）の事業補助のほかに、町が負担する補助残を県で負担していただきたい」。県の係長が渋った。「四条は覚書に書くことが難しいが、載せないとだめなのか」。住民課長は「覚書にはこだわらない。県の公文書で担当者が代わっても効力のあるものであればかまわない。県の朱印のあるものが欲しいということです。御嵩町もかなり譲歩してきているので、県も考慮し検討してほしい」と言った。

結局、町長と知事が交わすこの覚書案は、「民間が行う事業に対し、知事が覚書を交わすことはできない」と県が断り、実現しなかった。しかし、「町の要望に対し、回答はできる。地域メリットについての内容、文面は今後検討する」ことになった。町から県に要望書を出せば、回答書を出すというから、町は保証が得られる。

ただ、要望書を出す前に事務方同士が水面下で協議し、要望書と回答書の内容を決めることになった。外部からはまるで「出来レース」だが、多くの役所ではいまもこの方法がとられている。

## 知事が打ち出した地球環境村構想

このころ、県は「地球環境村」構想を進めていた。廃棄物処理施設を核として、リサイクル、余熱利用等の資源活用や地球環境問題の研究のほか、廃棄物処理施設の周辺に福祉・医療・生涯学習・文化・スポーツの施設を整備し、地域還元するというものだ。構想が発表されたのは、推進母体の「財団法人地球環境村ぎふ」が設置された九六年になってからだった。県は、「整備促進法と地球環境村の第一号にしたい」と町に伝えていた。

その後、県からファクスで送られてきた回答案は次のようなもので、地球環境村も盛り込まれていた。

1、指導要綱で、構造基準等は、法より厳しく規定されており、万全を期します。

2、指導要綱に基づき、監視査察を実施します。共同での立ち入りについては、十分連携をとりながら対応したいと考えます。

3、産業廃棄物対策基金の一〇億円以上の造成については環境保全協会を指導してまいります。第三セクターによる監視体制については検討してまいります。

4、廃棄物処理法、整備促進法、指導要綱に基づき適切に対応いたします。排水処理施設の常時監視体制については、事業者に対して常時監視が可能な機器の設置を指導します。
5、（町全体を地球環境村に指定せよとの町の）要望に沿うよう努力します。
6、「地球環境村構想」の中で支援するよう努力します。
7、法に定める要件が充足すれば、指定いたします。

要望書案と回答案が何度も書き換えられ、その内容が固まると、町は民生文教常任委員会の協議会に示し、承諾をとった。

県との交渉にめどをつけた町が次に向かったのが寿和工業との交渉だった。一一月、役場の委員会室で、町執行部と清水社長との協議が行われた。

清水社長「地域協力については五年間で五億円の協力をしたい。不測の事態に備えて特定災害防止準備金制度に加入し、すでに二億円造成している」

豊吉助役「法人税のほかに、処理量に対し応分の負担をしていただきたい。搬入道路、無水源地域整備事業の費用負担をお願いしたい」

清水社長「町に協力することを考えている」

そのころ町執行部は、県庁で地球環境村のフロー図を示されている。そこには、「財団法人地球環境村ぎふ」は県、市町村、経済界・排出事業者（団体）が出資して設立し、排出事業者と処分場業者が協力金を納付する。財団法人は、市町村が地球環境村を設置する場合に市町村に助成する。そして排出事業者、処理業者が協力金を出し、御嵩町で処理された量によって支援する計画となっていた。寿和工業は財団法人に協力金を出し、財団法人からお金を町に流すというスキームだった。しかし、町はそれだけでなく、同社に対し町の事業に直接、協力金を求めようと考えていた。

## 県の支援を約束した桑田理事

県と町との協議は最後の詰めの段階にきていた。一二月六日。加茂県事務所で、県の桑田宜典理事と地元選出の田口淳二県議、平井町長と豊吉助役が会った。

平井町長が「格別のご理解とご支援をいただきたい」というと、田口県議が「公害等の技術的な問題は概ね合意に達しているが、地域整備の問題が残されている。格別の支援策を考えていただきたい」と述べた。これに対し、桑田理事は「(福祉の里について)財団法人を設立し基金で対応したい。県費の支援も考えているが、あくまで基金による支援をする考えです」。さらに一週間後、再度詰めの議論が行われた。

桑田理事「地球環境村構想で御嵩町全域を指定することは他の市町村との関係もあり困難です。しかし、福祉の里構想は(予定地が)産廃処分場から三キロも離れていますが、特例として指定します。小和沢地区は整備促進法による指定と地球環境村構想による指定をします。第三セクターを設立し、県費を入れます」

平井町長「県の補助が二億や三億では難しい」

桑田理事「他県と比較しても岐阜県の補助は多い中で、更に支援をする考えです。県費を支出するか、財団を経由し県費を含め町に支援します。企業から町も協力金をいただかれると思いますが」

平井町長「企業が町道を利用することにより、応分の負担をしていただく」

桑田理事「支援額は県費、財団も含め町に一度に出す考えです。福祉の里だけでなく処分場の区域にも必ず施設を整備してほしい。支援額は起債を除く一般財源（一〇億円）の二分の一を基準に県費を出したい。五億円が最高限度額となります」

桑田理事という梶原知事の信任を得て権限を持つ幹部から金額の提示があり、交渉は大きく前進した。

一方、寿和工業との交渉も大詰めを迎えていた。一二月、町と寿和工業との協議が行われ、寿和工業が覚書案を出した。この覚書をめぐる交渉は一年前から続いていた。一一条あり、「公害防止協定の締結」（一条）、「景観保持など環境保全に努める」（二条）、「（地震などの）特定災害防止準備金の創設」（三条）、「岐阜県の地球環境村への協力」（四条）、「上之郷地区の水道施設整備への応分の負担」（五条）、「地域住民の雇用最優先」（一一条）など。町の要請で、福祉の里建設への協力金として五年間で五億円支払い、教育文化団体、体育団体、福祉団体などの各種団体に年間一〇〇〇万円ずつ一〇年間、育成資金として支払うとあった。

これを持ち帰ったあと、今度は町役場に清水社長を招いた。豊吉助役が「寄付金をいただいて意見を変更するわけにはいかない。県が町に何をしていただけるかが問題であり、県に要望している。間もなく回答がいただけそうです」と言うと、清水社長は「安全面で十分注意して行う考えでご理解いただきたい。地元の信頼を一〇〇％得るよう努力します。町にも協力していきたい」と語った。清水社長は、五億円の協力金は「これが精一杯」と伝え、県の地球環境村構想で県から五億円の出資を求められていることを明かした。

## 県との最後の詰め

仕事納め直前の二六日。県庁で、県と町との最後の詰めが行われた。県は桑田理事を筆頭に六人、町は平井町長、田中議長、豊吉助役ら四人。町が出していた要望事項に対する回答書が県から示された。

町の要望は、

一、県は構造基準、排水基準など全ての面で国より厳しくし、設計、工事、維持段階で徹底した監視を行い、公害防止を期す

二、安全確保のため月一回の監視査察と週一回の保健所のパトロールを行い、町と住民から要請があれば共同で立ち入り検査を実施

三、県環境保全協会の産業廃棄物対策基金を一〇億円以上造成

四、常時監視体制と処分終了後の管理体制の確立と不測の事態に即時に対応できる体制の確立

五、御嵩町全体を地球環境村に指定
六、町の福祉の里事業への全面的支援
などの七項目。桑田理事が説明した。

「一～四は県の指導要綱に基づいて県の責任で行います。五は小和沢と福祉の里のエリアを指定します。六は補助金、起債等全面的に支援します。一般廃棄物については年間五〇〇〇万円の県の補助金となっていますが、産業廃棄物について五億円を限度に単年度で支援します。これは知事の指示で一度に支援することが決まりました」

九六年に設立される地球環境村ぎふから御嵩町に五億円支援するという形をとるという。これが最終回答だった。

県庁での会議が終わると、豊吉助役らは役場に引き返し、午後から庁議を開いた。

豊吉助役が口火を切った。「この回答でやむを得ないのではないか。業者との話で了承が得られれば、地域振興課へ意見書の変更をしたい」。これに対し、野村和司企画課長が提案した。「県が業者に要求しないなら、町が一〇億円を要求してもいいのではないか。各種団体への育成基金は各団体でなく、町への協力金として基金を造成した方がベターではないか」

町が福祉協力金と振興協力金の二本立てにした覚書案を作ったのは九五年の年が明けた一月四日。覚書案は一三条あり、寿和工業が福祉の里の建設事業への協力金を毎年、五年にわたって払うこと、それと別に振興協力金として毎年お金を払うことが書かれていた。金額はそれぞれ空欄となっていた。

これをもとに事務方が寿和工業と交渉し、数字を固めていった。

六日、県の回答と寿和工業との覚書案の両方が、議会の民生文教常任委員の協議会で示された。覚書案の空欄に数字を入れ、野村企画課長が説明した。

「第四条は、（福祉の里の）協力金として総額一〇億円。第五条の振興協力金は、先の協力金を払う五年間は年一億円、その後は二億円という定額での交渉となりました」

木下議員が「お互いに案を持ち寄って協議したのですか」と問うと、豊吉助役は「そうです。今日は案を示しただけであり、議員のみなさんの意見を取り入れて行いたい」と答えた。振興協力金の年二億円は寿和工業の売上金の三％と想定し、それを目安に設定されていた。議員から「覚書より協定書がよい」との意見が反映され、二月一日、寿和工業と協定書が結ばれた。清水社長はのちに、「金額は寿和工業が提示した額より多かった」と語り、町に配慮した決断だったと明かしている。

こうして町は、県と業者から公害対策と地域還元という二つを得た。県と業者が何としても処分場をつくりたいという事情があったにせよ、両者と息長く交渉を重ね、町の要求のほぼ満額回答を勝ち取った豊吉助役とそのスタッフにとって、町民のためにここまでやれたという満足感と自負心があったに違いない。

## 地元の自治会に説明

県の回答と業者の協定書の二つを得た町は、いよいよ総仕上げである。地元に、町が計画を容認することを報告せねばならない。
一月二一日夜、上之郷自治会長会が開かれた。午後七時半に始まった会合は、平井町長のあいさつで始まった。野村企画課長が経過説明の資料を配り説明した。資料は、経緯を並べた年表、開発計画の内容と、町が前向きの姿勢に転じたことを説明した広報紙みたけ九月号のコピー、県への要望と回答などの計七枚。しかし、お金の件には触れていなかった。
平井町長が「国の法施行後初めてのケースであり、県も慎重に考えている。事業者も慎重となっている」と語り、意見を促した。
**奥村会長**「小和沢地区が候補になった経緯は？」
**平井町長**「寝耳に水だった。寿和工業は将来のことを考えて用地の確保をしようとしていた。小和沢地区はダム開発でも理解と協力を得ていたが、自治体の過疎のことを考えると、良とするより仕方がなかった。廃棄物もどこかで処理しなければならない状況であり、業者もそれを考えていた。ご理解を得たい。他の地域では過疎化の現象はあるが、全戸の転出という考えはなかったと思われる」
**豊吉助役**「将来的に心配なことであり、議会、執行部とも京都等先進施設の視察を行った。京都の施設では処理水も飲まれた議員もいた。寿和工業については経験もありしっかりしている。我々執行部も信頼している。町は公害防止協定を締結し、県とともにしっかり監督していく考えです」
**田中会長**「町の将来像は『健康で住みよい町』とあるが、この施設設置で夢はどうなるのか。事業者の計画が先行し、行政が後追いとなっている。産廃車両が通行すると、排気ガス、粉塵等の公害も発生する」
住民課長「一〇〇〜二〇〇台を事業者は考えている。交通公害は公害防止協定で規制する」
小村会長「基準に合っていればどうしようもない。処分場はどこかで設置しなければならない。しかし、全国から搬入されるので、県内程度に指定できないか」
豊吉助役「東海三県（岐阜、愛知、三重）を対象としている」
鈴木会長「県の回答書は、県が許可をする前提ですか？」
豊吉助役「はい」
木澤和廣住民課長「不適をやむを得ないと変更するためには、この条件を守っていただくことが必要です」
平井町長「本日は、町が前向きになっていることを報告させていただき、今後とも努力をしたいので、ご理解をいただきたい」
こうして町は、自治会長たちの承諾をとりつけた。

## 全員協議会に報告

一月三一日午前から役場の第一委員会室で町議会の全員協議会が開かれた。県の回答文書と寿和工業との協定書案が示された。県の幹部らが午前の協議会に出席した。

鍵谷議員「全面的支援の範囲、金額について明示してほしい。反対住民に対する説明材料として要求します」
小田部長「全力をあげて県は支援したい。しかし、金額については現在明示できません」
藤田議員「指導要綱と法律で、安全性を十分に行えると思っている。事業者は要綱を順守すると言っている」
小田部長「要綱で法律より厳しくしている。住民の不安解消が目的で、処理施設の建設をさせない意味の要綱ではない」
県の説明が終わると、午後に全員協議会が再開された。協定書案について、搬入道路の周辺住民との調整を図り理解を得るよう努めること（一条の二）や権利と義務の継承を明記する（一四条）が新たに加わった。最後に、平井町長が「執行部の案でいきたいですが、一応認めていただきたいということで進めますので、よろしくお願いします」と言った。
全員の了承を得て、御嵩町は土地開発と産業廃棄物の設置の二つの事前協議の意見として、町が「不適」としていたのを、いずれも「事業については止むを得ないものと考えます」と書いて送付した。二月一日には、町は寿和工業と協定を締結した。

### 詰めを怠った業者

平井町長と豊吉助役は、計画に反対していた八百津町役場も訪ねた。御嵩町が県に要望した項目と回答書を見せて了解を求めた。荒井町長は「御嵩町は『やむを得ない』と判断したのですね。県も了承済ですね」と確認した。

こうして一連の手続きがほぼ終わると、三月、県は寿和工業から出された事前協議書の審査結果を寿和工業に伝えた。「計画地の土地登記簿謄本を提出すること」といった細かい事項が二七あった。これをクリアすれば晴れて許可が出る。

しかし、この手続きは、重要なある一点を欠いていた。寿和工業の予定地内にある町有地の売却を含めた町の正式な同意書が、県に提出されていなかったのである。町との事務的な交渉は寿和工業の鈴木元八常務が担当していたが、協定書を結んだあと町に要請することを怠っていた。後に同社OBは悔しがって、私にこう語った。「翌月の町長選で柳川さんが町長になったらどうなるか思いが及んでいなかった。選挙前に支持者に連れられて寿和工業に挨拶にまで来たんだから、反対に転ずると思っていなかった」

議会で計画に反対し、最後に容認した元町議の鍵谷幸男はこう振り返る。

「私は『なんで産廃なんだ。反対から容認と変わる流れがおかしくないか』と執行部をずっと追及していた。しかし、豊吉助役が県と綿密な協議をし、県がバックアップするようになった。私は、日本の科学技術を信頼すれば心配することはないと、理論を信じようとした。これは町の仕事ではない。大きな県の事業を小和沢でやるのなら、平井町長を信じようと思った。ところが、柳川さんが登場し、すべてをひっくり返した。議会と町が、県と紳士協定でつくりあげたことをぜんぶ元に戻した。私たち（残った）六人の議員は、まるで犯罪者のようです」

柳川町長に代わって、協定書について「町民の知らないところでつくられた。密約だ」と平井町長や豊吉助役ら執行部が批判された。住民が傍聴できない全員協議会で事を進めたことがいけないと柳川は言う。しかし、県や寿和工業との「交渉事」をすべて公開すれば、そもそも交渉は成り立たない。交渉を担当していた職員は「何かとんでもない悪いことをしたように言われて、苦しかった」と私に吐露した。

豊吉はいまこう語る。「県が積極的で、しかも公共関与でやりたいという中、業者や県に町づくりのために協力をあおぐことは間違ってなかったと思う。協定書は全員協議会に諮り、意見をもらって修正し、全員の同意を得た上で協定を結んだ。周知の仕方が不十分と言われたらそうかもしれないが、密約だなんてとんでもない」

# 第三章　新町長の反撃

## 御嵩町長選に出馬

御嵩町が寿和工業と協定書を結び、県からの問い合わせに町が「不適」から「適」に変えたことで、寿和工業の社内には、「これで手続きは終わったも同然」と安堵感が漂っていた。NHKの解説委員だった柳川喜郎が寿和工業を訪れたのは、九五年四月の町長選が告示される少し前の二月ごろだった。

現在、寿和工業から社名変更したフィルテックの社長沢田裕二は、その二年前に土木会社から清水社長にスカウトされて入社した土木技術者で、その時のことをよく覚えていた。「確か、うちの鈴木元八常務に伴われてやってきたのではないかと思います」

出迎えた清水社長に、柳川は「町長選に出ることになりました」と挨拶した。処理施設のことには一切、触れなかった。柳川は四月の町長選で対抗馬の元助役豊吉貢に圧勝すると、再び当選の挨拶に来たという。沢田は語る。「すでに町の同意をもらったも同然で、柳川さんも処理施設について何も言わないから、鈴木さんらは柳川さんが町長になってもいいんじゃないかと見ていたんです。その日は多治見市の処分場を案内したかもしれない」

町が寿和工業の処理施設受け入れに動いているのを見て、みたけ未来21は、町長選に柳川を担ぎ出した。元々御嵩町で育ち、地元の東濃高校を卒業した柳川は、妻の道子が元御嵩町長伊崎隆三の長女であることから、同窓生らが柳川の担ぎ出しに動くことになった。

柳川が道子の母の一周忌で御嵩町を訪れた九三年四月、桃井知良ら四人が面会を求めてきた。「昔は中山道の宿場町として栄え、御嵩は東濃の中心だった。いまは周辺の町と比べ、まるで鍋底のような町になってしまった。その町をなんとかしたい。それをやれるのはあなたしかしない」と懇願した。柳川は「これまで政治を志したことは一度もありません」と断ったが、彼らは諦めず、東京に行って説得を続けた。こうして九四年暮れに柳川は立候補を正式表明し、クリーンでガラス張りを原点に住民と対話する行政を訴えた。だが、担ぎ出したみたけ未来21のメンバーに、選挙戦術に長けた人は皆無に近かった。

## 選挙参謀が女性パワー利用し圧勝

そこで選挙参謀として力を発揮したのが田中保だった。田中は食器の絵付け会社を経営し、みたけ未来21に入っていないが、メンバーたちをよく知っていた。「このままじゃ勝てない」。知人から頼まれ、選対を仕切ることになった。

田中が注目したのが女性だった。可児市出身の田中の目に、従来の町長選や町議選は、地元の自治会が推す人物を決め、あらかじめ当選者が決められた選挙と映っていた。「東京から来た柳川さんなら、因習を嫌う女性に歓迎されそうだ」と考えた田中は、友人たちに頼み、その妻や友人など支援に動いてくれそうな女性を集めてもらった。そして選挙運動のやり方を教え、各家庭を回ってもらった。

その際、彼女らにカードを渡し、柳川さんの支持者の名前を書いてもらった。当時はパソコンが出はじめたばかりだったが、田中は選挙事務所に自分のパソコンを持ち込み、カードに書かれた名前を入力した。御嵩町ではこうした準備をして選挙戦を闘った人は誰もいなかった。選挙用のソフトを使って田中は独り分析した。事務所では応援にやってきた女性たちが田中の指示を受けて各家庭を訪問、あとを預かる女性が、持ち寄った野菜や米で炊き出しをした。

開票日の前日、みたけ未来21のメンバーらに田中はこう宣言した。「この選挙は柳川が七二〇〇票とって圧勝だ」。「そんなはずがない」。メンバーたちは信用しなかった。ところが、蓋を開けると柳川七四三三票、豊吉四〇〇一票。田中の予想と二〇〇票の差しかなく、みんなは舌を巻いたと、田中はやや自慢げに語る。

柳川は、「みんなに見える町政、みんなにわかる町政」を掲げて闘ったが、みたけ未来21があれほど猛反対した産廃処理施設のことは一言も口にしなかった。その理由について田中が言う。「それは後回しでいい。出さない方がいいと主張したんです。それを出すと町を二分し、票が割れる。その後、柳川さんがあのような態度に出たのは、色々と調べて勉強したからでしょう」

当選前と当選後の二回も寿和工業に挨拶に行くぐらいだから、当時は柳川自身あまり関心がなかったのかもしれない。あるいは無関心を装っていたのか——。

産廃処理施設の建設をめぐって揺れた御嵩町役場

町長に就任しても、柳川は慎重で、むしろ関心の薄いふうを装っていた。

五月の臨時町議会で初めて議会に登壇した柳川は、こう切り出した。「一言ごあいさつを申し上げます。私はさる四月二三日執行の御嵩町選挙の結果、町民の多数の支持を受け、当選の栄をたまわりましたが、今後町政の運営にあたっては責任の重大さを痛感しております。もとより不肖の身でございますので、今後議会のみなさんのご指導をいただきながら、よい町づくりを目指していきたいと存じています」

町政を進める上での基本的な姿勢について、町民との対話を重視し、開かれた町政を目指す、そのために各地域に出向き、集まった住民たちとひざを交えて話し合う機会を設けたい、二一世紀に向けて町の将来像を描き、一〇年後、三〇年後を見据えた行政を進めていきたいと語った。

そして産業廃棄物の建設問題にほんの少し触れた。

「これまでの長い年月にわたる経緯、多岐にわたる問題がございますので、私自身、それらの事実関係を目下理解することにつとめており、関係方面の意見を聞いた上、適正な対応をとっていきたいと考えております」

平井町政を継ぎ容認なのか、それとも軌道修正するのかわからない態度は、翌六月の定例議会でも変わらなかった。柳川町長に安藤英男議員が質した。

**安藤議員**「産業廃棄物処分場問題につきましては、議会としても紆余曲折があり、長い時間をかけて協議・調査を重ね、最終的に執行部の考えを了解し、県当局との約束ごととして地球環境村、福祉の里構造の建設が打ち出されたものです。町長は前平井町長より引き継ぎ事項として十分な説明を受けられたはずです。この重要事項について十分に調査されたと推察します。町長の理解度、推進についてのお考えをうかがいたい」

**町長**「これまでの経緯の概要は理解しつつあります。法律、あるいは制度にのっとり、これまでの経緯を受けて遺憾のない措置をとっていきたいと考えております」

柳川は、翌月に控えた町議会選挙を待っていたようだ。議会はすべての議員が処分場建設を容認していたが、七月に行われた町議選では、新顔が一二人当選した。そのうち一一人が渡辺公夫、谷口鈴男、田中芳郎などみたけ未来21のメンバーや産廃処分場に反対する人たちだった。これらの議員が柳川支持派として多数を握ると、柳川町長が動きだした。

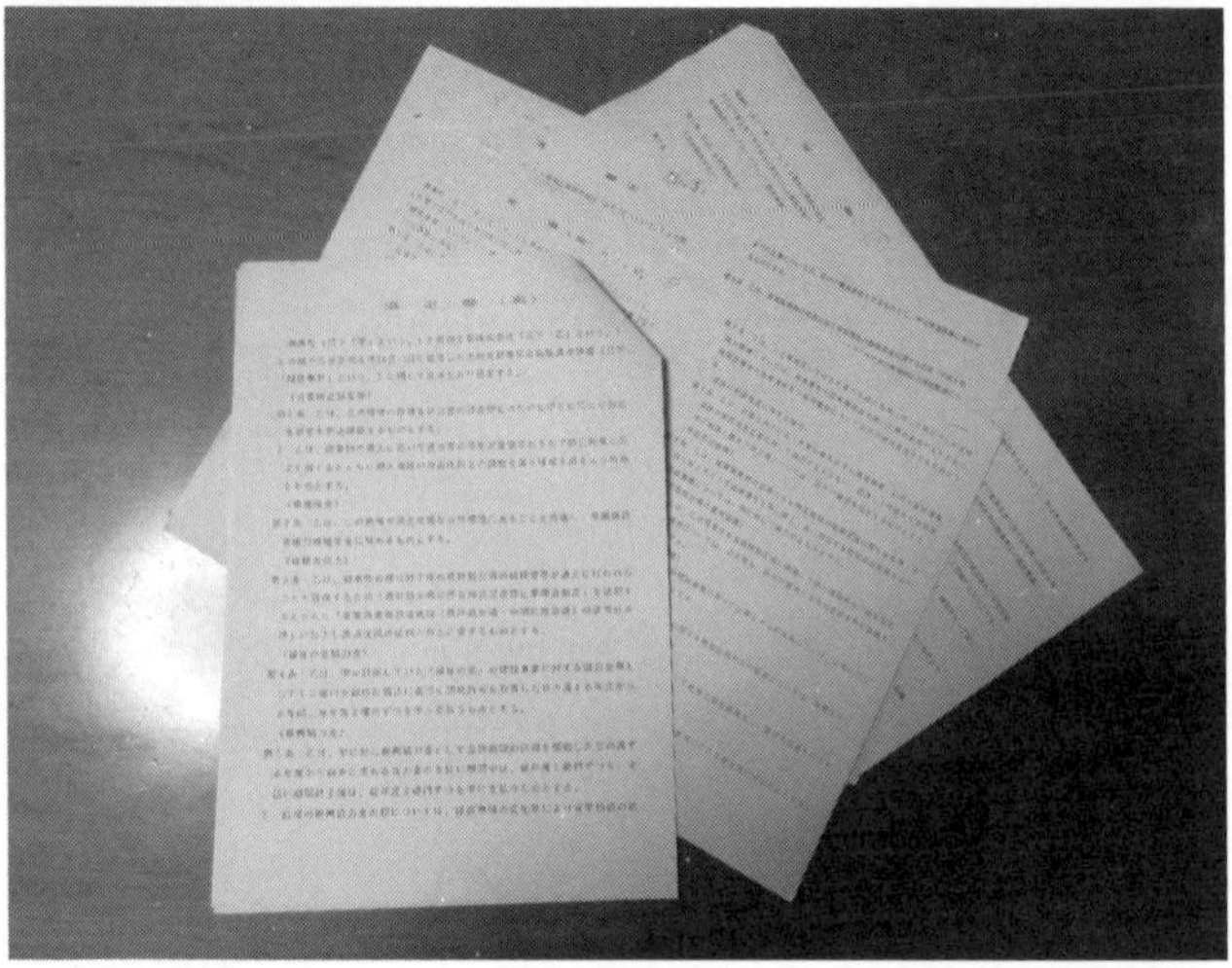

柳川町長が問題視した町と寿和工業との協定書（覚書）。両者の話し合いで何回も書き直されている

## 中日新聞使い攻勢に転じる

九月の定例議会がその幕開けだった。

九月一五日付の中日新聞一面に、町と寿和工業が結んだ協定書の記事が載った。「産廃業者が町に毎年二億円　岐阜県・御嵩町　処理施設建設で協定書　新町長『疑問あり』　情報を公開へ」との見出しで、協定を結んだ六日後に、町は処理施設の設置はやむを得ないとの意見書を県に提出しているが、「新町長は一四日の町議会本会議で、多額な寄付を内容とした協定書に疑問を投げかけているほか、計画用地が木曽川に近いことから、処理場建設に問題がないか、名古屋弁護士会も調査に乗り出した」と報じていた。

記事は、処理施設の開発許可を取得した年度から五年間、毎年二億円ずつ計一〇億円を福祉施設建設事業費として払う▽振興協力金として使用開始年度から毎年二億円を町に払い、年度が重なる場合は毎年一億円で総額三五億円としていた。

さらに「柳川町長は、一四日の九月定例本会議で『協定の内容を含め、いろいろと疑問は持っている』とし、具体例として、『水処理などで環境汚染が懸念される』ことなどを挙げたうえで『現段階では計画に同意できない』と表明。協定に関する情報なども公開して住民に意見を求めていく方針を明らかにした」と報じていた。

関係者の談話が並ぶ。寿和工業「町に払う金は、町側から提示された額に従っただけ。多額なので最初は驚いたが、地域還元の一つと考えている」、平井儀男前町長「当時の詳しいことは、よく覚えていない。県に協定の詳しい内容を報告する義務はないと思うが、報告したかどうかもよく覚えていない」、県産業廃棄物対策室「協定書の内容は知らなかった。町が住民に納得してもらうため業者に見返りを求めるのも理解できる。県として批判できない」。

厚生省産業廃棄物対策室「各自治体と業者間の協定内容については把握できない。ただ、こうした金がかかる例が表面化すると、今後の処理場設置がしにくくなることは確かだ」、廃棄物処分場全国ネットワークの大橋光雄事務局長「産廃施設にからみ、民間業者からこれほど多額のお金が自治体に渡る例は知らない。都会のごみが、経済力の弱い地方の自治体にどうやって押し寄せるかという、一つの露骨な形が出ている」。多くの談話が協定書を批判していた。

協定書には町と寿和工業が公害防止協定を締結することや、従業員の雇用は地域住民を最優先し、雇用を促進するといったこともあったが、それらにはまったく触れられていない。

不思議なことに肝心の柳川町長本人の談話がなかった。この報道の翌日、中部読売新聞と毎日新聞が第二社会面に三段の扱いで掲載しているが、朝日新聞や日本経済新聞にはない。私からみても、金額はなるほど多いが、それは中日新聞がいうように、町が非難されるべきことなのだろうか？

## 協定書を問題にしなかった町長と議会

その一四日の議会はどうだったのか。実はその二日前に他の文書と共にこの協定書も議員たちに配られていた。しかし、この巨額の寄付について、議会で追及した議員は一人もいなかったのである。

唯一、協定書に触れたのが渡辺公夫議員だが、「この中の一一条、開発事業に伴って必要とする町有地は、必要に応じて（町は寿和工業と）協議するというのは、今回問題になっている（開発面積の）三九ヘクタールだけなのか、将来の二〇〇ヘクタールの計画にも協力しなければいけないと解釈するのか」ととんちんかんな質問をし、住民課長が「協定書の第一条の前に（四〇ヘクタールの事業の）事前協議届出書とあるので、四〇ヘクタールの事業に限っての協議です」と答えている。

肝心の柳川町長は、こう答弁している。「就任以来、この問題、非常に長い三年、四年の経過、そして、そして非常に複雑な経緯をたどっているということで、まず事実関係を知ることが先決であると言ってまいりました。最近に至りまして、まだまだ一〇〇％わかったとは言いませんけれども、おおむね最近理解するようになりました」

柳川は、引退後に著した『襲われて　産廃の闇、自治の光』（岩波書店）でこう書いている。「このスクープ記事が報道される前夜、数回にわたって中日新聞記者から協定書についての問い合わせ電話があったとき、私は『出し抜かれたか』と感じ、産廃処分場関連の過去、前町政時代の総点検を決意した」「新聞報道の衝撃は大きかった。三五億円の見返りで産廃処分場受け入れを決めたことに対する反感、不満もさることながら、町民のまったく知らぬところで、ごく一握りの人たちだけで町の重大問題が決められたことに対する町民の憤激は大きかった」

この報道を待っていたかのように、柳川町長は一五日急遽、記者会見し、「施設開発許可に向けた手続きを当面凍結してもらうよう県に要望したい、町の意志を決定するため、住民投票の実施を検討する」と述べた。その理由として協定の存在など基本的な情報が町民にほとんど知らされていないことをあげた。町は容認していたのに突然手のひらを返されて、県の担当者は戸惑った。県の振興課長は「申請時に町から（開発計画は）『適当である』との意見書を（町から）もらっている。それが急に凍結してくれといわれても、その真意がわからない」と語った（一六日中日新聞朝刊）。

町の資料によると、この協力金は、廃棄物の料金と持ち込み量に三％をかけて出されたという。だが試算の根拠はあいまいだ。当時の処理料金は一トン当たり一万～一万五〇〇〇円程度なので、協力金は一トン当たり三〇〇～四五〇円になる。その後、多くの県で導入された産業廃棄物税は一トン当たり五〇〇円。趣旨が違い単純比較はできないが、三％は法外な数字ではないとも言える。

ただ、問題は、寿和工業がつくった埋め立て計画のずさんさである。当初の計画では一四ヘクタールの処分場に一〇年で六〇〇万立方メートルの廃棄物を埋めるとある。一年六〇万トンなので協力金は一億八〇〇〇万円～二億七〇〇〇万円になる。しかし、後に計画は二〇〇万立方メートルに修正されており、これだと六〇〇〇万円～九〇〇〇万円となり、協定書の金額は余りに大きすぎる。寿和工業がよく検討しないまま大盤振る舞いしたことがうかがわれる。これはいずれ同社の経営を圧迫する要因となるだろうが、右肩上がりで売上高が急伸していた寿和工業で、そのことに危惧を抱く幹部はいなかった。

柳川は先の著書で、「中日新聞記者から協定書についての問い合わせ電話があったとき、私は『出し抜かれたか』と感じ、産廃処分場関連の過去、前町政時代の総点検を決意した」と記しているが、その言葉を信用できない。なぜなら、九六年春、柳川は自宅で私に、この協定書は町長になった二週間後に見たと明かしている。そして、「この協定書について議会で承認した記録がないんだ。福祉の里のために一〇億円やるというのは指定寄付になるから、議会の議決が必要なんだ」と、町の手続きミスを明快に述べていた。

その中日新聞の記事もおかしい。記事のリードには「新町長は一四日の町議会本会議で、多額の寄付を内容とした協定書に疑問を投げかけている」とある。そこで、町の議会事務局を訪ねて会議録を閲覧したが、柳川町長は、本会議で協定書について一言も触れていなかった。つまり、これを書いた記者は議会を傍聴していなかったことがわかる。この記事は、柳川町長かその周辺が記者に協定書を提供し、記事の内容まで指示したものと思われる。処理施設問題を取り上げる突破口にしたいとの思いが柳川町長にあったのではないか。

## 県庁訪ね一時凍結求めた町長

この記事は町内に大きな波紋を呼んだ。女性たちのグループ「みたけ産廃を考える会」(佐谷時繁会長)が中心となって、情報の公開と処理施設建設の一時凍結を求めた署名活動を始めたのである。有権者の半数を超える八〇八六人の署名が集まり、町議会に請願書が提出された。町議会は二五日の最終日に「産業廃棄物処理施設の一時凍結を求める意見書案」が谷口鈴男議員から提出された。理由として、処理場の建設計画について、町民に十分周知されぬままに進められた経緯が明らかになったことと、町議会の一般質問が報道機関によって公表され、町民の中に動揺、不安が広がり、不測の事態が起こる可能性が強いためとしていた。

この決議案は賛成多数で決議されると、翌日柳川町長は県庁を訪ね、産廃処理施設建設の許可手続きを当面凍結するよう要望書を提出した。受け取ったのが、理事から副知事になったばかりの桑田宜典だった。桑田は「町側とは協議していくが、産廃処分場はなくてはならないものです」と答えた。

桑田は柳川とのやりとりをよく覚えていた。こう語る。

「最初に柳川さんに会ったのは町長に就任したばかりの頃。平井町長の時も最初反対していたから、新町長にも処理施設の必要性を知ってもらおうと、県の考え方を話しました。柳川さんは賛否を明らかにせず、『承りました』と言うだけでした。その後、町長が(要望書を持って)来られた時、『反対なら反対、賛成なら賛成と言って下さい』と言いましたが、返答はありませんでした」

## 追及集会と化した寿和工業の説明会

一〇月二四日の町議会。再検討特別委員会の発足が決まり、新規に産廃処理施設反対派の議員から六人が委員になった。その日、議会は寿和工業の清水正靖会長ら寿和工業の幹部らを呼んで、公開の場で説明会を開いた。出席者によると、説明会はまるで寿和工業の糾弾集会のようだったという。議事録が町役場に残っており、それをもとに再現する。

一般市民にも開放された説明会で、口火を切ったのは、町議の渡辺公夫だった。

渡辺「議会で執行部が前向きであるなら基本的に反対だが、致し方ないじゃないかという結論を出しておりましたが、執行部が前向きでなくなった以上は、議会としてもやはり凍結すべきではないかという結論に至っております。この計画については、御嵩町の自治体としてのモラルとポリシー、町民のプライドが、問題として産業廃棄物処理場に含まれなければいけないのではないか。モラル、ポリシー、プライドが盛り込まれた計画とは何なのか。会長のお供をしていた寿和工業の社員は不穏な空気を感じ取った。

清水道雄社長が会社の紹介を始め、県の産業廃棄物処理の適性に関する指導要綱と国の法律のもとでの計画であると説明し、質疑に移った。

真っ先に質問したのが柳川町長だった。事業者に対する信用が大事だといって、岐阜県の「濃飛環境保全センター」をめぐる恐喝事件を持ち出した。郡上八幡の右翼団体幹部らが、ヘリコプターで建設廃材の不法投棄現場の写真を撮り、建設会社を回っては「センターの会員になれば処理してやる」

と現金を脅し取っていた事件だ。逮捕されたセンターの酒井新理事長と寿和工業との関係を、元NHK社会部記者の柳川が追及していく。

柳川町長が尋ねた。「センターの役員の中に寿和工業さんの役員がいらっしゃると聞いたが、これが事実かどうか」

社長が答えた。

「副理事長に私の名前が勝手に使われ非常に迷惑しました。ある方から名前が載っていると言われ、私もひどいと思い、名前を載せてもらっては困ると申し、先方も申し訳なかったとお詫びの言葉をいただきました。私はむしろ被害者です」

町長がさらに続ける。

「私どもの手に入れた資料でも確かに副理事長に清水さん、それから専務に（寿和工業常務の）林三千さんの名前も入ってる。これも勝手に使われたんでしょうか」

林は可児署の次長から寿和工業に転職した人物だが、警察にいた頃、酒井を取り調べたことがあった。出所後、酒井から「更正し、産廃会社を立ち上げたが、仕事の仕方がわからない」と相談を受け、清水会長を紹介した。会長はそれならと仕事のやり方を教え、面倒を見た。酒井はその後任意団体のセンターを設立、清水社長を副理事に、林を専務理事に就任させていた。

柳川町長が続ける。

「美濃加茂市に『マルゼンハウス』があります。登記されている業務内容は産業廃棄物の処理などが書いてあります。実はこの会社、恐喝容疑で逮捕された酒井容疑者が代表者でした。寿和工業にいらした鈴木元八さんが取締役で入っております」。鈴木は元町職員から寿和工業に転じて、常務の名刺を持ち歩いている。さらにこの年九五年夏の選挙で町会議員になっていた。

清水社長は釈明に追われた。

「同社は建設廃棄物の許可を受け、経営のノウハウ、伝票の作り方、営業の仕方を教えてくれんかということでしたので、判ることはお教えしましょうと、最終処分場にかかわりました。名義は貸しましたが、役員も退職し、現在は何ら関係はございません」

町長「退職なさったのは何日でしょうか」

社長「一週間ほど前でしょうか」

町長「半年前、県から注意が出されたと聞いています」

社長「指導を受けたことは一切ございません。私ども暴力団でも右翼でもございません」

町長「一時的に名を貸しただけとおっしゃるんですか。いまになってどういうコメントをされるか、一言聞きたい」

社長「いまから考えると、やはり倫理的な問題ですね。君子危うきに近寄らずで、そういう意味で反省しております」

町長「やはり一目見ていかがわしいという感じはぬぐえませんね、これは。その辺はきちっと今後させていただきたいと思っています」

## 脇の甘い業者

寿和工業の脇の甘さは明らかだった。リスクマネジメントのために常務に据えていた元警察官の林は、「全く関知しないうちに名前を使われるとは迷惑しとる」と述べた。だが、事実は違った。右翼の酒井を寿和工業に紹介し、清水社長らを引き込んだのは林だった。古巣の岐阜県警からも、以前の仕事ぶりから「あんな人物を入れて会社は大丈夫なのか」（あるOB）と懸念する声が出ていた。

それにしても、このやりとりは検察官の取り調べのようで、説明会の名を借りた追及集会と言ってもよかった。

実はこの説明会のために柳川町長は、町職員に「寿和工業にまずいところがないか調べてこい」と指示していた。困った職員が頼ったのが、柳川の町長選担ぎ出しに動いた有力支持者のKだった。御嵩町の炭坑経営者の家庭に生まれたKは、高校卒業後、車の販売店に勤めた後、御嵩町で車の解体と中古車販売業を開業した。「みたけ未来21」の有力メンバーとして、町長室に顔パスで頻繁に出入りし、「柳川町長も事情通として重宝していた」（みたけ未来21の元メンバー）という。

右翼や暴力団関係者に甘い寿和工業の体質を問題にして攻めるという方針を、この時柳川町長は鮮明にした。しかし、寿和工業の会長も社長もその真意がわからない。別の右翼との関係も出た。

**町長**「全日本同和会という団体の方が三人私のところにいらっしゃいました。『寿和工業との間で雇用契約を結んだ。これが凍結されると困る』と。そういう契約を結ぶのは民法上しようがない。ただですね、二月に町と結んだ協定書はまだ生きております。地域住民を最優先雇用すると書いてある。

だとすると、協定の趣旨にちょっと違反するんじゃないか」

清水正靖会長「違反するとは思いません。今度仕事やるのにですね、数年のうちに相当人は要ります」

雇用契約を交わした団体について聞かれた会長は、その関係をあけすけに語った。

「元々暴力団組員、同和の方で、昔土地の関係で二億円ぐらい引っかかってます。警察に相談しましたが、家へ謝りに来た。申し訳ないと。わしが言うのは『恩返しするなら、お前暴力団やめよと、うちへ来てダンプを運転して一生懸命にやれよ』と。それで産廃の紹介をしてやった。御嵩に（処理施設が）できたら人を使ってくれんかと。良いよ、真面目にやらなきゃいかんよと。それでわしがやりました」

その後、処理施設の手続き問題に移った。国土法にもとづく申請で最初「資産保有」としながら、後で「産廃施設」に変更したのは違法ではないかと言ったのは渡辺議員だった。

渡辺「国土法については、ザル法であるという見解が非常にされる方が多いわけです。非常に大きな疑問を持っておるんです」

社長「ザル法ではなく、法律は法律でございます。若干微妙な温度差があるのは事実でございます。私どもも民間企業でございますので、計画は未定で、計画がすべてそのようにいかんわけです」

処理施設についての質問も「（埋立物が）有害でなければガス抜きのパイプはいらないんじゃないか」（渡辺）といった基礎知識に欠けるものが幾つもある。それをバカにせず、社長が一つひとつ説明していく。もう予定の一時間半が過ぎようとしていた。

清水会長がたまらず口を開いた。

「いま、私が聞いているところですわね。研修会とか講習とか、勉強会とかいいますが、会の名目と中身が全然違う。まるっきり犯人扱いなんですね。ウソばかりで。さっき、ある議員が言ったのは水の件ですね。下流五〇〇万人の下流が飲んでるんでしょう。わしらもその水を飲んでるんです。一〇〇年先に地震が起こると全部井戸の中に入って染《し》むと、足が曲がってしまうとは。そういうウソですね。みなさんが宣伝でもデマの宣伝でもやって、うちらその有害から一〇〇年、一〇〇〇年なくならないですね」

「社長が言ったように、うちは有害物は全然扱ってないし、岐阜県の有害物を預かることはありません。ですから、まるっきりどこから入るかわからんと言われても、ウソに過ぎません。説明会やる時にはもう少し、常識ある説明会をしてもらいたいと思います」

社長がその場をとりなした。「今後、こういった機会を何回かつくっていただきまして、会社側の意図しているところ、安全性の問題とか、公害・環境問題、すべてにわたってのご認識、ご意見を得るような機会をつくっていただくことをお願いしたいと思います」

こうして説明会は異様な雰囲気のまま終わった。

## 特別委員会で究明

ところで、御嵩町議会には、この再検討特別委員会が設置される前の平井前町長時代に「産業廃棄物処理場調査研究特別委員会」が設置されていることは先に触れた。「不適な施設」としていた町は県や寿和工業との協議を経て、「やむを得ない」に判断を変えたが、その時、この特別委員会も町の方針変更を容認したという経緯があった。

今回、柳川町長になって設置された再検討特別委員会の委員長には徳田守が、副委員長には谷口鈴男が選ばれた。特別委員会のねらいは、平井町長時代に町と議会が容認に転じた過程を検証し、批判することにあったようだ。本来なら、寿和工業の事業が本当に公害を出さないのか、指導要綱に沿った防止対策で大丈夫なのか、最終処分場以外に焼却施設、廃酸や廃アルカリの中和施設など多数の処理施設があるが、その安全性はどうなのか、自然環境を損なうことがないのかといった多くの課題を検討、検証すべきである。ところが、これにはほとんど触れず、過去の町の判断の変化がなぜ起きたのかを、当時の町幹部らを呼んで追及するなど、執行部と町議会の当時の判断の批判に多くの時間が費やされた。

特別委員会は、九五年一〇月から九六年一二月まで一六回開かれている。委員七人はすべて七月の町議会選挙で初当選したいわゆる柳川与党のメンバーたちだ。

柳川町長は「過去のことをほじくり出して責任者を追及するのが目的ではない。目的というのは、今日に至った現在の将来をどうするかというためには、やっぱり過去のことをつぶさに吟味しておかないと、つまり事実関係、真相といったものをきっちりつかんでおかないと誤った方向に行ってしまう恐れがある」（第六回特別委員会の発言）というが、実際にはそうはならなかった。

第一回の委員会（一〇月三一日）で、谷口議員は、平井町政の際、当初処分場計画に「不適」とした理由に、①近くに上水道の取水施設がある②交通公害③国定公園にかかる④予定地に町有地があるの四点とし、町が「やむを得ない」に変えた時、その四点がどう解決されたのかがわからないとし、「我々が再検討委員会をつくり、また凍結決議をした際立つ原因はここにある。いままでの経緯を理解しながら、現段階でどう判断していくのかが大事」と述べた。

渡邊委員も「もし、施設ができることになったとしても、この特別委員会は安全性の面等々について必ず提言していくべきだ。それがクリアできない限りは、議会として施設を認めるわけにはいかないという姿勢を示すべきだ」と語った。

この委員会に三枚の資料が提出された。処分場計画が初めて報道された日経産業新聞の記事、九一年九月に町と上之郷地区自治会長会議に出席した住民が残した町とのやりとりのメモ書き、明確に計画に反対しなかったと町執行部の姿勢を批判した文書である。

町と自治会長らとのやりとりを出席した住民がメモしたとみられる文書は、町は「町として（反対の表明を）採れない。公的な立場である」（九月一九日）、「法律に触れなければ仕方ありません」（同二六日）と、町が容認していたように書かれている。

だが、町の職員が記録した公文書では、「当町としては、不適当な施設と考えております」と書かれた町の総合意見（県に提出するもの）を二六日、自治会長に説明したと記載されており、内容は異なる。

翌年二月に開かれた特別委員会では、この前者の私的なメモをもとに、渡辺議員は「基本的に建設に関してはもう絶対的なものがあって、自治会とか上之郷地域から条件闘争せざるをえんじゃないかという方向に持っていったのは、僕は犯罪的な行為じゃないかと思っておる」と攻めた。

批判された町企業立地推進室長は「うちの意見が、不適当な場所でつくってもらっちゃ困るという話をしておったんで、終始そこに一貫しているというふうに私は考えておったわけです」と否定した。当初から町は処理施設の容認ありきで動いていたのではないかとの憶測が、議員たちにあったようだ。

## 町執行部を追及した議員たち

特別委員会は可児市の寿和工業本社の環境分析センター、多治見市にある同社の管理型最終処分場を見学し、年末には理事から副知事になった桑田に加茂事務所で話を聞いた。さらに小和沢の住民と懇談した。年が明けると、県庁を訪ねた委員長らが環境整備課から話を聞いた。

九六年二月の特別委員会では、再び旧町政に関し町幹部の聴取が行われた。町は早期から計画を知り、地元を説得していたのではないかと、議員らはなお疑っていた。

町執行部が正式に寿和工業の計画を知ったのは九一年九月の新聞報道だったが、谷口議員はもっと前から知っていたのではないかと質した。丸山ダムの建て替え計画をめぐり、資材搬入道路の拡幅が地元との調整で決まったが、そこに産廃計画が絡んでいたのではないかという。

もちろん、町幹部は全面否定した。

鈴木勝美助役「（自分が建設課にいた当時）小和沢の方たちが言っていたのは、ほかの町内会はゴルフ場で相当協力金をいただいているけれども、ダムのかさ上げ、資材運搬道路については一銭も入らんとか、何とか町の方でせよ、補償をよこせ。一億よこせと、二億よこせとか、三億よこせとか。『公共工事ではできませんよ』と建設省も言っておりますので、その話をしながら、資材搬入道路の話を進めておりました（その後、寿和工業の処理計画と移転の話が出て）本当に職員がみなびっくりしたということなんです」

寿和工業が「試算保有」名目で届け出をしたのを、なぜ町が「不勧告通知」を出して認めたのかと聞かれた企画課長は「進達された書類を突っ返すだけの根拠がなかった」と答えた。また寿和工業と結んだ協定書について、「公害防止協定の内容についてほとんど出てきていない。そうすると、安全性というものを全く考えずに、要は県の指導要綱のレベルで従っていけば安全だという神話のもとに（反対から容認に）態度変更しておる」（谷口議員）との問いに、住民課長は「多度変更の時に公害防止協定の案を町長以下説明した経緯や、議会にこういう対応を考えていると説明した経緯はございます。その中には水質基準、搬入時間とかもろもろを書いたものがございます。監視委員会を設置したいと、全員協議会でお話しした経緯がございます」と説明した。

四月になると、町幹部への追及がさらに厳しくなった。

徳田守委員長が「（柳川町長が県に出した）疑問と懸念について、助役をはじめとして一致した考え方を持っておられない。執行部として本当に真剣にこの問題を捉えておられるのか非常に大きな疑念を持ってきた」と語ると、柳川町長も「あくまでも私が意思決定者であって、助役以下は補助者なんです。それだけははっきりしておいて下さい」。渡辺議員も「ちょっと、執行部、町長以外の方々にもお願いしたいんですが、受け入れるにしてもいい加減な形で皆さんも解釈しておられる。これは前住民課長にもはっきり僕は言っておきましたけど、あなたは（反対住民が乗り込んできた時に）対応できますかとお伺いしたこともあったんです。そういう立場でおのおのしっかり研究していただきたい」と述べた。

「被告席」に座らせられた職員らは黙って聞いていた。いま、その一人はいう。「私たちは町長に従いついていくだけ。それは平井町長であっても柳川町長であっても同じでしたが、そう思われなかった。それが苦しかった」

## 「慎重に態度を決せられたい」

九六年八月、特別委員会は中間報告書をまとめ、九月の本義会に報告された。

Ａ４判二枚で、「受け入れを前提として町執行部、議会の対応の仕方、住民に正当性を説くための模索が行われ、結果的には産廃受け入れによる町の利益が優先された」「立地条件、規模、事業者の適否、安全上のチェック体制等、今後とも県との再協議が不可欠」「私企業が行う能力の限界と信頼度の問題、公共関与による第三セクター方式、公的機関による常時チェック体制等、基本的な見直しが必要」「県は無視する姿勢であるが、客観的、道義的にも許されるものではなく、地方自治の良識が問われる問題であり、今後の大きな課題」「（県の）取り扱いは許可条件を満たさんがための不可解な問題を残し（後略）」とし、「なぜ御嵩町の小和沢に必要なのか、下流域及び五〇〇万人の重要水源である木曽川の丸山ダム直近に東洋一とも言われる巨大処理場が果たして適切、可能なのか。今後とも許認可権者である県との再協議の場を踏まえながら、広く町民に周知徹底を図り、必要に応じて住民に対して民意を問う解決策を見出すことも今後の課題である」としていた。

一二月の特別委員会にA４判二枚の最終報告書が提出された。「――当委員会としては、現段階においては今回の産業廃棄物処分場計画は認めるべきではないことに意見の一致を見るに至ったが、議会としての態度を明らかにすべきであると考える。町執行部にあっては町政の将来展望と良識ある行政責任の立場に立って、これまでの経緯、問題点を町民に周知徹底することに務め、あわせて許認可権者である県との協議も継続しながら、必要に応じて住民投票による賛否を問うことも念頭に置いて慎重に態度を決せられたい」

結局、町が最初から賛成の立場で動いたとか、手続きで寿和工業に手心を加えたといった平井町政の失態に結びつく事実を見つけられないまま、一年二か月、一六回にわたる審議を続けてきた特別委員会は解散した。私が議事録を丹念に読み返すと、議員たちはあいまいな知識に基づく初歩的な質問を繰り返し、町の手続きに落ち度を見つけられないと、今度は職員の勤務態度を攻撃するといったふうだ。およそ生産的な議論とはいえない。

一二月にこの報告書が報告された議会では、建設計画反対を求める決議案が提出され、賛成多数で採択された。

## 柳川町長の疑問と懸念

それでもそれは、柳川町長にとって力強い援軍だった。九六年一月三〇日、町長は企画課長を県庁に赴かせ、衛生環境部長あてに書いた「御嵩産業廃棄物処理場計画への疑問と懸念」と題するA４判一二枚の文書を提出した。応対した環境整備課長は予告なしの文書提出に驚いたが、半分冗談で言った。「帰ったら町長に話しておいてくれ。一〇〇点とれんかもしれんと」

疑問と懸念は、柳川町長が、町長室に持ち込んだ幾つもの段ボール箱から、当時の資料を一つひとつ取り出して読み解き、問題点をまとめたものだった。頭の部分では「二万人の町、水源地に隣接した地域におしつけられようとしていることについて、多くの住民が、危惧し、反発している」とし、「対応するに当たって、極めて慎重にならざるを得ない」としていた。そして「立地」「安全性」「事業主体」「経緯・手続き」「事業計画」「環境保全」の六項目に分け、問題点を元ジャーナリストらしくわかりやすく書いていた。

例えば「立地」は「県などの公的機関が科学的、社会的、経済的などさまざまな側面から客観的な調査を行い、立地を決定にあたれば合理性、説得性を持つが、今回の計画はそういう形跡が見られない」、「安全性」は「木曽川に隣接し、しかも急傾斜で、万一、事故が発生した際、水源汚染の可能性が高い」、「事業主体」は「恐喝事件を起こした濃尾環境保全センター、被告の経営するマルゼンハウスの役員に寿和工業の役員が名を連ねている」、「環境保全」は「遮水シートは不完全で、各地で水源汚染、地下水汚染、土壌汚染の事故を起こしている。県の指導要綱は一種のガイドラインに過ぎず、罰則、強制力はない。監視体制の対応が不十分」といった具合だった。

しかし、自ら「疑問と懸念」と称したように、これまでの手続きに違法な点はみつけられず、寿和工業と県が丁寧に説明し、また対応すれば、解決可能なものが大半だった。

ただ、県が驚いたのはこの文書の内容ではなく、その出し方だった。町長はいきなり県に「疑問と懸念」を届け、公開したからだ。平井町長の時は、要請書と回答書をつくる際に担当者同時が協議を繰り返し、入念にその内容を固めてから、正式に町が要請、それに県が回答するという手続きを踏む。良い悪いは別に、柳川町長の流儀は県にカルチャーショックを与えることになった。

それでも県は、柳川町長は根っからの反対ではなく、話せばわかる人に違いないと思い込んでいた。副知事だった桑田は「町長から、記者時代に七〇年代に東京都であった『ごみ戦争』の取材をしたことがあると聞いたから、処理施設の必要性がわかってくれていると思っていました」と語る。

三月に県は回答書を町に送った。もちろん、今回は下打ち合わせなしである。例えば「立地」について、寿和工業は廃棄物処理法と要綱に従い適正に立地しようとしている、「安全性」では、要綱で放流水維持管理目標値を業者は順守できる、「事業主体」については、寿和工業の代表者は県環境保全協会の副理事長で、多治見の処分場を適切に運営してきた、「環境保全」では、遮水シートは国が基準を強化したのでこれに沿って業者を指導する——などとしていた。

これに対し、柳川は再び質問書をぶつけた。これも打ち合わせなしである。次第に県に不信感が広がる。町は質問書を送って県の誤りを認めさせようとし、県も自己正当化を図ろうとして回答書を送ってよこす。役所にはもともと「間違ったら謝って正す」という文化がないから、お互い意地の張り合いになる。

**下流地域で建設反対の動き**

この間、木曽川下流地域の動きが活発化していた。九五年暮れに名古屋市議会の議員団が視察のため御嵩町を訪れた。メンバーが「名古屋市民が飲み水の安全性に神経をとがらせており、木曽川の水質を守るため、計画の凍結でなく中止にしてもらいたい」と述べた。それを知った岐阜県議らが怒った。翌年一月、岐阜県議会の最大会派の県政自民クラブの船戸幸夫幹事長が「内政干渉だ」と激怒し、名古屋市の自民党愛知県連を訪ね、渡辺アキラ市議団長に抗議申入書を手渡した。名古屋市議団が謝罪し、その場はおさまったが、渡辺団長は責任をとって辞任することになった。

「縄張りを荒らすな」というヤクザのような行動は、議員の世界ではごく普通のことである。例えば九八年に名古屋市が名古屋港に奇跡的に残る藤前干潟を埋め立て処分場にしようとし、全国から批判が集まったことがあった。民主党の環境部会が現地視察しようとして部会を開いたが、それを聞きつけた名古屋選出の赤松広隆代議士ら地元選出の民主党議員らが乗り込み、「視察してもらっては困る」とすごんだ。結局、視察はとりやめになった。

そんなことはあったが、市民レベルでは、愛知県消費者団体連絡会代表幹事で江南市に住む楓健年らが自治会組織を使って、岐阜県に凍結を求める署名活動を展開し、九六年九月に四万二〇〇〇人の署名簿を県環境整備課に提出し、再考を求めた。さらに他の市民グループと一緒に「木曽川流域住民の会」を結成、御嵩町の「みたけ産廃を考える会」も住民の会に加わり、連携を深めていった。

一方、町議会の特別委員会が「賛否を問うことも念頭に置いて慎重に態度を決せられたい」と報告書に書いた住民投票について、みたけ産廃を考える会の岡本隆子らがその可能性を探っていたが、提案した当の議会は否定に傾いていた。あれだけ旧町政を批判した議員たちだったが、関係者によると、九六年秋には住民投票の実施は困難との結論を出していたという。

住民投票を目指していたのが、「みたけ産廃を考える会」の岡本ら女性たちだった。九五年夏に発足した考える会は、生協の運営委員をし、環境問題に取り組んでいた岡本が、友人の長谷川直美から東京・日の出町の廃棄物処分場の汚水漏れを描いた映画『水からの速達』のことを聞き、仲間を募り、兼山町（現可児市）で上映会をしたことに始まる。女性だけでは信頼されないと、みたけ未来21のメンバーだった佐谷時繁を代表に据えた。先の反対の署名運動も彼女らを中心に行ったものだった。

一方で、不穏な動きが起きていた。右翼団体が町役場や寿和工業を脅しに行き、暴力団関係者やエセ同和団体、事件屋たちが町に入り込んでいた。彼らは産廃計画に反対したり賛成したり、いわば金のためにどっちにも転ぶ連中だった。そんな中で、住民を威圧する「事件」が起きた。

九五年八月三〇日の夜、「みたけ産廃を考える会」は、フォークシンガーで廃棄物問題に詳しい南修治を御嵩町に招き、正願寺で勉強会を開いた。勉強会にはみたけ未来21代表の落合紀夫、田中幸夫町議会議長の妻、町長選で柳川を応援したグループなど二七人が参加した。

司会役の住職があいさつした。「産廃処分場がどんなものか何も知らなかった我々ですが、全国的にどのような状況なのか知らなければならない。本日の集まりは、反対集会でなく、産廃処分場の実態を知ることが先決だとの認識から、全国的にこの問題に詳しい南氏に出席を御願いし、地域住民の方々と共に勉強しようという趣旨から開いたものです――」。そして、南が全国の実例を挙げてアドバイスを加えて語り出した。

その数日後、暴力団風の三人の男が寺を訪ねた。「ここで産廃反対集会をやっただろう。どういうことだ。計画に反対するつもりか」と住職を脅し、勉強会の録音を起こした文書を見せた。その後、寺の山門近くにウサギの足が落ちているのが見つかった。露骨な嫌がらせである。この文書のコピーは私の手元にあるが、これは暴力団関係者から入手した。ただ、こうした一般住民への露骨な脅しは、私が把握している限り、無言電話を除きこの一件しかなかった。しかし、先の嫌がらせが繰り返し報道され、「産廃は怖い」という住民意識が定着していくことになる。

## 柳川の行動は監視されていた

九六年一〇月一八日。中部弁護士会連合会の総会が岐阜市のホテルで開かれ、「産業廃棄物処分場はこれでいいか」と題するシンポジウムがあった。そこに講演者として招かれた柳川はこう切り出した。「木曽川の上流の御嵩というところで一体何が起きているのか、ということについて、町長である私が報告することは、いわば町長としての義務だと思っています。しゃべりに来いというのであれば、天竺《てんじく》へも行くつもりであります」

処理施設の問題点を語り始めた柳川に、聴衆の中からカメラを向け、録音機を回す二人組の男がいた。カメラを持つのは設計事務所経営の肩書を持ち、寿和工業のコンサルタントをしていたO。もう一人は彼から寿和工業を紹介され、後に顧問弁護士に就任する名古屋の高山光雄弁護士。さらに暴力団の組員数人がそばにいる。そして、岐阜県警の刑事たちが隠れるように、彼らの動静をうかがっている。

この頃、注目を浴びていた柳川は、名古屋市などあちこちにでかけては講演をしていた。町では右翼団体や暴力団組員が動き回っていたが、それまで盛んに柳川批判を展開していた幾つかのミニ新聞が、批判記事をぴたっと止めていた。

当時の岐阜県警の刑事が振り返った。

「小さな町に右翼や暴力団が入り込み、動き回っている、何が起きてもおかしくないと心配していたんだ」

# 第四章　血と骨の世界

## 小作人の家に生まれて

寿和工業の創業者である韓鳳道こと清水正靖は、どんな人物だったのか。清水をよく知る在日の仕事仲間はこう評した。「『血と骨』の世界だよ」

『血と骨』は梁石日の小説の題名で、「親子の凄絶な対立と葛藤を描いた物語」（金石範）である。ベストセラーになった同書は崔洋一監督によって映画化され、父親の金俊平役を北野武、息子役を新井浩文が演じ、俊平と異母兄弟の朴武ことオダギリジョーとのとっくみあいをした迫力のあるシーンは、今も記憶に残る。

小説にある二メートル近い体躯で暴力の権化と化した男と、清水とはもちろん違う。しかし、戦前から戦後にかけての辛苦をなめる生活と、底辺からはい上がってきたバイタリティ溢れるその姿、最後に息子ら家族に見捨てられるところはよく似ている。

元社員はこう語る。「壮絶な人生を送った人。頭がよく、日本語の読み書きもできた。破裂音が直らず、『バカかおまえは』と叱る時は、『パカかおまえは』になった。『日本語は半分、韓国語も半分しか理解できない』と言っていたが、仕事の虫となって廃棄物処理業界で有数の会社に育て、大きな夢を持ち続けた」

『血と骨』の主人公は家族を破壊し、悪業ともいえる行為をさんざん行った末、北朝鮮に渡り、寂しく人生を終えるが、清水はどうだったのか。

当の清水は、家族や知人にその半生を語ることはほとんどなく、子どもや孫たちもよく知らない。しかし、清水が亡くなる七年前の一九九八年一〇月、弁護士が詳細な聴き取りをしている。寿和工業が柳川町長を名誉毀損で訴えた裁判で、この聴き取りをもとにした三九枚にわたる文書が裁判所に提出されている。聴き取りをした弁護士の美和勇夫は「私の質問に清水さんが答える形で、何日かかけて聞き取りを行った。相当昔のことなのに、記憶力はよく、詳細に語ってくれた。記憶違いがあるかもしれないが、ウソを言っているという感じは受けなかった」と振り返った。

その文書が真実であるとの証明はないが、元社員や清水とつきあった人たちの話も交え、その系譜をたどりたい。

清水正靖は一九二二年、朝鮮半島の慶尚道達城軍幻風面（現在の大邱市）に、九人兄弟の七番目として生まれた。家庭は貧しく、父は小さな田んぼと畑を耕す小作人だった。仕事熱心ではなかった父の代わりに、母が近所の仕事や農作業の手伝いをして、一家の暮らしを支えていた。子どもたちは一〇歳ぐらいになると、みな働きに出された。清水が物心ついたころには兄弟の多くは外に出され、家には両親と弟の四人しかいなかった。

一九一〇年の日韓併合で、学校では朝鮮語に代わり日本語教育が行われた。貧しいにもかかわらず、清水はしばらくの間、幻風公立尋常小学校に通った。姉が、「うちは貧乏だが、弟一人だけでも行かせてやって」と母に懇願し、それを受け入れたからだった。朝鮮人部落から通ったのは、清水も含めて二、三人にすぎず、小学校は日本人の子どもばかりだった。

弁当を持たずに登校する清水に、日本人の副級長が同情して弁当を分け与えてくれたこともあった。四年生になったころ、母が亡くなり、労働力を失った一家の生活は一層貧しくなった。退学を余儀なくされた清水は、近所の家に働きに出た。

一二歳になると、うどん屋の小僧になった。一年働いたあと大邱に出ることになった。村と大邱とは三二キロ離れている。ひたすら歩き、やがて市街に入った。疲れて寝込んでいると、市場の男性が「そこで何をしている」と尋ねた。「仕事を探しに来たんです」と言うと、車の修理工場を紹介してくれた。「見習工」として採用されたのは、小学校に通っていたおかげで日本語の読み書きができたからだった。

しかし、従業員二〇〜三〇人の町工場は給料を払ってくれない。実家に仕送りができず、先輩からよく殴られた。一年で見切りをつけ、デパートの小僧になった。まじめに仕事に励む姿が評価され、自転車が与えられた清水は、集金と外商に専念するようになった。

清水はここで商売のコツを覚える。必死にセールスする清水に、相手は「経営者の息子でもないのに、なんでこんなに粘るんだ」と不思議がった。この時の月給は月二円五〇銭。翌年には五円に増えた。外商で大きな契約を取り付けると、一〇〇円の特別賞与が出た。清水はその金を実家に届け、弟の学費にあてさせた。少し余裕ができた一七歳のころ、清水は初めて背広を買い、そして映画館に足を運んだ。仕事の合間に、おでんをこっそり食べることが楽しみの一つになった。

## 創氏改名で清水鳳道を名乗る

一九歳になると、清水は転職して慶州にある薬局で働き始めた。ちょうどそのころ創氏改名があり、清水一族は「韓」から「清水」に姓を変え、清水本人は「清水鳳道」と名乗った。

四一年暮れに日本は米国と開戦した。清水が住む集落の区長が訪ねてきた。「志願するのか、報国隊に行くのか」。清水はどちらの隊にも入りたくはなかった。日本に渡った朝鮮人は「軍需工場かタコ部屋のある建設現場で働かされる」と、恐れていた。

日本政府は一九三九年七月に、内務次官・厚生次官通達「朝鮮人労働者ノ内地移住（入）ニ関する件」を出し、日本の炭坑・鉱山への朝鮮人労働者を「募集」方式で行うことを決めた。これは「日本人事業主に朝鮮人の集団募集を認めたものであり、行政・警察当局や面の有力者の勧誘によって調達したことに示されるように、その内実は強制連行であった」（『朝鮮史』武田幸男編、山川出版社、二〇〇〇）ともいわれる。

四二年に日本政府は「朝鮮人労務者活用ニ関スル方策」を閣議決定し、「集団募集」から「官斡旋」に転換し、対象地域と業種を拡大した。翌年には徴兵制が朝鮮人にも適用され、さらに軍需工場に動員するための女子挺身勤労令と、労働者の動員のための国民徴用令が発令された。

歴史の解説書は当時の状況をこんなふうに伝えている。「『青紙』と呼ばれた徴用礼状に基づき、朝鮮人労働者を『応徴士』として、日本の炭坑、鉱山、軍事施設などに送り込んだ。拉致同然のかたちで動員された事例もあるといわれ、強制動員という性格が強かった。朝鮮総督府の資料によれば、三九年から四五年のあいだに、およそ七二万五〇〇〇人が日本『内地』その他の炭坑、鉱山、軍事施設での労働に従事し、四五年八月の敗戦時でも約三六万五〇〇〇人が現場で労働に従事していたと言われている」（『朝鮮現代史』糟谷憲一他、山川出版社、二〇一六）

清水の記憶によると、「報国隊」に入隊したのは一九四二年。ある日、慶州の警察署に出頭を求められた。入隊を渋る清水に、警察官は「お前は日本の非国民だ」となじった。薬局の日本人経営者はこう諭した。「警察のうちは良いが、軍隊や憲兵に呼ばれたら殺される。これ以上逆らったら生きていけないぞ。入ることだ」

慶州の「報国隊」に入った四二年は、日本が戦勝気分に酔っていた時期だった。入隊した朝鮮人は、慶州から釜山に行き、そこから船で日本に送られて、工場や作業現場で働くことになる。清水はひそかにこう考えていた。「報国隊で働かされていたら殺されてしまう。日本に着いたら脱出しよう」

## 御嵩へ

清水を乗せた船が下関港に着いたのは四二年一〇月。隊長の下に五人の班長がおり、総勢一五〇人。

日本語を話せる清水は班長に選ばれた。国民服を着て、戦闘帽と地下足袋を履いての出発である。軍の命令で、下関から京都に向かう列車に乗った。みなこれからどうなるのか不安でたまらない。そしてなぜ、こんなことをされねばならないのかという強い怒りがあった。列車内には、朝鮮人が逃げないように軍人が乗り込み、日本人の土方の親分と酒を飲んでいる。やがて寝込んだ。

小さい駅に着いたら逃げようと清水は考えていた。国民服の下に背広を着ていた清水は、薬局の主人から借りた九〇円を靴の底にしのばせていた。列車は暗闇の中を走り、やがて岡山県の西西条駅に着いた。小さな駅で田んぼが広がっている。出発の汽笛が鳴った。その時、清水は飛び降りた。それを見ていた四人の若者が続く。

しばらく潜んだのち、清水は背広姿になり、靴からお金を取り出し、五人分の切符を買った。「お前たちはばらばらになって汽車に乗れ」。四人に切符を渡すと、清水は一人大阪を目指した。

大阪には兄夫婦が住んでいた。しかし、訪ねた先は不在で、近所で聞くと、奈良県の天川村で炭焼きをしているという。天川村の炭焼き場はバスを降りて一時間ほど歩いた山の中だった。兄夫婦は朝鮮人五〇人の世話をしていた。墨で顔は真っ黒だ。

兄が言った。「お前、逃げたことがわかったら大変だぞ。仕方がないからここで働け」。そして、朝鮮人が「協和会手帳」を持っているかチェックされるから、街中に行ってはいけないと念を押した。

材木をトロッコに乗せて牛と一緒に運ぶ仕事は厳しく、野ザルの群れに襲われ、命からがら逃げたこともあった。やがていとこが岐阜県御嵩町の炭鉱で働いていることを知ると、そこに身を寄せようと思った。

今度は御嵩町を目指すことになった。製材所の荷物車に乗せてもらい大阪に出ると、汽車で岐阜県へ。御嵩町伏見で久々に会ったいとこは、日東炭坑の下請けの仕事をしていた。当時約三〇〇〇人の労働者が亜炭坑で働き、多くが朝鮮半島から来た人たちだった。いとこが言った。「亜炭は日本が戦争に勝つための重要な物資なんだ」。当時、御嵩町は亜炭の日本一の生産地であった。

日東炭坑は御嵩町比衣のお寺の前にあった。掘り出された亜炭を荷車に積み、土場に搬出するのが清水の日課だった。給料は安く、飯場で雑魚寝しながらの生活である。

そのうち奈良県にいた兄が御嵩町にやってきた。金ケ崎炭坑の下請けとなり、川辺と可児久々利で軍需工場用の地下壕を設営する仕事をした。朝鮮に一人残されていた父も息子たちを頼って御嵩町に来た。まもなく清水は、いとこの親族を通じ、パスポートや「協和会手帳」を交付してもらうことに成功する。それを使い東濃貨物会社の見習いになった清水は、そこで車の運転を身につける。協和会の目的は「日本在住の朝鮮人を統制するために三九年六月に創立した官製団体『協和会』に加入させ、君が代と皇国臣民の誓詞を冒頭に掲げた協和会手帳を所持させ、皇民化運動を推進」（『朝鮮史』）するためだった。

戦局は次第に悪化の道をたどった。四三年のある日、金ケ崎炭坑の監督管理官だった中尉から「戦争が激しくなってきた。おまえは車の運転ができるから、軍隊に入って輸送部に行け」と指示された。軍属の肩書をもらい輸送部に所属した清水は、名古屋城近くで軍の補給の仕事に従事することになった。

清水が就いた職は軍属の軍夫と言われるもので、基地建設の土木作業や運輸業務をこなす。朝鮮人に対しては四一年から適用されていた。このころの様子について、清水は弁護士にこう回顧している。「飯をいっぱい食わせてくれないので、腹が減って寝られず、ご飯を盗みに行ったことがありました。上等兵にみつかり、どつかれました。『強制で日本に連れてこられた。殺すなら殺せ。食うものも食わないでは仕事ができん』と言うと、その上等兵は良い人で、その後親切にしてくれるようになりました」「福島県のダム工事現場には、中国の捕虜や、台湾の報国隊、朝鮮の同胞が多く、たくさんいました。現地に行って、次々と死んでいくのを見てかわいそうになり、軍のマークがついたトラックの荷台にシートをかぶせ、その人たちが逃げるのを助けたこともあります」

やがて名古屋は毎晩のように空襲にあい、軍需工場も民家も焼き払われた。空襲の後の死体の処理が、清水ら朝鮮人の仕事になった。

## 終戦と解放

一九四五年八月一五日。日本は終戦を迎えた。清水の父と兄弟、いとこは御嵩町から韓国に引き揚げたが、清水はしばらくの間、御嵩にとどまっていた。柳点芳（日本名・君子）との結婚式を八月末に控えていた。五歳下の在日朝鮮人で、彼女を知る兄に勧められての結婚だった。「顔も知らず、結婚式場で妻に会ったのが最初の出会いでした」と清水は語っている。

清水夫婦は下関港から船で帰国する予定だったが、混み合って順番が回ってこない。翌四六年、清水は、自費で船を買って帰国する韓国人経営者に巡り合うが、女性を乗せることを断られ、身重の点芳を残し、一人で帰国した。苦労して手に入れたオート三輪と四輪車二台を積み込み、それを元手に中国向けのブローカーの仕事を手がけるようになった。ガソリン、食料品、薬品、うどん粉を船で二回送ったが、四七年の三回目の時に中国国内で共産党と国民党との内乱が激しくなり、輸出を断念。名古屋に残した妻と生まれた子どもの道男を引き取るために日本に向かった。

名古屋で妻子に会った喜びもつかの間、清水は大阪に向かった。貿易でもうけた金のうち二〇万円を韓国の知人に貸しており、「大阪で事業を行っている息子に返済してもらってほしい」と言われていたからだ。だが、息子は事業に失敗し、返済できる状態ではなかった。清水は「人助けをした。良いことをしたのだと思うことにした」という。

名古屋に戻った清水は帰国をあきらめ、しばらく名古屋で働いた後、五〇年に一家で御嵩町に居を移した。以前炭鉱で働いていたから地の利もあるし、人も知っている。街の中心街にトンちゃん（ホルモンのこと）の店を開いた。御嵩町は敗戦後も炭坑が盛んで、多くの労働者で活況を呈していた。しかし、清水が開いたトンちゃんの店は繁盛には至らなかった。

## 亜炭鉱経営者に

どんな仕事が良いのか、思案した清水は亜炭の経営を目指すことにした。長野県にいる姉と、御嵩町の知り合いの日本人の製材屋から借金すると、土地を借り、一〇人の労働者を雇って試掘を始めた。しかし、資金が続かず失敗。二回目は在日朝鮮人の助けを借りて掘り進めたが、良好な鉱区を得られず挫折した。あきらめて妻の実家のある名古屋に戻ろうかと考えていたとき、玉川炭鉱を経営する在日朝鮮人の玉川が救いの手を差し伸べた。「清水、もう一度やらないか」

玉川炭鉱は三万坪を買っていたが、地元住民の同意が得られず困っているという。地元と話をつけてきたら一万坪を貸してやるという。戦前、戦中にかけて無数の炭鉱が掘られたが、その跡は放置され、落盤事故が頻発していた。そんなものを住宅地のそばで掘られたら、危険きわまりない。住民の反対で掘削できない炭鉱が幾つもあった。清水は玉川の提案に飛びついた。その地区には三〇~四〇世帯の住民が住み、少し離れたところに神社があった。

地元の二人の有力者に相談した。「おまえは朝鮮人と言われてバカにされているが、いいやつだ。かわいそうだから、おまえがやるなら力になってやろう」。一〇万円と日本酒三〇本を持ってこいという。玉川に相談すると、「よし、それでやってみろ」。

指定された会場には、数十人の住民が集まっていた。三〇本の日本酒はあっというまに空になった。みんなが酔ったころ、有力者が説得しだした。「清水はチョーセンと言われていじめられて大変苦労している。許そうではないか」

中には反対住民もいて、若者は「血の雨が降るぞ」と脅したが、この二人が住民たちを説得した。無事承諾を得ると、清水は再び酒屋に走った。その会合が終わった深夜の帰り道を、この二人が清水の脇で用心しながら歩いてくれた。翌朝、「血の雨」と叫んでいた若者が、清水の自宅にきて謝罪したことを、清水はよく覚えている。一〇万円を有力者が独り占めしたのか、それとも公平に住民で分配したのか、清水はそれ以上語っていない。

こうして清水は五二年七月に会社を設立し、炭坑の採掘を始めた。しかし、苦難が待ちうけていた。出炭の途中で資金がショートし、鉱夫の賃金が払えなくなったのである。今度は製材所の経営者らに頭を下げて回り、運転資金を確保した。そのとき製材所の経営者から「名前は正靖にした方がいい」と助言された。それに従い、清水鳳道から清水正靖を名乗ることになった。

在日朝鮮人が亜炭を売ることの困難さを、清水は弁護士の美和にこうこぼした。「亜炭を多治見市の茶碗屋（陶磁器業者のこと）に売りに行った。しゃべると朝鮮人やとわかる。おかしな茶碗が焼けるから、朝鮮人が掘った亜炭は買えないと断られたんや」。美和は言う。「でも清水さんは弱者ではなかった。差別に勇敢に立ち向かった。そのたくましさがわかった」

## 御嵩町は亜炭で栄えた

ここでごく簡単ではあるが、御嵩町の亜炭の歴史を解説したい。

一九六〇年作の御嵩音頭の四番にこんな歌詞がある。「御嵩ンなァ　ハヨイヨイヨイトナ　御嵩よい町　情があつい　あつい心をみな寄せて　どんと積み出す黒ダイヤ――」

御嵩町の七〇代以上の住民は、亜炭で栄えたころのことを覚えている。一九四七年生まれの水野準之助はこう振り返る。「小さいころ、自宅の近くに東濃鉄道の御嵩駅があり、そこで亜炭を貨車に積んで名古屋に運んでいました。亜炭が線路にこぼれおちるから、一斗缶を持って拾いに行ったものです。炭鉱があちこちにあって、鉱夫と家族は長屋形式の社宅に住んでいました。小学校には朝鮮人のためのクラスが設けられ、午後になると、在日の子どもはそこで朝鮮語を学んでいました。私の家の東側に寿和工業会長の清水正靖さんが経営する清水炭鉱もあり、小学校の一つ上に息子の道雄さんがいました。小学校の在日の友だちとはその後もつきあいが続き、それが空気のように普通のつきあいになっていきました」

元町会議員の鍵谷幸男もこう語る。「坑夫たちは炭坑の近くにつくった長屋形式の宿舎や農家の空屋を借りたりして生活していた。いまでは信じられないことですが、景気の良い彼らをあてに飲み屋が多数並び、それは賑わいました」

亜炭は黒色というより褐色や暗灰色をし、石炭化度が低い。不純物を含み、熱量も低い。重くて運ぶのが大変で、高品位の石炭に比べると効率が悪く、優れた燃料とは言えなかった。しかし、値段が石炭の三分の一と安く、鉱床が浅く採掘が容易だった。

御嵩町では明治初期に採掘が始まり、愛知県で製紙工場や浴場、家庭の燃料として使われるようになった。がぜん注目されるようになったのは、一九三八年の物価統制令で石炭が配給統制下に置かれてからである。統制令を逃れた亜炭の需要が急増し、町内にあった六つの炭鉱会社は活況を呈し、四四鉱・六三口を数えた。米国と開戦すると、大部分が軍需工場に運ばれるようになった。朝鮮半島からきた人々は重要な労働力となった。終戦間近には、海軍は亜炭を航空機燃料に改造しようと考え、陸軍も一八の炭鉱を指定し、生産増強を鼓舞したが、いずれも実現されず終戦を迎える。

戦後の一時期、御嵩町は「亜炭の御嵩」の名で世に知られた。石炭の炭鉱は北海道と九州に限られ、中京地域はどちらからも遠かった。御嵩は農村地域でもともと労働力が抱負で、戦時中に動員された朝鮮人労働者がまだ残っていた。

当時、御嵩町には一〇〇以上の炭鉱があり、全国の出炭量の約四分の一を占めていた。在日朝鮮人が経営する炭鉱もあった。だが、鉱業権は日本人名義でないと手に入らず、協会の理事にもなれなかった。そこで清水は玉川ら在日の経営者と有志の会を設立し、二人の理事を出すことに成功した。

採掘を始めた当初、清水は、亜炭の売り込みに苦労した。朝鮮人が経営する亜炭は嫌われ、「朝鮮の亜炭なんかいらん」「そんなものは家で使えん」と断られることも多かった。そこで清水は、家庭用でなく、愛知県一宮市の紡績工場や染色工場、名古屋刑務所にセールスして回った。やがて状況が一変した。朝鮮戦争の勃発による朝鮮特需である。

石炭鉱害事業団の資料によると、最盛期の五七年には御嵩町内には一二四の炭鉱があり、四六年の四九から二倍以上に増え、労働者の数も可児郡内で三一七四人を数えた。そのうち朝鮮人は半分を超える二〇〇〇人近くいたと、清水は推測している。

『御嵩町史（通史編下）』（一九九〇）は当時の様子をこう記述している。「一九五六年ごろの全盛期には、炭鉱労働者は二五〇〇人を超え、地元の劇場である曙座では一流の俳優や歌劇団の上演も時々なされるといった景気であった。特に冬期には需要が多く、各炭鉱ではその対策に飛騨や北陸方面から季節労働者を雇い入れ、社宅飯場にまで住み込みの賑わいを見せた」

町史には、六一年の現況として二七の炭鉱が表の形で記されている。最も出炭量が多いのが、清水が炭鉱経営に乗り出すきっかけとなった玉川炭鉱で一万五四七六トン。続いて大東興業が一万二九八五トン。清水炭鉱は三六〇〇トンで二七炭鉱の一二番目である。しかし、このころの出炭量は最盛期の五七年の約五分の一の一一万トンに急落し、すべて閉山される六七年にむけてつるべ落としの途上にあった。最盛期には清水は三番目に大きかったという町民の証言もある。ただ会社の規模は小さく、六一年の従業員数は、せいぜい五、六〇人と少なく、清水炭鉱も三〇人である。

## 石油に負けた

閉山の理由は、石油との闘いに敗れたことだ。工場は亜炭に代わって重油を使うようになり、火付きが悪く、臭気が強く、煤煙をまき散らす亜炭を家庭は嫌い、石油ストーブがその座にとってかわった。当の石炭も九州や北海道の大手の炭坑であってもエネルギー革命には勝てず、次々と閉山を迫られた。清水は弁護士にこう語っている。「それからは景気が下がる一方で、石油に押され、エネルギー革命で一九六七年、御嵩町の炭坑は閉山となりました」

炭坑がなくなると、坑夫たちは町から去った。その後廃鉱は町に大きな後遺症をもたらした。清水のような中小零細業者は、国の規制のないなか、無計画に採掘し、廃坑したあとは何の手当てもしなかった。もともと稼働していた時も、むちゃな採掘や通気・連絡坑道の不足、坑内水の増加で、落盤事故や坑内の崩落が絶えなかった。それが今度は「負の遺産」として町に鋭い疵を残したのである。

清水が炭鉱を経営していた時代、柳川と因縁とも言える巡り合いがあった。

柳川が卒業して間もない五一年八月、御嵩町にある県立東濃高校敷地と付近の水田約七〇〇〇平方メートルがすり鉢状に陥没した。校舎や校庭のコンクリートに無数の亀裂が入り、窓ガラスが閉まらず、校舎の西側が三〇センチ沈んだ。公共建築物の地下は採掘禁止になっていたが、炭鉱経営者たちはおかまいなしだったのだ。町内の六七四ヘクタールが炭鉱の跡地となり、住宅地や市街地の地下に縦横無尽に掘られていることが後の調査でわかった。炭層の浅いところでは「つぼ抜け」と言われる落盤事故が多数起き、沈下や家屋の傾斜、倒壊が続出した。地下水が抜けて井戸水が枯れたり、水田の水が引いたり、逆に噴き出したりした。

そこで鉱害に悩む御嵩町長の提唱で、関係市町村長、鉱業権をもった業者、被害者の代表の一二人で「鉱害復旧事業団設立世話人会」が結成された。五九年に通産省は「東海鉱害復旧事業団」として認可し、事務所が御嵩町役場に置かれ、町長が理事長に就任した。国の援助を受けて復旧事業に取り組み始めた事業団は、六七年に設置された「石炭鉱害事業団」の東海支所に衣替えされ、農地を中心に道路、河川、上水道、公共施設などの復旧事業が二〇年近く行われた。

## 亜炭をめぐる因縁

この「復旧事業団」の理事長で当時御嵩町長だったのが伊崎隆三、つまり柳川喜郎の妻の父だった。柳川がことあるごとに「負の遺産」を語るのも、亜炭で財をなした清水が産廃処分場でひともうけするのを許せないという怒りがルーツだった。

ところで、清水炭鉱はどこにあったのか。先の水野の証言だと御嵩町中になり、『御嵩町史』にもその記述があった。そこで、経済産業省名古屋経済産業局を訪ねた。保管されていた清水炭鉱の鉱区図を見ると、御嵩という地域にあった。可児川が南にたわむようにカーブするその底のあたりから東西に約一六四メートル、南北に六五三メートルの長方形の部分が鉱区である。住宅地図に重ねると、南山台団東住宅にかぶさる。経産局鉱業課によると、清水炭鉱の名前のある鉱区は一か所しかないという。当時は掘削の権利者の名前で掘削を行う業者がいたから、中地区の炭鉱は清水が権利者から借りて行っていたのだろう。

いま御嵩町では、経済産業省の予算で、空洞を充填する対策工事が行われている。工事は役場に近い市街地で行われ、徐々に周辺地域に拡大することになるという。

工事現場を訪ねた。土木業者がプラントを設置し、空洞に入れる充填材をつくり、それをミキサー車で少し離れた空き地に運び、設置したタンクに貯める。担当者は「ここから幾本ものパイプラインで周辺地区の地下の空洞に充填材を送り込み、空洞を埋めているんです」と語った。

亜炭鉱跡に薬剤を注入し、陥没を防ぐ工事が行われている（御嵩町）

柳川が町長在任中、産廃処分場の建設阻止と並んで力をいれたのが、この鉱害復旧事業だった。柳川は、ＮＨＫの記者時代のつてで早稲田大学の教授に相談し、調査を実施。国と県に陳情を重ね、残った廃鉱の空洞対策事業が始まることになった。伊崎の遺志を継いだ格好になる。

**産廃業に開眼**

閉山が始まると、清水の決断は早かった。すべての炭鉱が閉山する四年前の六三年、清水は廃鉱を実行していた。その二年前に次の手として愛知県小牧市に鉄工所を開設していた。しかし、経営はうまくいかず、炭鉱でもうけた金が減っていく。

そこで目を向けたのが、砂利採取業だった。高度経済成長のまっただ中で、道路や橋、建物につかうコンクリートの需要が高まり、全国各地で川砂利の採取が始まっていた。清水が木曽川を舞台にこの業界に参入したのは一九六五年。採取業の許可をとり、株式会社寿和工業を立ち上げ、八百津砂利採取組合を設立した。しかし、木曽川からの直の砂利採取は先行者がいて難しい。そこで「民地掘り」と呼ぶ、民間の土地を借りた砂利採取を木曽川沿いで始めた。砂利採取が終わると大きな穴が残る。そこを廃棄物で埋めた。当時は規制がない時代だった。

一九七〇年に廃棄物処理法が制定され、産業廃棄物が新たに定義され、産業廃棄物処理業という業種が出来た。収集・運搬も処理施設も県の許可制となった。さらに七七年に処分場の本格規制が始まった。その二年後の七九年、清水は産廃業に乗り出し、岐阜県美濃加茂市に管理型の牧野埋め立て処分場、土岐市に安定型の土岐埋め立て処分場を造り、工場から出た産廃を受け始めた。そして、八三年には多治見市廿原に本格的な多治見埋め立て処分場（開発面積八〇ヘクタール）を四年がかりで完成させた。一期の埋め立て量だけで一〇〇〇万立方メートルを超え、当時としては日本最大の最終処分場だった。

多治見処分場は多大の利益を寿和工業にもたらし、数十億円に過ぎなかった売上高は、九〇年代後半にはまもなく一〇〇億円に手が届きそうになっていた。

清水が次に目指したのは東洋一の最終処分場だった。御嵩町小和沢に処分場を核とした各種の中間施設やリサイクル施設を束ねた一大総合処理施設を造り、さらに廃棄物の研究所と専門の大学を誘致することを目指していた。

清水は周囲にこんな夢を語っていた。「アジアの途上国が経済成長したら廃棄物問題が深刻になる。

そのために専門学校や研究所や大学をつくって、途上国の人々に専門知識と技術を教えてやりたいんや」

実はこの構想は、全国産業廃棄物連合会会長だった太田忠雄に影響されている。太田は、福島県いわき市で最終処分場を運営するひめゆり総業（当時）の経営者で、全国組織をつくった最大の功労者である。太田は、処理業者の資質や知識の低さを嘆き、まず専門学校を造り、人材を養成する計画を進めていた。そして連合会の組織づくりのために処理業者に支援を求めた。しかし、快く資金提供を申し出てくれる業者が少ない中、巨額の資金を寄付したのが、寿和工業の清水だった。

スケールが大きく最新鋭の技術を駆使して造った岐阜県の多治見処分場を、太田会長が職員を伴って訪ねたのは八四年春。住宅地から隔離された標高一七〇〜二二〇メートルの丘陵地にあり、一〇か所の谷と山の尾根に囲まれている。前年に供用が開始されると自治体職員や処理業者が見学のためにひっきりなしに訪れていた。

太田を案内した清水の自慢は、廃水処理施設だった。当時としては最高水準のプラントが整備され、原水調整槽に集められた汚水は、接触ばっ気処理でpH6〜8、BODは一リットル当たり二〇ミリグラム、SSは同二〇ミリグラム以下をクリアし、当時の技術の最高水準を示していた。建設計画は七九年に始まり、用地の獲得、多治見市の同意と県の許可手続きなど、実現に四年の歳月を要した。

「公共施設を凌駕する埋め立て処分ができた」とほめる太田に、清水は建設の動機をこう説明した。

「廃棄物の増える一方で、法律による処理規制や住民監視が一段と厳しくなり、排出者の処分場に対する適正処理のニーズが急速に高まりました。時代の要請に応えるにはスペース的にも、従来のような規模では処分ニーズに応えられない。そこで廃棄物処理法に適合した構造基準を満たし、しかも長期間にわたって安定的に供用できる処分場を、業界初のモデル事業のつもりで目指しました」

そして、県産業廃棄物処理協同組合の理事長としてこんな抱負を語った。

「最も必要なことは、業者自らの自覚と自治体も含めた対外的信頼の確立です。われわれは仕事のレベルアップや強化に取り組むべきだし、そういう方向で業界はまとまらなければならないと思います。組合として不良業者を出さない努力と合わせて業界全体の事業強化を図ることです。そのためにこの処分場が県内業者のシンボルとして利用できるなら、組合員の供用モデル施設としてすすんで開放、提供したい。将来は、県内の必要地域に第二、第三の組合員共同処分場を建設することが必要だと思います」(『季刊全産廃連』全国産業廃棄物連合会、一九八四年七月号)

重機が忙しく動く現場を見下ろしながら、太田は清水の話に耳を傾けたが、清水が温めていた構想は、やがて御嵩町での処分場計画につながっていくのである。

## 理想と直情径行

清水が仕事にかける情熱を語るのは、御嵩町の元町会議員の小村参市である。次月地区から出た議員で、処分場の計画地である小和沢地区と同様に上之郷に含まれる。小村は、建設反対の上之郷自治会と、賛成の小和沢自治会の間で揺れ動いたが、結局、住民投票条例案に賛成の一票を投じた。その小村が懐かしそうに語る。

「以前運送屋をしていたんだが、旅館の資材の運搬の仕事をもらえたのは清水さんの口添えがあったから。対価を求められることはなかった。逆に搬出先まで案内してくれた。親切でいばらず気さくな人だった。私は『社長』と読んでいたが、清水さんは『サンちゃん』と呼んでくれた。だから、住民投票の時は悩んだ」

寿和工業の元社員は清水からよく聞かされたという。「わしは金もうけが好きや。しかし、絶対にやらないのは、ばくちとパチンコと金貸しだ。それは人を不幸にする。金もうけは、人を喜ばせてするもんや」。廃棄物処理はまさに人から喜ばれる仕事だという。それを御嵩でしようとして、なぜ柳川町長や町民が反対するのか理解できないと、清水は親しい人に語っている。

全国清掃事業連合会専務理事の山田久は、八〇年代半ばに岐阜県の団体の事務局長をやめ、浪人していたことがあった。それを聞きつけた清水が、「山ちゃん、やってよ」と、自分が理事長を務める岐阜県産業廃棄物処理協同組合の事務局長に就任させた。

清水は、自分の誇りを二つあげたという。一つは昔の朝鮮貴族・官僚の両班《ヤン・バン》の系譜をひいていること。もう一つは強制連行されて日本に渡ったが、脱走して御嵩町に住み、戦後は炭鉱経営者になったことだという。

山田は言う。「清水さんは、『男は無から有を生むものだ』とよく言った。自分の思いがあって、その夢を実現するのが男だという。法律がその障害になっていれば法律を変えればいい。やったことのないことや障害があっても、それをひっくり返すのが男だと」。八〇年代後半、組合の理事会が終わると、旅館で大金をかけてばくちに興ずる理事が何人もいた。だが、清水は酒もばくちも無縁だった。理事会が終わるとさっさと会社に戻った。

そんな仕事一筋の清水は、自治体にとってやっかいな人物だった。先の社員が言う。「会社でこちらの話が合理的だとわかれば理解してくれたが、理解できないと、大声で『なぜできない』と怒り出す。一緒にお供した県庁や町役場では、自分の意見と違うことを言われると怒り出した」

山田が前の団体で働いていたころ、その団体の専務理事と清水が会合で会った。専務理事が清水を甘く見て、横柄な口をきいた。「貴様！」。茶碗が飛び、壁にぶつかった。山田も後に清水の怒りを買って、再就職した組合を去ることになる。事情はこうだった。県の肝いりで社団法人岐阜県環境保全協会を設立することになった。それまでは産廃処理業者がつくり、清水が理事長を務める処理協同組合があった。全国産業廃棄物連合会にも加盟し、清水は連合会の常任理事でもある。

しかし、梶原知事は処理業者だけでなく、県、市町村、排出事業者も巻き込んだ別組織が必要だと考えた。県は、その協会の理事長に梶原知事、副理事長に清水が就く人事案をつくった。ところが、県から伝えられたその案が山田から示されると清水が怒った。自分が理事長になるのが当然だというのだ。「県の意向なんだから」と山田は清水を説得しようとしたが、清水は県の意向に従う山田の態度が気に入らなかった。「山田はおれを裏切った」。こうして山田は組合を去った。

ただ、この話にはこんな結末がある。山田は「私は清水さんを恨んでいないんですよ」と言う。その五年後、新しい団体に職を得ていた山田は、岐阜市のホテルで開かれた環境保全協会の五周年記念パーティーの席に招かれていた。保全協会の功労者として表彰されるのだ。清水がにこにこ顔で山田に近づいてきた。「山ちゃん、元気にやってるか」。「元気にやっております」。清水が言った。「あの時はな、絶対に許さんと思ったんや」。自分の意向に従う山田をかわいがる一方、従わないと突然切り捨てる直情径行。それが、御嵩の産廃問題に影を落としていく。

## 「岡本隆子はどいつだ！」

九六年六月、御嵩町の廃棄物処理施設に反対する「みたけ産廃を考える会」の女性一〇人がマイクロバスで寿和工業の多治見処理分場を見学することになった。処分場に着くと、バスに清水が乗り込んできた。

「岡本隆子はどいつだ！」

岡本がおそるおそる「私です」と言うと、「お前か、ここに書いてあることはうそばっかりや。こんなことにはならへん」

清水は、考える会の会報『産廃ニュース』を持っていた。「この処分場は日本一だ。わしは叩き上げやが、東大出にも負けん」。岡本は、「最初は怖かったが、その怒りがおさまると、熱心に説明してくれた」と語る。

機嫌を直した清水は一行と意見交換した。清水は水処理施設を案内し、安全なことを示すために処理水を飲んで見せた。その後処理水をためた貯水槽を見ると、コイが元気に泳いでいた。岡本らは社員に頼み、持参したペットボトルに処理水を入れてもらった。産廃反対運動に参加していた愛知県環境調査センターの職員に水質分析を頼んだ。間もなく結果がでた。処理水でなく水道水か沢水ではないかという。

実はそれは処理水の原水ではなく、地下水で薄めたものだった。寿和工業はパンフレットに処理水でコイを飼っていると表示していたので、柳川やマスコミからウソを表示したと批判されたが、それにはこんなわけがあった。語るのは元社員である。

清水は処理水の安全性を伝えるために「貯水槽でコイを飼いたい」と言い出した。多治見処分場に限らず、どの処分場の浸出水も塩分濃度が高く、コイは生きられない。社員が「会長、コイを飼ってもアピールになりません」と言ったが、清水は受け付けない。社員はこっそり地下水を混ぜて薄め、コイを飼うことにした。ちなみに塩分は有害物でないので規制対象ではない。

柳川が町長になったころ、清水は週に一、二回会社に来るぐらいで、生まれ故郷の韓国と日本の間を頻繁に行き来し、兄弟や親族に会っていた。御嵩町での建設計画が住民投票で事実上凍結状態に陥ると、清水は御嵩に代わる候補地を探し始めた。元社員は「会長から処分場の候補地を探して来いと指示され、静岡県、岐阜県揖斐郡、長野県飯田市、愛知県豊田市などいろんなところを見て歩いた」と語る。

弁護士に「町長襲撃事件についてどう思いますか」と聞かれた清水は、こう語っている。

「襲撃事件によって、九九％完成していた御嵩開発計画が大きく遅れることになりました。町長、反対派、マスコミのすべてが、私が事件に関与していたかのごとく発言をしていますが、私はまったく無関係であります。この襲撃事件は、私または寿和工業株式会社の利益にまったく反する行為であり、私に敵対する何者かの陰謀だと思います」

# 第五章　襲撃事件と盗聴事件

## 町長襲撃事件の発生

御嵩町役場から県道の中山道に出て西に歩く。役場の西隣に向陽中学校があり、さらに進むと右側に御嵩小学校が見える。その地点で中山道を渡ると、四階建てのマンションが見える。かつて柳川町長が住んでいたＴＮＫマンションだ。

一階は大家の田中農機の倉庫で、二階から四階まで一五戸あり、町長は四階の４０６号室だった。私がここを訪ねるのはあの事件のあった時以来だから、二十数年ぶりになる。

一九九六年一〇月三〇日午後六時。役場から職員の運転で車から降りた柳川町長は、エレベーターで四階に上がった。エレベーターの扉が開いて出ようとしたとたん、左手の壁際に立った男が棒状のもので頭に一撃を加えた。その後ろにいたもう一人の大柄な男も棒状のものを持って襲ってきた。二人は柳川の体をめった打ちした。強いショックと骨が折れる鈍い音を柳川は感じた。

柳川は身をかがめてベランダ通路づたいに逃げた。振り向くと二人が逃げていく。町長は自室の隣のガラス窓が明るかったのでチャイムを鳴らしたが返答がない。自室から救急車を呼ぼうとするが右手が動かない。隣室のドアを叩いた。女子中学生が引きつった顔で、「町長さん」と言った。「119番を呼んでほしい」

中学生はその日、駆けつけた朝日新聞記者にこう語っている。「廊下からドンドンという音と、大きな叫び声が聞こえた後、二人ぐらいが逃げる足音が聞こえた。しばらくするとうちのドアを叩く音がした。ドアを開けると、町長が血まみれで立っていた」(一〇月三一日朝刊)。

通報を受けた加茂消防事務組合御嵩出張所救急隊の三人が急いだ。隊長の渡辺進消防士長がマンションの階段を駆け上がった。四階に着くと、通路のあちこちに血が飛び散っている。中学生がいた。

「あっちです」と指さした。ドアは開いたままで、柳川町長が立っていた。

「わかりますか」

「はい」

「痛いところはどこですか」

「腕が痛い」

スーツの上着を脱がし、無線で一階に待機する隊員に三角巾五枚とサブストレッチャーを持ってくるよう指示した。隊員が駆け上がる。

手当を受けながら町長が口を開いた。

「急に襲われて、バットのようなもので全身をめちゃくちゃに叩かれた」

「どうしたんですか」

「逃げていった」

救急車で近くの桃井病院に運ばれた。桃井知良院長は町長の後援会の代表で親しい間柄だ。院長が「大丈夫ですか」と大声で呼びかけると、「うんうん」とうなずいた。記者たちも駆けつけていた。朝日新聞可児支局長の堀田栄之助が院長を説得した。「町長の写真、撮らせてください」。院長とは人工呼吸講習の取材が縁で知った仲だった。「そんな状況ではない」と院長は断ったが、記者魂が旺盛な堀田は「一目だけでも」と粘った。

院長が集中治療室に入っていくのに堀田も続く。院長は黙ったままだ。暗黙の了解だった。治療台に座った町長は目を閉じていた。「写真を撮らせてください」と言うと、町長は薄目を開けてうなずいた。やがて救急車に運ばれる町長にカメラのレンズを向けた。撮ると一目散に駆けだした。緊迫した状況を切り取った写真が翌日の紙面を飾った。

町長は多治見市にある県立多治見病院に移され、ICU（集中治療室）で治療が始まった。騒然とする中、深夜に院長が記者会見した。左前頭部陥没骨折、頭部前後に二か所に打撲、肋骨が三本骨折し気胸を起こしている、左腕骨折、全身打撲との診断結果を公表し、「かなり危険な状態」と語った。三時間の手術の結果、町長は一命をとりとめた。

町長が襲撃されたとき、秘書係長の田中秀典は近所の理髪店にいた。桃井病院から携帯に連絡が入り、「しまった！」と思った。いつもは田中の私有車で町長の送り迎えをしているが、この日は別の職員に運転してもらっていた。就任したばかりの町長に請われ、秘書の仕事を受けた。「頭が良い。

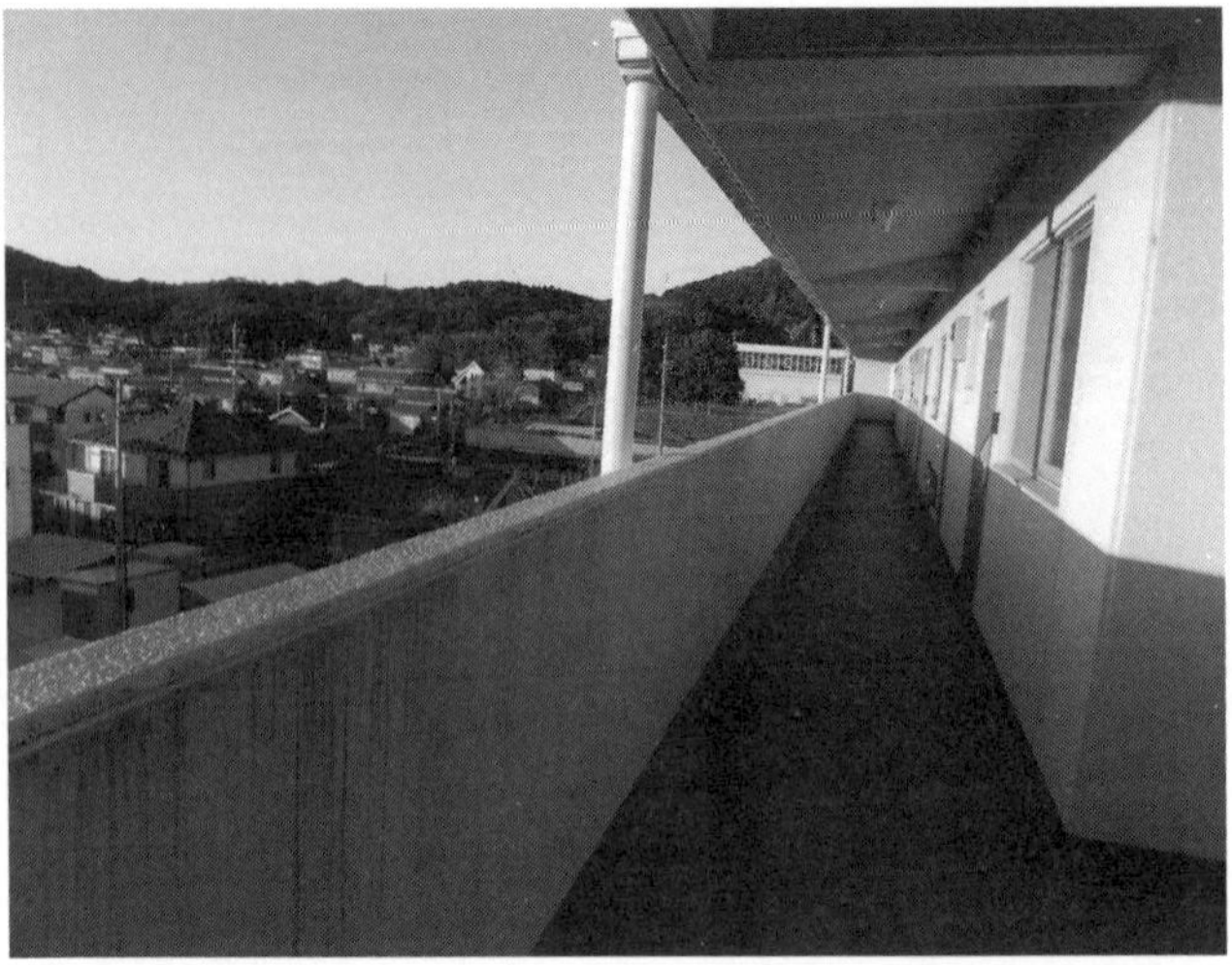

柳川町長が襲撃されたマンションの４階通路。手前の右にエレベーター。そこを出て襲撃にあった

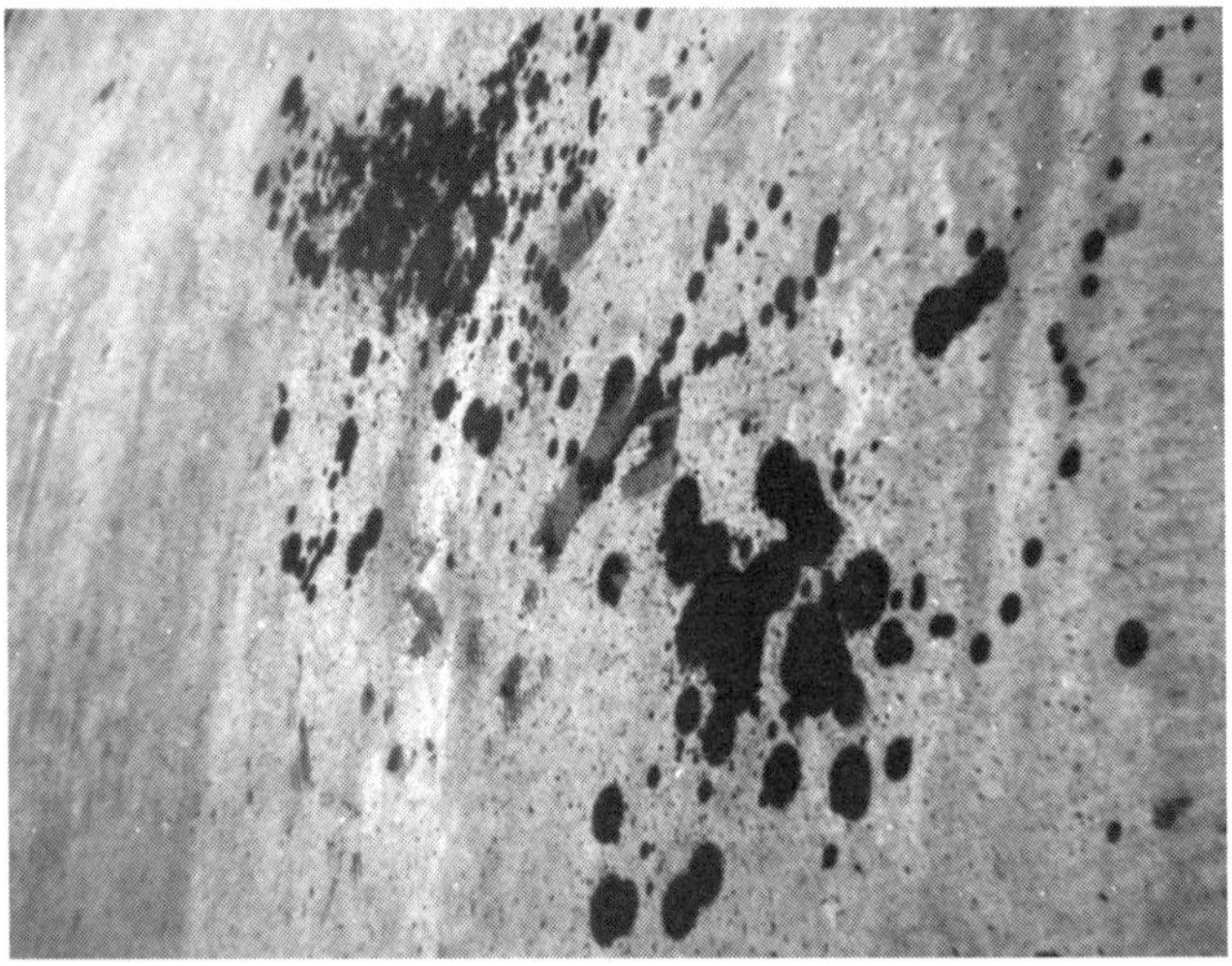

柳川町長が襲撃されたマンションの４階の血痕。事件の凄惨さをものがたる

なんでもすいすい理解していく人」と田中は語る。役場の職員たちは、従来の役場のやり方を嫌い、職員にそれを求めた新町長に戸惑いを見せた。そんな中で田中は町長の一番の理解者だった。

柳川が産廃処理施設計画を問題視し始めると、ミニ新聞が町長を攻撃しだした。「暴走する利己主義町政」の見出しが踊り、町長の自宅の入り口の写真を載せ、「表札のない町長宅」と書いた。心配した後援会の人たちに勧められて、自室の窓に桟《さん》を入れた。可児署長の忠告も受け入れて簡易型の防犯カメラを設置した。しかし、それは自室からスイッチを入れる装置で、肝心な時に何の役にも立たなかった。桃井病院長から連絡を受け、病院に駆けつけた田中は、「町長に強く進言し、対策をとっていたら」と自責の念にさいなまれた。

実は町長が襲われる二時間半前、可児警察署の署員がこのマンションを訪ねている。事件が起きる一か月ほど前に四階の電話の配電盤に盗聴器が仕掛けられていたことがわかり、町長が可児署に連絡し、署員がそれを確認していた。それは襲撃される日の二週間ぐらい前だったのだが、可児警察署は真剣に捜査していなかった。襲撃された日の朝、柳川は、配電盤に張ってあったはずの銀色のシールが破られているのを見つけた。すぐに可児署に連絡したが、署員は午後三時半に来て破れを確認しただけで帰ってしまっていた。盗聴事件が目の前で進行しているというのに、可児署はその重大さに気づかず、怠慢を絵に描いたような対応を続けていた。

## 緊急配備を怠った警察

柳川から二人組に襲われたと聞き、病院に搬送した加茂消防の救急隊は、なぜか、110番せず、直接可児署に電話で伝えていた。可児署から警察官が出動し、岐阜県警にそのことが伝えられた。

岐阜県警本部で暴力団を取り締まる組織暴力対策課の山崎雄一（仮名）は、事件が起きたと知り、「やられた！」と思った。柳川が町長に就任する以前から、暴力団関係者、右翼団体、同和団体を名乗るエセ同和、ミニ新聞の連中が御嵩町に入り込み、役場を脅かしたり、寿和工業に出入りしたりしていた。そして町のいわくつきの業者たちがうごめいているのを見て、山崎は「産廃絡みの魑魅魍魎の世界。何が起きても不思議ではない」と不安を抱いていた。

上司から現場に向かえと指示が出た。車で御嵩に向かう。「何か、おかしくないか」。すいすい走れるのだ。警察は緊急配備をかけていないのだ。後に調べてみると、可児署で消防から電話を受けたのは当直の職員だった。110番していれば即岐阜県警につながり、行政対象暴力事件として重大犯罪と認識し、即座に緊急配備をかけていたに違いない。しかし、可児署は普通の暴行事件と受け取ったようだった。

思ったよりはるかに早く、山崎はマンションに着いた。「おい、これはなんだ」。山崎が怒った。マンションの回りには縄張りがされず、大勢の記者たちがマンションに上がって写真を撮ったり、住人に聞き込みをしたりしていた。あちこち歩き回り、足跡や指紋をとるどころではない。「可児署はいったい何をやってるんだ」

可児署の初動でのこの二つの大失態は、後に迷宮入りをもたらす導火線となった。山崎は最初からついていなかった。

## 取材班が動き出した

事件が起きたころ、名古屋市の朝日新聞名古屋本社で社会部デスクだった私は、自宅にいた。前日が朝刊づくりの当番デスクで、前日昼過ぎから翌日明け方まで勤務していた。そして自宅に戻って仮眠したあと、再び出勤し、企画案などの打ち合わせをしたり、取材先に電話をしたりして、自宅に戻ったのは午後七時ごろだった。

電話が鳴った。社会部長からだった。

「柳川町長が襲われた。大けがをしている。すぐ社にあがってくれ」

大あわてでタクシーをつかまえ、本社に向かった。編集局は騒然としていた。御嵩町を取材するのは可児支局だが、ベテランの堀田支局長と若い支局員の二人だけ。岐阜市にある岐阜支局が可児支局を統括しているが、とても足りない。岐阜支局だけでなく、社会部から大勢の記者が現地に向かった。次第に情報が入る。町長の容態も「たいしたことない」から「意識不明の重体」になり、さらに「一命はとりとめた」と変わった。

ほかの新聞社やテレビ局も同様に取材陣を送り込んだ。取材合戦が始まっていた。やがてことの重大さがわかった岐阜県警は、可児市にある可児警察署の三階に合同捜査本部を置き、一三〇人の捜査体制を組んだ（人数は岐阜県警公式発表による）。私たちが目指すのは犯人の割り出しであった。捜査の行方を追うだけでなく、関係者にあたって有力な手がかりを探し、それを捜査陣にあて、絞り込んでいく。そしてそれを報道する。こうして捜査と取材が同時進行で動き始める。

その当時、私は社会部にいた六人の社会面デスクの中で、遊軍担当デスクとして、環境、教育、公共事業、情報公開などを担当していた。デスクごとに事件、行政などに担当が分かれ、襲撃事件の直接の担当は事件デスクら二人のデスクだが、私もこの事件に深くかかわることとなった。というのは、最初から産廃問題と事件との関連が疑われていたからである。社会部総がかりでこれに当たることが決まったが、私は御嵩町の産廃問題全般を担当することになった。

九六年春に「遊軍」とよばれる取材グループを統括する遊軍キャップからデスクに昇格した私は、遊軍時代に始めた長良川河口堰と「官官接待」のキャンペーンを継続し、連載記事やワッペンをつけての長期企画ものを担当していた。それが一段落し取り組もうと思ったのが、御嵩町の産業廃棄物処理施設問題だった。実はこの問題は、中日新聞が先に三五億円の協定書の話を書き、その後もフォローしていたのに比べ、朝日新聞は地元の可児支局とそれを管轄する岐阜支局にまかせっきりになっていた。

厚生省が廃棄物処理法の改正に向けた動きを見せ、私も知り合いの官僚からこの情報を得ていた。法改正の動きは、各地で不法投棄や不適正処理事件が頻発し、処理施設の建設が、産廃に不信感を抱く地元住民や市町村の反対にあって立ち往生していたことが原因だった。その象徴が香川県豊島で起きた五〇万立方メートルを超える巨大不法投棄事件だった。業者が逮捕され、倒産した後、産廃の撤去を求める島民が県を相手に大闘争を繰り広げていた。東京都日の出町では、多摩地域の家庭ごみを受け入れる最終処分場の建設をめぐって、環境汚染を危惧する市民団体が、建設推進の東京都、一部事務組合を相手に反対運動を展開していた。

## 市民団体が御嵩に注目

国民の処理業者や処理施設への不信感が渦巻き、「このままでは廃棄物は行き場がなくなり大変なことになる」と考えた官僚たちは、その打開のために、不法投棄をした業者への罰則を強化したり、廃棄物が適正に処理されているかを確認するため、その流れを記したマニフェスト（管理票）をすべての産業廃棄物に適用したり、処理施設への住民の不安を払拭するため、県の設置許可の手続きに市町村長の意見を反映したり、環境アセスメントを義務づけたりしようとしていた。

しかし、産業廃棄物処理施設の建設計画が持ち上がり、住民から突き上げられていた市町村の不信感は解消されず、のちに紛争を抱える市町村は「全国産廃問題市町村連絡会」を結成した。その初代会長に就任したのが柳川町長だった。厚生省に要求を突きつけ、処理施設の建設に反対する団体の頂点に立つ柳川町長は、さながら全国の反対運動のリーダーだった。

私は以前環境庁クラブに所属していた関係で、全国の環境保護団体を取材するようになり、廃棄物問題に取り組む幾つかの団体の代表らともかなり深いつきあいをしていた。その中で御嵩町の産廃問題に最も熱心だったのが、廃棄物処分場問題全国ネットワークだった。一九九三年に設立され、廃棄物処理施設の建設に絡む紛争や不法投棄問題に取り組む市民団体が加入し、全国の情報を収集し、廃棄物問題を所管していた厚生省に鋭い批判を浴びせていた。その事務局長で懇意にしていた大橋光雄から「御嵩問題は重要だよ。しっかり取り組んだ方がいい」と聞かされていた。

私は九六年春、柳川町長を町長室に訪ねた。正義感の強い人物だと確認すると、社会部長を説得し、社会部に御嵩廃棄物問題の取材班を立ち上げた。わずか数人ではあるが、社会部傘下の支局も巻き込み、七月に社会面に連載記事をスタートさせた。一回目は岐阜県の許認可の手続きの一つである国土法の届け出手続きの不透明さを取り上げた。連載だけでなく、雑報と呼ばれる単発記事も何本か交え、連載を終えると、私は公費の無駄づかいのキャンペーンや四日市公害の回顧ものの連載にかかり、しばらく御嵩から離れることになった。

それが襲撃事件でひっくり返った。

## 襲撃犯を追う

全国から町長にエールが寄せられるなか、一一月一日、町長支持派の住民たちが集まり、産廃処理施設の建設の是非を問う住民投票を行うために、地方自治法上の直接請求を行うことを決めた。町長室に「記帳ノート」が置かれ、心配した町民が続々とやってきてペンを執った。合同捜査本部は大量の捜査員を投入して遺留品の捜索や聞き込みなどに総力をあげるが、有力な手がかりはなかなかでてこない。犯行に使われた凶器も見つからず、当初町長が証言した「棒状のようなもの」から一歩も進まなかった。

柳川町長が、産廃処理施設を容認してきたこれまでの町の方針をひっくり返し、計画を進めようとしていた岐阜県と対立していたことから、捜査陣は、襲撃事件と産廃問題との関連を疑った。町民の多くも産廃賛成派の仕業ではないかとうわさした。

事件との関連を疑われ、寿和工業は針のムシロとなった。社長の道雄は、中日新聞の記者に「知人の電話で事件を知り、えっと驚いた。母が危篤状態で、三一日は人の出入りが慌ただしく、それ以上考える余裕がなかった。事件との関連を疑うだろうが、うちは一切知らない」と答えた（一一月一日付中日新聞）。

## 捜査員への夜回りを続ける記者たち

新聞社やテレビ局の記者による取材活動は旺盛だった。県警幹部や捜査員の自宅を夜や早朝に訪問して聞き出す「夜討ち朝駆け」、犯行現場周辺を歩き聞き込む地取り、さらに議会や利害関係者への取材などだ。取材合戦が始まり、その成果は毎日の新聞記事やニュース番組で披露された。記者たちが残したメモのコピーの束が私の手元に残っている。当時の捜査状況をうかがうことができる。

事件が起きた数日後、可児署の署長を記者が夜回りした。捜査員たちに比べ、署長は口が軽かった。

**――役場の通報説はどうなりましたか（当時、役場に犯人の協力者がいると疑われていた）。**

署長「それぞれに話を聞いて反応をうかがっているが、いまのところそれらしいのはないな」

**――足跡から何か出てきましたか？**

署長「スニーカーだったらしい」

**――その根拠は。**

署長「模様が残るだろう。新しいし、足跡が乱れている。普通の人が歩くと点々と残る。これは襲った時のぐちゃぐちゃなんじゃないかと」

**――どこに残っていました？**

署長「エレベータの前。血痕の近くだ」

その情報をもとに別の記者は岐阜県警刑事部の幹部宅を夜回りした。

幹部「靴の方は調べているよ。ちゃんと犯人のものがとれたかどうかも含めてな。運動靴といっても製造元を特定できるものだったらいいんだが」

**――靴が大切と。**

**――（マンション近くに止まっていた）黒い土浦ナンバーのワゴン車ですが、土岐とか瑞浪とか構想の出口での紹介作業をやってますか。**

幹部「やっとるよ。不審車両はいろいろあるから、君たちは喜んで書くんだろうけど、こちらは一つひとつ潰していかなくてはならないから大変だ。不審車なら、田中農機の駐車場の黒いワゴン車もある」

――あれは田中さんの娘さんのじゃないですか。

質問をはぐらかす捜査幹部と、手がかりを得ようと執拗に粘る記者の会話が続く。

支局に戻ると、記者はその原稿を書いた。翌日の「犯行現場にスニーカー跡」（四日付朝日新聞）という記事になった。だが、この足跡の追跡もこれっきりである。可児署が縄張りを怠ったために、大勢の記者たちがこの通路や階段を走り回っていたのだから。

同じころ、別の記者が岐阜市の署長宅を訪ねていた。愛知県の右翼団体幹部が九四年夏に御嵩町役場を訪ねていること、寿和工業と関係のある産廃業者と関係があること、県警ＯＢの林三千が寿和工業の社員となり岐阜県郡上地域の右翼と組んで産廃業を進めていることを教えてくれた。

記者たちは周辺の聞き込みも集中的に行った。捜査員が歩いたあと、「何を聞いていきましたか」と聞くことも情報収集の基本だ。田中農機の隣の電気屋の妻は言った。「夏休み中の夜七時ごろ。田中農機の空き屋の前で、紺色のライトバンが止まっていた。車の中にメガネをかけた三〇代ぐらいの男がいた。怖くてよく見ていない。娘の友だちが、夜の一二時ごろ、近くで作業服の男を見たといっていた」

ある記者はマンションの各部屋のチャイムを順番に押していった。

２０１　表札なし。応答なし。

２０２　表札なし。応答なし。

２０３　×田××。サツから聞かれていた。事件当日、出張先から午後六時前に帰宅。駐車場の奥に見慣れない白いワゴン車が止まっていたと伝えていた。
205　窪×××。応答なし。
206　舟×××。応答なし。
207　×本。応答なし。
208　下×××。応答なし。
301　第一電通。
302　五××××。応答なし。
303　(有)アスミーコンサルタンツ。
305　×山××。応答なし。
306　田×××、×子。応答なし。
401　伊佐×。応答なし。
402　表札なし。応答なし。
403　表札なし。
405　伊佐×××。彼女によると、普段は六時ごろ帰宅するが、これまで変わったことはなかったという。当日は所用で午後七時ごろ帰宅した。四階の住人で一番先の人が電気をつける。犯人は通路の電気を消して町長を待っていたとされている。四階の住人はほとんど応答に出てくれないので、第一通報者の女の子以外に、犯行当時、人がいたかは不明。いたとすれば、町長の帰宅前についていた灯りを犯人たちが消したことになる。
406　表札なし。町長宅。

記者はさらに町長の最近の退庁時間を調べた。町長の行動表には始まりの時間が記入され、あとは秘書の田中がそれを見ながら記者に話した（いずれも九六年一〇月）。
二一日　定時（マンション到着は午後五時半から六時の間）
二二日　不明
二三日　不明
二四日　長良川ホテルで会議。一人で電車で岐阜へ。午後二時から夕方まで会議。その後帰宅。
二五日　午後六時から、近くの鬼岩城という料理旅館で高校時代の同窓会。
二六日　一日中休み。
二七日　一日中休み。
二八日　名古屋で会議。午前一〇時ごろ役場を出発。田中秘書の話では、午後九時半ごろ帰宅したのではないかという。
二九日　定時役場出発。田中秘書と可児市のユニーで買い物。午後七時ごろ帰宅。四階まで荷物を持って一緒に上がってきている。
三〇日　午後六時一五分ごろ、襲撃。

ようやく有力な目撃情報が出た。一一月五日付の各新聞が報じた不審車両だった。「黒い土浦ナンバー車　犯行直前、現場近くで目撃」（毎日新聞）。「土浦ナンバー不審車　現場近くで目撃　背後関係に広域性？」（読売新聞）、「土浦ナンバーのワゴン車」（中日新聞）、「犯行5分後に不審車」（岐阜新聞）。同じ記事でも犯行直前にマンションの脇に止まっていた黒のワゴン車と特定した毎日新聞と、直後に駐車場から国道二一号に飛び出したとする岐阜新聞は詳しかった。朝日は「踊り場に複数の吸い殻」の見出しがついた記事しかない。「特落ち」である。

捜査陣は色めき立っていた。Nシステム（自動車ナンバー自動読み取り装置）を使って車のナンバーの割り出しを試みていた。茨城県に捜査員四人を派遣した。派遣されたのは捜査一課でなく、警備と暴対の二つのグループだった。接触しようとしているのが右翼団体や同和関係者であったからだ。記者たちもそれを追って茨城に向かう。車両は「土浦58　こ　2××4」。サニーステーションワゴンだ。一四日に到着した捜査員は所有者を調べ、つながりのある団体や関係者を洗った。記者たちも公表された同和団体や右翼の組織を回り探った。しばらくして捜査員たちは捜査本部に戻り、状況を報告した。

暴力団や右翼、同和関係者を求め、岐阜から愛知県に捜査員たちが入っていた。ある記者は名古屋にある中部公安調査局の右翼担当の関係者に接触した。「犯人像などの情報はいまのところ何もない。個人的な見方だが、犯人が右翼としても、手口などからして真正右翼ではなく任侠系の右翼か。真正右翼なら漸かん状が送りつけられるとか、犯行声明が出るとか、何らかの痕跡を残すはずだ。寿和工業が、極道、エセ同和団体と関係があるという話は聞いていた」

また、名古屋の民族派の右翼団体、司政会議の大物ＯＢも同様の見方を語った。

「手口からして、正統派右翼や極道の仕事ではないな。正統派右翼なら犯行声明を出すだろうし、極道なら凶器はチャカ（拳銃）か、光り物（刃物）を使って命を取りに行く。右翼を気取った半端なチンピラ、よく任侠右翼といわれる連中なんじゃないか」

捜査員が調べた限り、事件との関連は乏しい。いわゆる「シロ」だ。

一一月五日夜、寿和工業の清水道雄社長が脳梗塞で倒れて入院する事態に陥った。父の清水会長は、事件発生の二日前から韓国に行ったきりで、記者が寿和工業に尋ねると、社員は「会長は二、三日したら帰国すると言っておられます」。会長はこの事件が会社にどんな影響を与えるのか、よく理解していないらしい。

五日夕刊の紙面デスクは私だった。私は、県警が事件発生当時、緊急配備を怠っていたとする記事を載せることにした。この大事件で緊急配備もかけないことがあるなんて信じられなかったからだ。そこで事件担当デスクではないが、記者に原稿を書いてもらい、可児署の次長の談話をつけた。これがふるっていた。「すでに犯人が遠くに逃げている可能性が高かったため、聞き込みや鑑識など現場周辺の捜査に重点を置いた。通報を受けて一時間半前後のうちに四、五〇人の捜査員に招集をかけており、初動捜査に不備はなかった。状況から考えて、間違った判断ではない」

ところが、この記事が掲載されると、取材現場にハレーションを起こした。一番痛いところをつかれて県警幹部が怒り、記者の夜回りと朝駆けがしばらくできなくなったのである。しかし、一週間もすぎるとその取材禁止措置も解けてしまった。緊急配備を怠ったことが捜査に重大な支障が出ていることを一番認識していたのは、彼らだったのだから。

## 迷宮入りの襲撃事件と盗聴事件

山崎が加わった捜査本部は可児署の三階の会議室にある。捜査本部は県警本部から来た大量の捜査員を中心に構成され、刑事部からは殺人や暴行事件などを扱う一課から二十数人、暴力団等を担当する暴力対策課は山崎ら七人、それと可児署、関署などから九人、さらに警備部一〇人、生活安全部から三人といった総勢五十数人の混成部隊である。しばらくすると、捜査陣の中からは早くも長期化を心配する声が漏れ始めた。まず、物的証拠が出ないのである。柳川町長は、棒状のようなものと証言したが、その凶器が見つからない。犯行に使われた車が特定できない。指紋も足跡もはかばかしい結果はでない。

事件から二週間経ち、記者たちは県警幹部宅に連日夜討ちをかけていた。夜討ちというのは、警察官が帰宅したあと自宅を訪ねることを指す、いわゆる業界用語だ。各社の県警担当が回るので一人五分の制限があった。

**――土浦に行ってきました。**

幹部「どうやった」

――(説明をする)。

幹部「もう、警察に任せとけや」

――(捜査本部の捜査員は)どういう根拠で行ったんですか。ナンバーが割れたとか。

幹部「俺も県議の先生や国会の先生に事件のご説明するのが精一杯でな。今日はオウム事件でサッチョウ(警察庁のこと)がやいのやいの言ってきて大変なんや」

――帳場(捜査本部)はどんな雰囲気なんですか。

幹部「証言と証言をつなぎ合わせて、もう一度洗い出す作業をやってる。こっちでこの人がこの人物を見ていたとしたら、同じ時間にここにいたこの人もこれを見ているはずだといった詰めをやり直している」

――人物の目撃もあったんですか。

幹部「……」

――そういう作業をしてきたら、ずいぶん話は潰れてきたでしょう。

幹部「ああ、かなりしぼられてきたな」

――土浦の件は潰れたんですか。

幹部「うーん。潰れるかもしれねえ。だが、あれがなくなったら、現場から大きな手がかりが消えてしまうな」

記者が尋ねた「土浦」というのは、事件当日、マンション近くに土浦ナンバーのワゴン車があったという情報を指す。県警はNシステムで確認し、有力情報として、暴力対策課と警備一課の捜査員が茨城に向かった。捜査対象が茨城の右翼団体との関連が疑われたからである。新聞各社の記者たちもあとを追い、右翼団体をしらみつぶしに回った。ある記者は、茨城から帰ると、捜査本部の一課の強行班長に夜回りをかけた。

——××さんの班はいま、何をやってるんですか。

班長「まとめや、まとめ」

——まとめって何の？

班長「いろいろあるやろうが。それや」

——で、土浦はどうなったんですか。

班長「いろいろあるが、これといったもんは何もないな」

——行ったのは警備・暴対じゃないんですか。一課はスジが出ていないといかないでしょう。僕なりに調べたんだけど、同じ名前の右翼団体もあるでしょう。

班長「あれは、なーんもわからんままに行ったんや」

——じゃあ、当分動きそうにないんですか。

班長「おお、ないな。じっくりやな」

暴対の山崎が振り返って言う。「班の捜査員が現地で全部潰した。結局、関係なかった」

有力な手がかりが得られないまま、二週間がすぎた。ある夜、記者は別の県警幹部の自宅を訪ねた。

**――どう思われますか。**

幹部「難しい。殺しの犯行の動機になるのは、カネ、物取り、怨恨の三つ。ふつう、四、五日捜査してると、どれかが大体判る。今回は現場を見てもそんな状況は何もわからんのだ」

**――やったのは寿和という人が多いけど、そんな単純な話ですかね。寿和は頭がいいからそんなことやったら損するのを知っている。町長に大きな借金はないし、女の線はあるけど、右翼とかがいろいろ言ってるだけという感じだし。**

幹部「例えばこっちで油絵描いたとして、そっちで水彩画を描いてもな。水彩画ばっかり描いて、肝心の油絵描けなくなったらしようがない。この筋や、とにらんだところで外したらおしまいや。そりゃ、事件があったのを聞いとったら、だれでも産廃絡みと思うやろうな。でもそんなことしたら、寿和は真っ先にだめになってしまうだろ。じゃあ、推進派がやったのかというと、腕を折ったかという話じゃなくて、死にそうになってるだろ。そこまでやるのはあんまりやと思うし」

**――産廃にしてもいろいろ筋が立てられるわけですね。**

幹部「そうだな。おっと、もう五分すぎたぞ。これで終わりだ」

記者は、今度は本部のある課長に夜回りをかけた。

**――見方と言えば筋読みでしょう。我々は産廃だと騒いでますけど。**

課長「本当に産廃か？　寿和がやったとお前さんは思うのかね」

――寿和なら話は簡単ですけど。

課長「寿和が自分の首を絞めるかということなんだよ。産廃派にもいろいろあるんだ」

――例えば、砂利利権の話とかが加わって、反対、賛成、いろんな利権が入り乱れていますね。

課長「入り乱れとるぞ。お前さんたちが書くように単純じゃない。町民が事件の背景は産廃だと思い始めていて大変だ」

取材班は、そのころ船戸行雄県議会議員にも当たっている。

田中角栄と親しく知事を上回る実力者といわれた古田好の後釜として、県議会の実力者となった船戸は、御嵩町の平井町長と豊吉助役の重要な陳情先だった。船戸は産廃処理施設を容認する代わりに、県が町に手厚い援助をするのは当然だと、町の肩を持って県に働きかけてくれていた。

記者が捕まえると、しかし、船戸はこう語ったのである。

「警察に捜査の進展を聞いても、要領を得た答えが返ってこない。暴力団か、それ以外のタワケか判らないけど、まともな神経の持ち主じゃない。朝日新聞のサンゴ事件じゃないけれども、反対派の自作自演という可能性は大いにあるだろう。(寿和工業には)もう関与したくない。政治家として無責任からもしれないが、わしゃ、もう知らん。こんな訳のわからないのと係わっていたら、今度はこっちが狙われかねない」

そして、こんな予言をしてみせた。

「御嵩町は気の毒にへとへとになるまで闘い続けなければいけなくなった。仲介の労をとろうとする人はいないだろう。やるなら、だれか一人の有力者でなく、全員でやらなきゃいけない。とにかく、わしゃ、もう知らんのや。勘弁してくれ」

県警本部の幹部が記者につい弱音を吐いたように、事件の筋は一向に見えてこなかった。岐阜地方検察庁の検事は、自宅に来た記者にこうつぶやいた。

「個人的な感じとしてね、あくまで一般論だが、一か月がめど。それを超えると長引く可能性も出て来る。とにかく逮捕してもらわない限り、こっちは手の出しようがないんだ。純然たる一課事件だぞ。まず逮捕。話はそれからだ」

## 半月たって壁につきあたった

私の手元にある当時の数千枚に及ぶ各社のスクラップ記事を読み返すと、奇妙なことがわかる。発生翌日から精力的に取材した成果はしばらくの間は存分に紙面に反映されている。ところが、事件から二週間たつと、めぼしい記事はほとんどなくなってしまうのである。それは、捜査が膠着状態に陥ったことを如実に物語っていた。

事件から一か月たった一一月三〇日、岐阜県警刑事部の参事官が捜査本部のある可児署で記者会見し、捜査状況と今後の方針を述べた。これまで連日一三〇人、延べ四〇〇〇人の捜査員を投入したとし、「県警は全力をあげて捜査しているが、いまのところ、犯人につながる手がかりはない。不審車両や人物の目撃情報も、潰しきれないものもあり、今後も強力に捜査を進めたい」と述べた（一一月三一日付読売新聞)。

その頃、捜査本部は何をしていたのか。

捜査陣は暴力団や右翼団体などに手を広げていくのだが、寄せ集め集団では、それぞれ捜査の文化が違い、うまくいかない。捜査会議では捜査内容が明かされないことが多く、毎日新聞は、こんな出来事を報じている。「刑事部捜査一課の部屋に『何してやがる、バカヤロー』と怒鳴り声が響いた。警備部の捜査員が忍び込み、捜査資料を盗み見ていたという。警備部の当時の捜査員は『町長の所在を確認する不審な電話が事件直前に役場にあったことがわかったが、刑事部には伝えなかった』」(二〇一一年一〇月二五日付朝刊)

刑事部内にも捜査一課と暴力対策課にずれがあった。山崎は、「寿和工業をガサ入れし、資料を押収しないと捜査は進まない」と主張していた。だが、捜査一課は「そんなことしたら、清水会長にへそを曲げられ、協力してもらえなくなる」と猛反対した。

どちらかが悪いわけではない。捜査手法が違うのだ。暴力対策課の捜査手法は、まず何らかの容疑を探し出し、先行的にガサ入れ(家宅捜索)を行い、大量の資料を押収する。捜査はそこからが本番だ。そして捜査を重ね、逮捕に至る。しかし、捜査一課が家宅捜索を行うのは多くの場合、容疑者がかたまった最後の段階である。「記者がガサ入れする先を教えてもらい、写真やテレビの画面に出ることがあるだろう。これが捜査一課のやり方だ。この時にはすでに捜査は終わってるんだ」と山崎は語る。

翌年四月、暴力対策課は、可児署の三階から二階に移った。それまで三階では、毎日のように捜査報告と会議が繰り返され、意見の対立がしばしば起きていた。もちろん、最終的に捜査一課の了解を得るが、自分たちのスタイルを通したいという考えからである。こうしてようやくフル稼働状態になった。

刑事部の幹部が記者に言ったように「殺しの犯行の動機になるのは、カネ、物取り、怨恨の三つ」でないなら、何なのか――。

## 親寿和と反寿和

ある記者が描いた簡単な相関図がある。捜査本部の捜査一課の捜査員たちが持っているチャート図を簡略化したものだと言ってもよい。捜査員から断片的な情報を聞き出して書き、さらに捜査員にあてて修正したものだ。図は、親寿和工業グループと反寿和工業グループに分かれ、親寿和には、同和団体幹部のW、設計会社社長のO、ミニ新聞の代表、右翼団体の大日本昇龍会、暴力団弘道会などがあり、反寿和には右翼団体代表のS、リサイクル業のKなどがおり、右翼団体の司政会議とつながっている。反寿和グループは、木曽川の砂利採取権を得るための会社を興し、寿和と利権で対立するグループのことを指すという。

このころしきりに警察に情報が持ち込まれていた。提供したのは、親寿和グループのOと、反寿和グループのKだった。Kは、先に盗聴テープの存在をマスコミに明かし、(親寿和グループの)右翼団体から脅迫されたと、警察やマスコミに訴えていた。Oはマスコミや県警に資料を提供しては、砂利利権をめぐる反寿和グループの犯行説を唱えていた。お互いが、相手グループがこの事件とかかわっているのではないかと言いあっているのである。

砂利利権というのは、現在、寿和工業の清水社長が理事長を務める八百津砂利採取組合が木曽川の八百津町周辺で砂利採取を行っていることを指す。新たな砂利採取の話があり、彼らが新たに砂利採取しようとすると、寿和工業がじゃまになるというのだ。

しかし、砂利採取はそう簡単なものではない。私が建設省中部地方建設局に聞くと、八百津砂利採取組合が九四年秋にダムの上流で約五〇〇〇立方メートルの砂利採取を行いたいと申請したことがあったが、採取で川の流れが変わり、ダムへの影響が懸念されるとして不許可処分にしていたことがわかった。事件が起きれば寿和工業がやったと思われて産廃計画は潰れ、彼らに砂利利権が転がり込んでくるというのが、親寿和グループのおおよその主張であったが、そんな理由で町長を死なせるほどの暴力を加えるものだろうか。

一方、親寿和グループの関与説も疑わしい。県警本部の幹部が言うように、事件を起こせば一番困るのは寿和工業である。もし関与していることがわかれば処理場計画がふっとぶだけでなく、会社そのものが存亡の危機に陥る。あるミニ新聞の発行人は、記者に「襲撃で寿和側にメリットはない。反対派の自作自演ではないのか」と語っている。

この両グループには直接、または間接的に幾つかの右翼団体が関係し、またその背後には暴力団の存在があり、捜査員たちは、こうして関係者の洗い出しと捜査を地道に進めていくのだった。

## 盗聴事件の発覚

一方、襲撃事件当初から奇妙な記事が出ていた。「御嵩町長宅盗聴テープ　脅し？反対派に持ち込む　名古屋の男性、5本分」の見出しを打った一一月一日の中日新聞朝刊の記事である。町長の知人の処分場建設反対グループ幹部が、名古屋の男性から盗聴テープがあると聞かされ手に入れた。警察はこの男性の特定を急いでいるとしている。「反対グループ幹部」とは、柳川町長の有力支援者である御嵩町でリサイクル業を営むKのことだった。

この記事が載った翌日、二日の読売新聞朝刊に「政治団体、反対派幹部を脅迫」の大見出しが踊った。町長の知人の処分場建設反対グループ幹部が政治団体の事務所に呼び出され、「運動から手を引け」と脅されたという。反対派幹部とはKのことだった。盗聴テープとは、柳川町長の住むマンションに盗聴器を仕掛け、町長宅の電話を録音したものを指す。盗聴した実行犯からテープを渡されたKが、町長にテープを聴かせたことがあとでわかるのだが、この時点では、事件の端緒が報道されただけである。

出し抜かれた他社の記者たちは、その夜、K宅を急襲した。彼が記者に語った内容は以下のものだった。読売新聞の記事とかなり違う。

「昨年の八月の昼に可児市役所前の寿司屋に来るように言われた。言ってみると、やくざ風の男が

五、六人いた。弘道会のやくざだった。『産廃建設の反対運動から手を引け。寿和から仕事をもらっている。仕事の邪魔をするな』と言われた。脅し文句として『刺し違える覚悟がある』と言っていた。『賛成反対は自由だろう』『五〇〇万人の水を握っている御嵩町に造るぐらいなら、環境税を取って海に埋め立て地を造るなどして直接影響のない所に造ればいい』などと、長い時間しゃべった」

Kは読売新聞が掲載された二日、可児警察署に相談に訪れている。その相談内容を記者が夜討ちで聞き出した。

**――Kのテープの件はどうなりました。**

**署長**「あいつな、実は今日来たんやわ。『警察はおれたちを守ってくれない。おれが（右翼団体の）司政会議に襲われても何もしてくれなかった。新聞記者も夜中に来るし』とか言ってな。『じゃあ、この件は調書をとりましょう』と言ったら、『いや、それはいい』と言っていた。あいつはわけがわからんなあ。テープの件も、やつの親しい人間の町長派からもらったとか言っているんだ。『出せ』と言ったら、町長のプライバシーもあるから出せないといっていた。それはそれでわかる。こっちから町長に頼むよ。町長も持っているかもしれんしな。あいつは涙を流しながら、『これまでずっと町長を支持してきた』とか言って、昔町長を引っ張り出すために書いたとかいう手紙を見せるんだわ。あいつの話を聞いていたら、なんだか頭がぐらぐらしてくる。あんなの相手にせんほうがいいぞ」

一一月五日の中日新聞朝刊一面に「御嵩町長宅　私が盗聴　スキャンダル探し売却目的　襲撃関与は否定　本紙に男性語る」の大見出しが踊った。盗聴犯が中日新聞に名乗り出て、インタビューに答えたという。男性と記者との一問一答で、盗聴器を仕掛けた目的について、男は「産廃処分場計画が町長の凍結宣言で頓挫しているだけに、町長失脚につながる情報は金になると思った」と語っている。実際の盗聴は知り合いに頼み録音したが、たわいもない内容だったので寿和工業には持ち込まなかったという。

記事は、男は「襲撃事件にはかかわっていない」と否定しているとし、「証言が事実ならば、盗聴、襲撃事件が一体のものであるという見方を覆すことになる」と、男にリップサービスしていた。これは、男が銃撃事件の犯人と疑われるのを恐れて、中日新聞にネタを持ち込んだからだった。

実は、先にKが読売新聞記者に語った盗聴テープの件と、この男の盗聴とはまったく別物だった。つまり、二つの盗聴グループが存在していたことになるが、この時点では捜査本部も記者たちも知らない。

中日新聞にこの盗聴テープの話が出たこの日、Kは、自分が入手した盗聴テープに町長との会話が出てくる若い女性に接触を試みている。女性とは、NHK名古屋放送局で働く石川まどかのことだった。後に柳川の妻になる人物だ。結婚後、大学の医学部に入り直し、現在医師である。

石川は、中日新聞の記事に不安を感じた。柳川は有名人でまだいいが、次は自分や家族に危害が加えられるのではないかと、不安を募らせていた。襲撃事件前に、柳川からKが持ち込んだ盗聴テープの話を聴かされ、お互い身辺に気をつけようと話し合ったばかりだった。

五日、石川のポケベルにKから連絡が入った。Kの電話番号が記録されており、すぐに電話した。

石川が電話のやりとりをメモした紙が残っている。それによると——。
「町長に会って盗聴の件について判断を仰ぎたい」と懇願する石川に、Ｋが必死で説得している。
Ｋ「そんなわけにはいかんもの」
石川「私にも家族がいる。そのことだけです」
Ｋ「わかるよ。でも手出しはさせんから、絶対に。僕が黙ってりゃすむことだで」
石川「そういうことも含めて私のことを言うも言わないも全て町長の判断を仰いでください。連絡をとって動いてください」
Ｋ「僕もそうしたいけどできない。三日時間をください」
石川「会わせてください。直接会って話させてください」
Ｋ「そうやね。努力してみるで」
その後、秘書係長の田中から電話があった。「町長がテープを（警察に）出したので、とにかく知ってること全部警察へ話すようにと。これであなたもすっきりしたと思うけど」
石川の不安が少し静まった。
この盗聴テープの扱いについて、県警の幹部は記者にこんなことを漏らしている。「（Ｋが八月に盗聴テープを借りた際）Ｋは、町長支持派の渡辺議員らと話し合っている。結局は（町長に）聞かせることにした」。この話が真実だとすると、盗聴テープの扱いをみたけ未来21の有力メンバーたちがコントロールしていたことになる。Ｋが石川に初めてコンタクトを取って説得しているのも、Ｋ一人の判断ではないのかもしれない。

捜査員たちは、Kに持ち込んだ盗聴犯の男を探った。Kに聞くが、名前を明かさず、あげくのはてに東京のある業者からもらったと言った。それを聞いて、捜査員たちが東京で業者に当たったが、真っ赤なウソだった。

## 町長と反対住民の動向を探った業者

もう一方の親寿和グループのOである。

ある捜査関係者は、記者にこんなことを明かした。「九六年一〇月に岐阜市のホテルで中部弁護士連合会の定期大会があり、柳川町長が講演をした。その時にOが写真を撮りまくっていた。隣に弁護士の高山光雄と元県会議長の森勇、そばに暴力団組員が四人いた。高山はこの年に寿和工業の顧問弁護士になった」。岐阜県警は、こっそり彼らの動向を監視していたのである。町長は、「しゃべりに来いというのであれば唐天竺までいくつもりでございます」と述べ、寿和工業と町との間で結ばれた協定書を限定付きの「秘密協定」と呼ぶなど様々な疑念を語った。

Oは、柳川の発言内容を講演録（A４判六枚）にまとめ、一一月になると、記者たちに接触し、それを披露するのである。関係者によると、別の資料に、九五年夏に産廃反対派のグループが御嵩町内で開いた小さな集会の発言記録もあったという。正願寺で、住職夫妻と岐阜県内で産廃反対運動をしているフォークシンガー、みたけ未来21の会長の落合紀夫、田中幸雄町議会議長の妻など主要な出席者の名前が書かれ、出席者人数は二七名（男性七名、女性二〇名）とある。そして主要な発言内容が克明に記されていた。

柳川町長は住職から聞いた話として、自著『襲われて』にこう記している。

「勉強会の数日後、勉強会の会場になった寺に暴力団風の男数人が現れて、『ここで産廃反対集会をやっただろう』と凄んだという。住職が適当に応対していると、男たちは勉強会の録音を起こしたとみられる書類を見せて脅したという。男たちが去ったあと、寺の山門付近に鋭利な刃物で切ったとみられるウサギの足が落ちていた。悪質な脅しと嫌がらせであった」

岐阜県警の関係者によると、Oは、表面は設計事務所の社長だが、裏ではラブホテルの規制逃れをやっている人物で、九六年六月に、寿和工業が不適正な処分をしていたのをネタにして揺すったのをきっかけに同社に取り入った。そして清水会長から町民対策を頼まれるようになったという。同じころ、ラブホテル条例を制定し進出を阻止した愛知県蟹江町に対し、ラブホテルの関係業者が取り消しの裁判を起こし、勝訴したことがあった。その時、業者に代わって行ったのがOだった。名古屋地裁の判決文を読むと、Oが許可手続きのときに職員をうまく誘導してミスを犯させ、のちに裁判に持ち込んで有利に進めるように仕組んでいる。謀りごとにたけた人物のようだ。

その彼が、襲撃事件が起きると、反寿和グループの悪口を県警や記者たちに吹きまくっている。その行動の狙いは何か。ある捜査員はこう評した。「あのマッチポンプ男。こっちに火をつけては消し、あっちに火をつけては消している。よくわからん男だ」。別の捜査員は「あいつはいつも変な絵ばかり描いてこっちへ持ってくる。情報操作に必死や。寿和から目をそむけようとしているのかどうかは知らんが」

そこにエセ同和団体も入り込んだ。私が接触したエセ同和団体の研究所長を名乗る男は、清水会長から依頼され、町や県と調整することになったとうそぶいた。襲撃事件前に、町役場の助役や県庁の係長との議事録を見せ、「ここまで話が進んでいる」と豪語したが、町と県に確認すると、でたらめだった。別の元暴力団組員は、ジャーナリストを名乗って御嵩町役場を訪ねた。取材と称して柳川町長に会うと、自分が紹介された記事を見せ、「うまくまとめてやるから、私に任せろ」と迫った。柳川町長はもちろん断った。「僕は若い頃、名古屋や津で事件記者の経験があるからね」と、後に私に語った。

実はこの元暴力団組員の行動には、朝日新聞にも一端の責任があった。襲撃事件の関連で東京本社社会部の石井徹記者が彼に取材し、彼を持ち上げるような記事が掲載された。後に名古屋本社社会部で『町長襲撃　産廃とテロに揺れた町』（風媒社、一九九七）を上梓した直後、出版社にこの男から電話が入った。新聞に掲載された彼の談話が、了解もなく本に引用され怒っているという。新聞記事と、本の編集、執筆は私が中心となって行ったので、困った出版社の編集者に代わり、彼の話を聞きに東京に向かった。

石井に連絡をつけさせ、ホテルで待ったがこない。電話させると、ゴルフの打ちっぱなしの練習場にいるから出てこいという。やっと会うと、私に向かって怒鳴り、「どう責任をとるのか」と脅した。

金銭の話は出さないが、掲載料を払えということのようだ。

「一体、何を求めておられるのですか」「そんなこと、自分で考えろ！」。隣にいた妻が心配そうな顔で、「あんた、また刑務所行きやで」と諭すが、「黙っとれ！」とまた怒鳴る。のらりくらりとかわす私と、攻める元組員との押し問答が小一時間も続いただろうか。

「おまえは食えんやつや」と男は言うと、練習場を出ていってしまった。妻があとを追う。「あいつの行為は恐喝だろうが」。私が石井をたしなめると、石井が言い返した。「僕は大切な情報源として、彼を持っておきたいんだよね」。思慮なき記者の取材と記事が、町への新たな犯罪を招きかねないことを、この記者はわからないのだろうか。

有象無象の得体の知れないヤカラたちが、町を駆けめぐっていた。町にやってきたある同和団体の代表が残した名刺のコピーを頼りに、私は中国地方の団体に確認した。電話に出た幹部が言った。

「あいつはエセ同和。こっちも名刺を勝手に使われて困っている」

魑魅魍魎の世界である。

**街宣車が横づけ**

一方、中日新聞に町長宅の盗聴をしたと申し出た男を特定するため、警察は捜査を始めた。中日新聞がその情報を明かしたのかどうかは明らかではないが、間もなく、Mという右翼団体・日本同盟愛知県本部の本部長であることがわかった。

実は、このMとKには不思議とも言える接点があった。Mは襲撃事件の少し前に可児市内でこんな行動を起こしていた。

「（九五年）八月ごろ、私は（民族派右翼団体の）司政会議のメンバー数名とともに、寿司屋でKに別の件で話をする機会があり、その際、Kが『産廃処分場建設の反対運動なんかしていない』としらを切るような話をしたので、『それなら反対運動なんかするなよ』と言いました」（供述調書から）。Kが寿司屋で脅迫されたと言っていたことに触れているが、その暴力団関係者の一人がこのMだったのである。

Mと御嵩町とのつながりをたどる。平穏な町に右翼団体の街宣車が乗り込み介入が始まったのは、柳川が町長になる前年の九四年六月二一日のことだった。日本同盟愛知県本部と大日本憂士会を名乗る街宣車三台が御嵩町役場に横付けされた。戦闘服を着た五人は議会を傍聴し、にらみをきかせた。そして町長に会わせろと職員を脅した。結局、豊吉貢助役と教育長、住民課長の三人が会った。

三日前に小和沢地区に入り、住民から事情聴取をしたと言って、彼らはこう攻めた。「産廃処分場から公害が発生する。町内から反対の声が出ている。ゴムシートを敷いて埋め立てても破れて汚水が地下に浸透したらどうするんだ、公害が発生しないような監視体制をしっかりできるか。調査して反対が多ければ、われわれは反対運動を展開する」

彼らは二日後にもやってきて、再び助役に毒づいた。「反対するため二〇〇から三〇〇台の街宣車を動員することもできるんだ」。その翌日には町議会の議長と副議長に面会を求め、小委員会室に入った。「寿和工業の処理施設は危ないのに、なぜ反対しないんだ」「町民に対して町報でよく周知せよ。寿和工業は信用できない。不正が認められれば徹底的に究明し、全国から街宣車も動員する」と脅した。応対した小栗民美副議長は、反対の動きを強めて寿和工業を困らせ、あとで金をせびろうという腹に違いないと感じた。

実は、標的は寿和工業だった。部下のMが運転する街宣車は、可児市にある本社に向かった。応対した清水会長に、愛知県本部長は「産廃に絡んで寿和工業が悪いことをしていないか調べている」とすごんだ。この時の状況をのちにMは岐阜地方検察庁の検事にこう供述している。

「産廃の調査ということで御嵩町に乗り込みました。産廃施設は迷惑施設であり、地元住民が反対するケースが多く、右翼団体が調査と称して乗り込んでいけば、建設を目指す業者としては右翼に妨害されたくないと、困って金を払うことになるだろうと考えていました。御嵩町は、それ以前には建設に反対の立場だった時期もあったと聞いていますが、その当時は建設もやむなしという態度でした。私たちが圧力をかけはじめて間もない時期に、私たちの方針が一八〇度転換することになりました。寿和工業を擁護する立場に変わったのでした」

町を脅したのはポーズで、目的はやはり寿和工業の金だった。Mが続ける。

「本部長と会長との間で話がつき、お互い協力してやっていこうという話になったのでした。寿和工業は右翼が街宣活動を行えばやっかいで困るわけですし、多少の金を払っても私たち右翼を味方につけた方が得であるという計算があったはずです。清水会長は高齢ですので、将来息子がスムーズに産廃の仕事ができることを望んでいました。私たちと手を組んでおけば、別の右翼や暴力団が何かを言ってきても私たちで対処でき、面倒な問題が生じたときには裏で処理させることができるわけでした」

## 寿和工業を狙ったのか

この右翼団体に絡んできたのが、岐阜市の会社社長のWである。清水会長の検事に対する供述によると、暴力団稲川会の元組員でもあるWから「五〇〇〇万円で愛知県本部長と話をつけたので、金を出してくれ」と要求された。右翼団体が街宣車で産廃反対運動をされたのでは困ると、五〇〇〇万円を渡したという。そして領収書に「日本同盟愛知県本部〇〇〇に払った金額である」との但し書きを書かせた。翌年本部長が病死し、Mがその後釜に座ることになる。会長は本部長の入院先に見舞いに行き、本部長から「Mのことを頼む」と言われると、「面倒を見る」と約束した。そして、Mが会社に来るたびに数万円を与えていたが、本部長が亡くなると、Mの面倒をみるとの本部長の約束を果たし、五〇〇〇万円を振り込んだ。九五年九月のことである。

それにしても一億円もの大金をなぜ右翼や元暴力団組員に渡してしまうのか。検事から「大金を出した以上、（右翼団体が）何か寿和工業のために働くという話があったのではないか」と問われた会長は、それを否定しこう述べた。「街宣車で押しかけてきて、建設を妨害するのを恐れて金を出しただけです」

## 町長のスキャンダルを探せ

Mが五〇〇〇万円を手にした三か月後の九五年暮れ。柳川町長を陥れる謀りごとが、もう一方で進められていた。

「話があるんだ、そっちに行ってもいいか」。名古屋で不動産業を営むPに、御嵩町に住む精肉店と生コン業を営む業者と鉄屑の回収業者の二人から連絡があった。

三人は御嵩町の中学校時代のツッパリ仲間で、生コン業者とPとは一番の親友であり、Pが賭博容疑で逮捕された時には面会に行ったこともあった。在日韓国人のPは、二〇代前半までは父と一緒に可児市の建設会社で働いていたが、その後一人で名古屋に出てやがて暴力団組員に。四〇歳を前に組を抜け、いまの仕事を始めた。不動産業といってもいわゆる地上げ屋、ブローカーである。

夕刻、名古屋の居酒屋で、二人は座敷でPに向き合い、刺身を注文した。生コン業者が話をし出した。寿和工業という産廃業者が処理施設を計画しているが、K社長が連れてきたNHK出身の男が町長になり、町長を中心とするグループが産廃の建設に反対している。賛成派、反対派に分かれて町が揺れている――。そして要件を伝えた。「K社長は町長と一緒になって産廃の反対運動をしている。K社長を使って町長の反対の姿勢を変えたい。そのために町長の弱みを握りたいから、女性問題などのスキャンダルを探してくれんか」

もともと生コン業者は、寿和工業に出資してもらい、生コンの会社を立ち上げたから恩義があった。もう一人の回収業者も清水道雄社長と御嵩町の学校の同級生で、仕事でも世話になっていた。町長の

郵便はがき

料金受取人払郵便

神田局
承認

5723

差出有効期間
2021年12月
31日まで

101-8791

507

東京都千代田区西神田
2-5-11出版輸送ビル2F

㈱花伝社 行

| | |
|---|---|
| お名前《ふりがな》 | |
| | お電話 |
| ご住所（〒　　　　　　） (送り先) | |

◎新しい読者をご紹介ください。

| | |
|---|---|
| お名前《ふりがな》 | |
| | お電話 |
| ご住所（〒　　　　　　） (送り先) | |

# 愛読者カード

このたびは小社の本をお買い上げ頂き、ありがとうございます。今後の企画の参考とさせて頂きますのでお手数ですが、ご記入の上お送り下さい。

## 書 名

本書についてのご感想をお聞かせ下さい。また、今後の出版物についてのご意見などを、お寄せ下さい。

## ◎購読注文書◎

ご注文日　　年　　月　　日

| 書　　名 | 冊　数 |
|---|---|
| | |
| | |
| | |
| | |
| | |

代金は本の発送の際、振替用紙を同封いたしますので、それでお支払い下さい。
（2冊以上送料無料）

なおご注文は　FAX　03-3239-8272　または
メール　info@kadensha.net
でも受け付けております。

# 書評・記事掲載情報

## ◉ 日中友好新聞　書評掲載　2021年1月1日

「コロナ後の世界は中国一強か」　矢吹 晋 著

「民主主義と人権」を誇る米国は、死亡率が高く中国の死亡率は低い。社会のシステムの優劣がコロナ対策を通じて逆証明されたのではないか?…これは本書の「帯」に書かれた問題提起であり、今や世界中の人びとの関心となっている

そして、この疑問の延長に本書のタイトルのような問いが生まれる。中国通として名高い著者はこの質問に真っ直ぐに答えている。「パンデミックを契機に米中の二極構造は中国主導へと転換する」との回答である。

この回答の当日はもちろん個々の読者の判断によるが、中国での新型コロナ対策が完璧だったのは細菌戦への備えがあったからだという指摘に、はっとする。日本が731部隊で残虐の限りをしたことが中国の人たちの心の傷となって、このような対策をさせているのである。

このほか、本書では武漢の海鮮市場は2次感染であり発生源ではないこと、武漢ウイルス研究所が起源との陰謀論が米国起源で広まった詳細な事情、逆にウイルスのゲノム解読で分かった米国起源説、欧州各国での感染の方が早かったとする学説および一昨年 11 月に武漢であった世界軍人オリンピックで米国人がかかわった可能性などが述べられている。

要するに「米中問題」としてのコロナ禍論である。一読を勧めたい。

## ◉ 熊本日日新聞　書評掲載　「竹内洋が読む」欄　2020年10月11日

「リッチな人々」 ミシェル・パンソン、モニク・パンソン=シャルロ 原案　マリオン・モンテーニュ 訳
川野英二、川野久美子 訳

人々は、経済的状態でまず「富裕層」とその対極にある「貧困層」に分けられる。＜中略＞

しかし格差社会を考えるのであれば、貧困層の対極にある富裕層の本格的研究がなされなければ、十分とはいえない。それをフランスのミシェル・パンソンとモニク・パンソン=シャルロの社会学者夫婦が行った。パリの高級屋敷街などに出かけ調査と研究を行い、それをまとめた本が話題になった。本書はその話題書の骨子を漫画にして分かりやすくしたものである。＜中略＞

「(非富裕層は) 富裕層を手本にするべきだ」と逆説じみたことをいう。富裕層を手本にといってももちろん新自由主義を信じて努力し、工夫をこらせば富裕層の仲間になれるということではない。富裕層の支配力は、先に触れたように、彼らの「連帯、組織、団結」にこそあるから、非富裕層は新自由主義などに惑わされず、自らの階級団結から始めよというのである。金持ち階級が本書で描かれたようなものであれば、新自由主義などを信じているはずがない。




〒101-0065　東京都千代田区西神田2-5-11 出版輸送ビル2F

電話　03-3263-3813　FAX　03-3239-8272

E-mail　info@kadensha.net　ホームページ　http://www.kadensha.net

# パンデミックの政治学

**「日本モデル」の失敗**

**加藤哲郎 著**
1700円+税　四六判並製
ISBN978-4-7634-0943-0

**新型コロナ第一波対策に見る日本政治——自助・自己責任論の破綻**
経産省主導の官邸官僚政治、1940年オリンピック中止の二の舞に隠れた政府の思惑、アベノマスクの真相…

# 学校と教師を壊す「働き方改革」

**学校に変形労働時間制はいらない**

**大貫耕一 著**
1000円+税　A5判ブックレット
ISBN978-4-7634-0941-6

**教員不足と多忙化で疲弊する教育現場**
現実を踏まえない「働き方改革」=1年単位の変形労働時間制導入の問題点とは。学校崩壊を防ぐために、いまできること——

# コンビニはどうなる

**ビジネスモデルの限界と“奴隷契約”の実態**

**中村昌典 著**
1500円+税　四六判並製
ISBN978-4-7634-0945-4

**いま、コンビニに何が起こっているのか?**

コンビニ・フランチャイズ問題の最前線から見えてきた現実とは——問題の構造と最新動向。

# コバニ・コーリング

**ゼロカルカーレ 作　栗原俊秀 訳**
1800円+税　A5判並製
ISBN978-4-7634-0938-6

**戦争とは?**

イタリア人漫画家は、対イスラム国(IS)防御の砦となったシリア北部・クルドの町で何を見たのか。

推薦：安田純平(ジャーナリスト)

# ノスタルジー

**我が家にいるとはどういうことか?**

**オデュッセウス、アエネアス、アーレント**

**バルバラ・カッサン 著　馬場智一**
1800円+税　四六判並製
ISBN978-4-7634-0950-8

**「ノスタルジー」と「故郷」の哲学**
移民・難民・避難民、コロナ禍によ
世界喪失の世紀に、古代と 20 世
の経験から光を当てる。
推薦：鵜飼哲

# ガーベラを思え

**治安維持法時代の記憶**

**横湯園子 著**
1500円+税　四六判並製
ISBN978-4-7634-0953-9

**治安維持法の時代を生き延びた、家族の物語**
良家の子女であった琴が、なぜ思想犯として逮捕されたのか。母が決して語ることのなかった「拷問」の記憶——

# 介護離職はしなくてもよい

**「突然の親の介護」にあわてないための**
**考え方・知識・実践**

**濱田孝一 著**
1500円+税　四六判並製
ISBN978-4-7634-0944-7

**その時、家族がすべきことは何か?**

介護休業の取り方と使い方、介護施設の選び方まで、現場と制度を知り尽くした介護のプロフェッショナルがやさしく指南。

# リッチな人々

**ミシェル・パンソン、**
**モニク・パンソン=シャルロ 原案**
**マリオン・モンテーニュ 作**
**川野英二、川野久美子 訳**
1800円+税　A5判並製
ISBN978-4-7634-0934-8

**あっちは金持ちこっちは貧乏、なんで? フランスの社会学者夫妻による、ブルデュー社会学バンドデシネ**
推薦：岸政彦氏(社会学者)

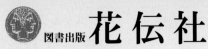

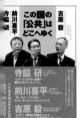

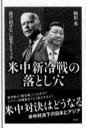

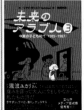

弱みを見つけ、それをネタに右翼やミニ新聞を使って攻撃し、反対勢力の力を弱めるつもりだなと、Pは感じた。かつて御嵩町でゴルフ場の建設をめぐりミニ新聞が飛び交ったことをよく覚えていた。

報酬を尋ねたPに、二人はこう持ちかけた。「丸山ダムにたまった砂利やヘドロをすくう仕事があり、自分らがそれをもらえることになっている。会社をつくるんだが、調査に成功したら会社の株主と役員にしてやる。月に二〇〇～三〇〇万円の給料は払えるぞ」。資金繰りに困っていたPは、喜んでそれを引き受けた。こうして興信所に依頼し、スキャンダル探しを行うことが決まった。

生コン業者はK社長に触れ、「損得勘定で動く男が、なぜ反対運動のボランティアのような仕事をしているのかわからない」と述べ、その背景を探ってくれるよう頼んだ。というのは、Pは中学校の一年先輩のK社長と親しく、かつてゴルフのコンペで一緒になった時、PがK社長を「お前」呼ばわりしているのを見て、Pの立場が上で言うことをききそうだと思ったからだという。Pは暴力団弘道会ともつながりがあり、その関係で民族派右翼・司政会の幹部に接触、興信所の紹介を頼むことにした。

翌年三月、Pは名古屋の紹介された興信所を訪ねた。所長は快諾し、こう提案した。「うちでは電話の盗聴もできる。それなら安いし、人物の過去から現在まで調べるよりも比較的早くできる」。Pは、実費として六〇万円、ボーナスとして二〇〇～三〇〇万円払うと大みえを切った。

この興信所は所長と妻、従業員一人で身辺調査や盗聴器の撤去などをしていた。所長は高校を卒業後、ガソリンスタンドの店員など幾つかの職をへてこの仕事に就いた。米国人との間に生まれ、その後母親の手ひとつで育てられた所長は、「あいの子」と呼ばれて差別され、少年院の経験もあった。

所長は、盗聴用の発信器と受信機を用意した。発信器は縦三センチ、横二センチ、幅〇・六センチの小さなものだが、所長はプラスチックのケースを外した。基盤がむき出しになるが、少しでも小さくした方が発見されにくいからだ。受信機にはテープレコーダーが内蔵され、発信器から送られてきた時だけ作動し、三、四日ごとにテープを取りかえる。

**作業員を装い盗聴器仕掛ける**

九六年四月八日。灰色の作業服を着た所長は、あらかじめ下見に行かせた社員の情報をもとに、軽トラックに自転車を積み、柳川町長のマンションに向かった。マンションに着くと、四階のエレベーター近くの壁にある配電盤の扉を開けた。そして、器用な手つきで町長の部屋番号の記された端子と電線の間に発信器をつないだ。作業はたった一分で終わった。このあとマンション近くに、受信機の入ったボックスを積んだ自転車を置いた。あとは盗聴が始まるのを待つだけである。

ところが、しばらくして見に行くと、録音されておらず、アンテナをボックス内に収納するやり方では受信できないことがわかった。そこで代わりにスクーターを置き、ヘルメットボックスに受信機を納め、外に長いアンテナ線を延ばすことにした。こうして四月末から受信機が作動し、テープレコーダーが回り始めた。

「盗聴に成功しました」。Ｐのもとに所長から電話があったのは、依頼して二か月がたった五月中旬。

「町長の女の声が入っている。女の調査にはもう少し時間がいる」と所長が報告した。盗聴を終了し、機材を撤去したら、今度は女の身元調べに入るという。

やがてPは、所長から四本の録音テープと女性の調査報告書を受け取った。Pが録音テープを聞くと、こんな会話が聞こえてきた。ひそひそ声で町長の秘書の田中が話をしている。「いま、役場の資料庫で昔の資料を見ていますが、表に出せない資料を見つけました」。「コピーしろ」。町長が指示を出している。寿和工業の清水会長の話になると、町長は会長をけなした。「韓国人で悪いことばっかりやっている。以前税金をごまかしたことがある」。町長と若い女性のやりとりもあった。

「クリーンなイメージの町長にとって、年が離れている女との交際はスキャンダルだ。町長の弱みであるのは間違いない」。Pはそう確信した。調査報告書を繰ると、女性はNHK名古屋放送局に勤務する二六歳の女性で、住所、家族構成、電話番号のほか、ポケットベルの番号まで記されていた。

なぜ、女性の身元がわかったのか。興信所の所長はのちに可児署の警察官にこんな手口を明かしている。まず、町長が女性宅に電話をかけた時のプッシュホンの呼び出し音を録音する。電話で自分の持っているポケットベルに電話をかけて電話がつながると、先のプッシュホンの呼び出し音を再生したカセットデッキをポケットベルにくっつける。すると、呼び出し音がポケットベルに信号を送り、電話番号が表示されるというのだ。こうして電話番号を知った所長は、今度は大阪の名簿業者に一万五〇〇〇円を払って、名前と住所を手に入れた。

## 盗聴犯に加担したNHK職員

あとは女性の尾行だ。女性の住む名古屋のマンションを張り込み、めぼしい女性の写真を撮り、後をつけた。その先の一つにNHK名古屋放送局があった。彼女はNHKの子会社に勤め、勤務先がこの放送局だったが、最終的な決め手はNHK名古屋放送局の職員からの情報提供だった。所長はこう供述する。「NHKに知人がおり、前もってその知人に女性の身長、髪形、服装のセンスなどについて詳しく聞いていました。この知人からはポケットベルの番号も聞いております」

のちに私は、この調書を読む機会を得た。同僚や私が柳川町長宅に電話をしていた内容が盗聴されていたので、被害者として岐阜地方検察庁で閲覧申請し、認められた。この女性、のちに柳川と結婚する石川まどかの供述調書から、ポケットベルは局内の五人のスタッフしか知らないことを知った。私は同じ報道機関に働く者として許せないと思い、名古屋放送局を訪ねた。応対した広報部長は「供述が本当かどうかわからないし、誰かを確認する手段もない」と言い張った。しかし、記事にするにはそれで十分である。二人の供述があるからと、新聞に載せる準備を進めた。

その夜、私の携帯が鳴った。柳川町長からだった。「僕の古巣だ。何とか穏便に頼む」。NHKの幹部が町長に泣きついてきたという。朝日新聞の社会部長にも放送局の幹部から「泣き」が入っていた。結局、町長に「貸し」をつくることで矛を収めた。これが功を奏したのか、その後、私は住民投票の期日など何本かの特ダネにつながるヒントをもらうことになる。

ところでPは依頼してきた二人に盗聴に成功したことを伝えず、しばらくの間盗聴テープと報告書を事務所で保管していた。二人が本当に約束を守ってくれるのか確信を持てなかったからだという。

間もなく横やりが入った。Kである。PはKから借金の返済を迫られていた。御嵩町の井尻地区に住宅団地ができることをかぎつけたKは、Pに一〇〇〇万円を貸し付け、土地の一部を地上げさせたことがあった。あとで開発業者に高く売りつけるのが狙いだ。ところが、Pは自分の手がけるマンション建設がうまくいかず、この土地を担保に五〇〇〇万円借金していた。せっかく手にした土地がこれでは売れない。Kから「ばかやろう！　勝手に処分しよって」と怒られていた。

## 「テープを寿和工業に持って行け」

Kは返済の催促のため、六月末にPの事務所を訪れた。困ったPは「ちょっとこれ聞いてみてよ」と言って盗聴テープを再生し始めた。聴かせたら借金を棒引きしてくれるのではないかと思いついたからだ。社長が驚きの声をあげた。「これは病院長や！」「これは議長や！」「これは秘書や！」。さらに若い女性との会話を聞かせたPは、「町長の愛人で二六歳や。NHKに勤めている」と言って調査報告書を見せた。

「こんな女がおるとは知らなかった」。そのあと、Kはこんな提案をしたと、Pは供述している。

「お前、借金を返す金がないなどと言っておるが、この盗聴テープを寿和工業に持っていけば金になるやないか。テープを寿和工業は絶対にほしがる。そうすれば俺の方の借金を返せる」

Pは続けて供述調書でこう述べている。

「私はそれを聞いてびっくりしました。K先輩が、柳川町長を担ぎ上げたり、産廃問題に反対しているのは表面上で、本当は自分の利益だけを考えているのだなと確信しました。もし本当に柳川町長を支持しているのなら、どのような理由であれ、柳川町長と愛人の会話が入っている盗聴テープを、柳川町長と敵対している寿和工業に持っていけなどと言えないと思ったからです」

そこで町長のスキャンダルを探せと頼んできた二人のうち、寿和工業と親しい生コン業者に頼み込み、清水正靖会長に会わせてもらうことにした。

七月下旬、可児市にある寿和工業の本社ビル隣の会長宅を訪ねた。二階建ての豪邸である。会長は「今日は何の用だね」と言った。Pはテープを取り出した。「実はこういうものがあります。これには御嵩の町長の声が入っています。いっぺん聴いてもらえんですか」。録音テープを再生し始め、町長と女性の会話と、町長が会長を批判しているあたりを聴かせると、会長が言った。「君がどういう理由でこれを持ってきたのか知らん。しかし、わしはこのようなテープで町長と話すつもりはない」

Pと会長の供述調書はほぼこのような内容になるのだが、生コン業者の供述調書では少しニュアンスが違う。Pから頼まれた生コン業者は会長に電話をかけ、こう話したという。「町長さんの女性関係のテープがあるようですけど、テープを持っているPという男に会ってもらえますか」。この申し出を会長が了解したと述べている。生コン業者は会長と面会後、会長が座を外した際、怖くなって逃げたので、会長とPの会話の中身を知らないという。

## 「こんなテープは使えん」

清水会長は供述調書でこう述べる。「Pが盗聴テープを聴かせたのは、私が町長の女性関係のテープをネタにして町長に圧力をかけるために、Pに金を出してテープを買わせるのが目的だと思いました。しかし、私どもの会社は県から許可をもらって産廃処理場の建設ができるのであって、町長の産廃反対を変えさせるために、盗聴テープを使って町長を脅し、発覚した場合、本来なら下りる許可も下りないことは一目瞭然でした。テープを買うことなど論外でした。『こんなテープは使えん』と頭ごなしに言いました」

しかし、そのかわりに会長は、Pにこんな頼み事をした。「Kさんと親しいらしいな。私と町長との話し合いの場をつくるように働きかけてくれないか」。会長は生コン業者から、Kと町長が親しく、PもKをよく知っていると教えられていた。Pは「私はKさんと一緒に仕事をしたこともあります」と売り込み、自分の仕事が苦況にあると訴えた。「うちにはたくさん仕事がある。君にも仕事はあげられる。がんばらないかん」と会長は励ました。

会長宅を出たPは、すぐにKに電話をした。テープを拒否した会長の態度に、Kは「納得がいかん」と言いながらも、会長と町長との会談には「いっぺん考えてみるわ」と返事した。しかし、県と町との対立が深刻化している中で、柳川町長がそう簡単に会長に会うわけがなかった。もしそんなことをすれば、支持者の信頼をいっぺんに失ってしまう。

一週間後、生コン業者に連れられ、清水会長が名古屋のPの事務所を訪ねた。清水会長の供述によると、Pは「Kさんは町長を説得しました。現在交渉中です」と言って、会社が負債を抱えて大変なので一〇〇〇万円貸してほしいと懇願した。会長は二〇〇〇万円の融資を約束した。それに味をしめたPは、翌月にも会長にせがみ、二回に分けて四〇〇〇万円を振り込んでもらった。

なぜ、知ったばかりの人物に大金をくれてやるのか。会長はこう供述するだけである。「処理場建設に向けてすでに何十億という投資をしていました。処理場が建設できるのならば、何十億という金に比べて一〇〇〇万円も二〇〇〇万円もそう変わらないとの感覚で、上乗せしたのかもしれません」

しかし、会談の話は一向に進まない。心配になったPは、Kに確認の電話を入れたが、「いま話をしておる。町長も忙しいみたいで、ちょっと待っておれ。話はきちんとつける」と言うだけだ。逆に借金の返済を催促され、Pは会長から受け取った中から計二三〇〇万円を返した。

そのうちKは「俺ももとは町長を自分の思い通りにしようと考えていたが、最近町長は別の方向へ行こうとしているみたいや」「俺の言うことを聞かんのや」と言い出すようになった。そして盗聴テープを貸せと要求した。Pは検事にこう語っている。盗聴テープを町長に聴かせて、寿和工業との話し合いのテーブルに着かなければ盗聴テープが表に出ることを暗に示し、圧力をかけてテーブルに着かせようと考えたのではないかと。

## 「町長やるもんやな」

こうして盗聴テープと調査報告書がKの手に渡った。八月下旬の午後四時。町役場のふれあい室にいた秘書係長の田中の携帯電話が鳴った。Kだった。町長の支持者で、町長室に出入りしていたから顔なじみだ。

「町長、盗聴されとるぞ。町長には若い女がおる。盗聴テープがあるので今度借りてくる」。これまでに町長の支援者から「町長宅が盗聴されている可能性がある」と言われたことがあったが、まさかそんなことはないと思っていた。半信半疑だった。若い女の存在を聞かされ、女性票の多い町長にとってイメージダウンにならないかという不安が真っ先に頭をよぎった。

「これから行って詳しいことは話すが、まず町長に替わってくれ」。それを聞いた田中は携帯をつかんだまま町長室に飛び込んだ。町長が携帯を耳に当てると、Kの声が聞こえた。「町長やるもんやな。二六歳やって。やっぱり町長のところの電話が盗聴されとるぞ」。女性とのつきあいを知っているのは、柳川が心を許す学生時代の同級生の一人だけだった。

まもなくKが町長室に入ってきた。Kは町長をかつぎだした自営業らでつくる「みたけ未来21」の事務局長で、出馬前に東京から来た柳川を名古屋駅で出迎え、御嵩町まで自家用車で送る役までしていた。当選後は、裏情報に強いKは頼りになる存在だったようだ。のちにKは仲間から距離を置かれるようになるが、町長は「そんなやつじゃない」とかばい、Kも町長を「おやじさん」と呼び、町長室に出入りしていた。

Kが切り出した。「名古屋の知り合いのところに寄った時、知り合いが『盗聴テープがあり、若い女とつきあっている』と言った。自分は『三年前に奥さんが亡くなっているから自由やろ』と言ったが、『町政のことを他人に話しとる。守秘義務に違反しとる』と言われた」

町長は知り合いの名を尋ねたが、Kは答えず、盗聴テープを聴くに至った経緯を語りだした。「知り合いの事務所に寄ったらその話が出て、若い男が紙袋を持ってきて、『これかのう』と言って袋からテープを取り出した」。Kがテープをつまみ出すようなしぐさで言うと、町長は、ほほに人指し指をあてた。「これっぽいやつか」。ヤクザかという意味だ。「そうだ。近いうちにテープを借りてこられるかもしれん」

供述調書によると、不安になった秘書係長の田中は、Kの電話の内容を渡辺公夫町会議員に伝えている。小さな建設会社を経営する渡辺はみたけ未来21の有力メンバーで、関係者によると、Kとゴルフ場建設の仕事をしたことがあり、親しかったという。

その一週間後、Kから再び田中に電話があった。録音テープを借りたのでKの事務所に来い、秘書に聞かせたあと町長宅に届けるという。田中はそれを町長に伝えると、渡辺議員に報告した。

## 町長のイメージダウン恐れた秘書

Kの事務所に行くと、Kは小型テープレコーダーにつないだイヤホンを耳にあてていた。「いま、聞いとったところや。女性との会話もあった。お前も聞いてみい」。田中が耳に当てると、「真珠を買っちゃった」と女性の声がし、「ちゃんとしたやつなのか」と心配する町長の声が続いた。

青ざめた田中にKが調査報告書を見せた。彼女の詳細な内容が記され、通勤する彼女と、居住するマンションの写真が添えられていた。「こんなことがばれたらえらいこっちゃ。こんなもん。表に出せれん」。慌てる田中にKが言った。「そうだ。こんなもん、表に出せれん。黙っとろうな。俺たちだけの秘密やでな」

「これどこから手に入れたんですか」

「名古屋の飲み友だちや」

二人は二台のテープレコーダーをそれぞれポケットにつっこみ、イヤホンで会話を聞きながら飲食店に向かった。店には同じみたけ未来21のメンバーの会社社長もいた。田中は促されるまま、定食を頼んだ。Kはビールと日本酒を飲み、二人でテープを聴き続けた。

その日の午後八時。Kがテープ五本と調査報告書を持って町長が住むマンションを訪ねた。これを公開してイメージをダウンさせ、政治生命を失わせようとしている。盗聴犯人は寿和工業サイドに立っていると思ったと、柳川は供述調書で語っている。それなら、なぜ産廃反対派のKが盗聴テープを持っているのか。

テープには町長の後援会会長である桃井院長の会話もあった。「町が計画している老人施設の建設に反対しているグループがあるが、場所を（町長の支援者の）田中農機の土地に造ってしまえばいい。議決になれば必ず勝てる。町長、いきましょう」

これを聞かせたKは、守秘義務違反を持ち出した。町長はそれには当たらないと否定し、「盗聴は犯罪だ。警察に届ける」と言った。Kがなだめた。「町長、まあ」

テープのダビングと報告書をコピーして届けるよう町長が頼むと、その二日後、約束通りマンションに届けに来た。Kは「盗聴はなかったことにしよう」と言うと、町長は「そんなわけにいくか」と怒った。しかし、結局、警察に届けるのはしばらく待つことにした。その理由について、柳川は、盗聴犯がどんな脅迫を行い、どう盗聴したのかを知りたかったと、検事に述べている。犯人を泳がせ、次の動きをみようということだが、すでに事態は切迫していた。警察に即座に届けることを怠ったことが、やがて襲撃事件を呼び込む結果を招くのである。

柳川は調書でその時の心境をこう語っている。「犯人側の意図が私を脅迫することにあったことは明らかで、事実、私は言葉では問題ないなどと言って突っぱねたものの、内心では彼女の存在が公にされた場合のイメージダウンを恐れたのです」

それにしても、町長の支持者である渡辺町議は、Kが町長に盗聴テープを持ち込んだことを知りながら、なぜ動かなかったのだろうか。

秋に入った。PはKから盗聴テープと報告書を返してもらったが、その時Kが言った。「テープを聴かせたら、町長はちんちんになって怒っている。この女とは結婚するので問題ないと開き直り、このようなことをするやつは断じて許せんと言っている」。Pは慌てた。「絶対にわしの名前は出すなよ」

しばらくしてKからまた電話があった。盗聴テープを貸した男の名前を教えよと迫った町長に、「盗聴した知り合いには何千万も貸している。名前を出したら貸した金が返ってこない」と言うと、町長は「『警察に盗聴テープのことを言うぞ』とその男に言えば金を払うのではないか」と言ったというのだ。これは二人の作り話のようにも見えるが、この盗聴テープは結局のところ、柳川町長を変えることにならないばかりか、襲撃事件の関係者として彼らが浮かび上がることにつながっていく。

## 秘書が動いた

秘書係長の田中は翌月の九月二〇日に知り合いの電器店に頼み、二人でマンションに向かった。盗聴のことが心配で何とかしようと、調査について町長を説得し了解を得ていた。二階の配電盤に異常はなく、次に町長の部屋のある四階の配電盤を開けた。電器店の知人が声をあげた。「これ発信器やぞ。仕掛けてあるのを見たのは初めてや」。マッチ箱半分の大きさで、表にAの字があった。町長から写真を撮るよう指示された田中は、夜に渡辺町議の自宅を訪ね、脚立を借りて一緒に写真を撮った。

柳川町長が可児警察署に盗聴について連絡したのは、二週間近くたった一〇月二日。可児署の実況見分はさらに二日後である。柳川が通報したのはこの件だけで、肝心のKが盗聴テープを持ち込んだことは明かしていなかった。これは、襲撃事件が起きて、Kが自らマスコミにしゃべって発覚するのである。

入院先で柳川は、捜査本部の捜査員の事情聴取に応じた。一日二時間、数日続き、ここでやっと襲撃事件だけでなく、盗聴テープをKから聞かされていたことを語った。

捜査員の顔に困惑の色が浮かんだ。「なぜ、産廃推進派で動いていた右翼と、産廃反対派が一緒にやってるんだ」。それが、魑魅魍魎の世界なのである。カネのためなら何にでも食らいつき、主義主張なく関係を結んでいく。この二人の背後に暴力団など襲撃事件の実行者がいるのではないかと睨んだ。Ｐの名前は、ひょんなところから出た。愛知県警に傷害容疑で逮捕された男が、襲撃事件についてこう告白した。「事件直後、Ｐが電話で『なんてことしてくれたんだ。脅せと言ったが、あそこまでやれと言ってない』と怒り、実行犯の名前を挙げるのを聞いた」という。

その情報は愛知県警から岐阜県警に伝えられた。捜査本部はＰとの接触を控え、彼の挙動を二四時間監視することにした。Ｐは当時、三重県桑名市の自宅でなく、名古屋の女性宅に居住していた。そのそばに捜査員らが潜んでいる。さらにＰが漏らしたとされる実行犯の暴力団構成員二人の名前も伝えられたが、解明は簡単にいかなかった。「Ｐを叩けば、盗聴と襲撃のことがわかってくるはずだ。寿和工業から受け取った金はどういう趣旨なのか。殺せという指示を受けていたのかが明らかになる。だが、Ｐが実行犯にどんな指示を出したのか立証するにはまだ問題が残る」。岐阜県警の幹部は記者に捜査の難しさを語った。

一課は、九七年七月、ＰとＫの逮捕状を請求した。一気に賭けに出たのだ。容疑は電気通信事業法違反容疑と柳川への脅迫容疑だった。脅迫容疑のＫは、「町長に盗聴テープを渡して聞かせたのは、身辺に気を付けるように言うためだった」と全面否定した。あとは柳川の供述次第である。岐阜地検の検事が再度、町長の供述調書をとった。

柳川はこう供述する。「この件に関して、Ｋが私に対する脅迫の事実で逮捕されましたが、その直後、私はマスコミに、『社長から脅迫を受けたという認識はない』旨の発言をしました。社長の口から自身が私の電話を盗聴したり、入手した盗聴テープを利用してテープなどの内容を公にするという言葉を聞いた事実はありませんし、どのような意図で持ってきたのかという点について判断できる材料を持っておりませんでしたので、軽率な発言はできないという気持ちから先の発言をしたのです」

柳川の脅迫に対する認識はあやふやで、地検はKを処分保留で釈放した。岐阜地検は「われわれの力不足。率直に言って残念」と無念さを語り、Kの弁護人を務めた佐藤千代松弁護士は「Kさんは一貫して、『柳川町長に盗聴テープを渡したのは、町長に身辺気をつけるように言い聞かせるため』と言っていた」と語った。関係者によると、佐藤弁護士はKに「とにかく完黙しろ」と言い、Kもそれを頑なに守った。御嵩町の田中行雄議長は「身内から起訴されるような人が出なくてホッとしている」と喜んだ（九七年八月九日付毎日新聞）。

この紙面に板倉宏日大法学部教授（刑法）の談話があった。「盗聴テープを町長に示したことが、相手を畏怖させるに足る行為だったのかどうか、際どい問題だ。テープを示した人が反町長派ならともかく、町長の支持派であり、注意を促すためだったというのだから、それを突き動かすのは難しい。警察は身柄を取れば（脅迫の）供述が得られると思ったのだろうが、結果的には、もう少し任意の調査を詰めるべきだったと思う」。これが相当の評価かもしれない。

保釈されたKは集まった記者たちに一言も語らず、その場を去った。ある捜査員はこう語る。「襲撃事件について、Pをポリグラフ（ウソ発見器）にかけたが、反応が出なかった。Kはポリグラフを拒否した。これは強制できないから仕方がなかった。一か八かで勝負に出たが、裏目に出た」

自動的にPも脅迫容疑がなくなり、判決は懲役二年（執行猶予三年）の軽い刑となった。

それにしても、柳川は本当に脅迫の認識がなかったのか。産廃反対派のKの逮捕が、産廃反対運動とその先の住民投票に暗雲をもたらすと心配したのではないか。

## 別に盗聴Bグループがいた

PとKの関与説がいったん消えたころ、もう一人浮上していたのが右翼団体の日本同盟愛知県本部長のMだった。捜査を主導していたのが、暴力団や右翼を対象とする暴力対策課の捜査員たちで、電気通信事業法違反だけでの逮捕が認められないため、別の犯罪容疑を見つけるために彼の足取りを追っていた。つながりのある民族系右翼団体の司政会議の組員を片っ端から事情聴取し、ガサ入れもした。司政会議から「たまらん。何とかしてくれ」と泣きが入っても緩めない。

Mは九六年秋に任意の事情聴取を受けたことがあった。盗聴にかかわっていたことをつかんだからだ。しかし、こんなあやふやな供述をしていたという。「寿和工業幹部からマンションに設置された盗聴を依頼された」「ある人物を介して別の人物に盗聴を指示した」。捜査員らは、マンションに設置された盗聴器の機種ルートを調べていたが、Mが委託した興信所が購入したとの確証は得られなかった。

一方、右翼団体から情報を得た。岐阜県警幹部が記者に漏らした。「あいつとあいつがこうしていたという情報があり、総合すると、一人はMの部下の一人で間違いない。例の土浦ナンバーがその部下の周辺にある」。捜査員たちは再び土浦ナンバーとの関連を潰していくが、結局襲撃事件との関連性はうかがえなかった。

翌九八年の四月、岐阜県警は三重県の土地取引をめぐる詐欺容疑でMを逮捕した。「何とか逮捕に持っていきたいの一心だった」と、山崎は振り返る。その二か月後、電気通信事業法違反容疑で再逮捕した。まずはMがどのように盗聴に手を染めたのかを追う。

盗聴は、Aグループの盗聴が九六年五月に終わったあとの翌月の六月から九月にかけてで、請け負ったのは名古屋の探偵社だった。Mが所属する日本同盟愛知県本部が一億円もの大金を寿和工業の清水会長から得ていたことはすでに述べたが、Mはこう供述している。「寿和工業のためにひと肌脱がなければいけない」と決心したMは、まず、未成年の女を町長に近寄らせ、関係を持たせて暴露しようと考えた。一七歳の女性を自宅に住まわせたが、思うようにいかず諦めた。

その後が盗聴だった。名古屋の右翼団体、司政会議の幹部に名古屋の探偵社を紹介してもらうと、「町長のスキャンダルをネタに失脚させたい。会話の中で産廃の話、スキャンダルになりそうな話、飲み屋に行く話がでていたら連絡してほしい。女をぶつけるために飲み屋を知りたい」と頼んだ。盗聴の方法も女性の調査報告書づくりもAグループとそっくりに実行された。それも当然である。盗聴にかかわった者たちはみな、Aグループの興信所で働いてノウハウを身につけた者たちだった。

探偵社はMから得た五〇万円のうち、二五万円を依頼先の業者に払うと、その業者はさらに別の業者に一五万円払って委託した。その実行者は電気工事の作業服にヘルメットをかぶって町長の住むマンション四階に発信器を取り付けた。その報告を受けると、探偵社は受信機をとりつけた自転車をマンション近くに設置した。

### 寿和工業にテープ持ち込んだ右翼

七月、Mは探偵社から盗聴テープを受け取った。町長と朝日新聞記者との会話があった。私は御嵩問題の担当デスクとして取材班を組み、産廃計画の取材をしていたが、記者の一人が町長の自宅に電話取材していた。それが録音されていた。私も何回か電話していたから録音されていたに違いない。記者と柳川のやりとりから、寿和工業が小和沢の住民に一軒一〇〇〇万円ずつ渡していることを朝日新聞が報道することをMは知った。

清水会長に連絡すると、会長は「それは貸し付けにしてあるから大丈夫や」と言った。そして「何でそんな情報を知っとるのや」と尋ねた。「そんなことぐらいは逐一わかるように調べさせてます」と、Mはごまかした。

清水会長はこう供述している。「寿和工業の事務所に来て、『町長の自宅の電話を盗聴したテープがある』とか『町長は若い女とつきあっている』と言いました。私は失脚させるネタを見つけ、その情報を提供して私から金を引き出すとともに、町長をゆすって金をとるつもりであるのがわかりました。私は町長と手を打ち仲良くなるという話ならばともかく、町長を失脚させたりゆすったりするような話に乗る気はありませんでしたので、『そんな話はするな』と行ってその場を離れました。私がMに盗聴を頼んだことは一切ありません」

では、なぜ金を湯水のごとく右翼に与えるのか。「Mを怒らせて右翼団体の仲間と一緒に街宣車で押しかけて反対運動して建設を妨害するのを恐れていたので、要求されるままポケットマネーから三万円から五万円の小遣いを渡していました」

夏になるとMは、名古屋市役所の玄関にごみをまき散らし、愛知県警に逮捕されてしまった。一〇月、保釈されたMが清水会長に詫びに行くと、「大事なときにパクられてしまってこっちも困ったわ。しばらくの間、お前はもう休んでおれ」と言われた。Mは、柳川町長にクロロホルムをかがせて拉致し、覚醒剤を注射して名古屋の金山駅に裸で放置しようと考えたと後に供述しているが、荒唐無稽な話である。

Mが逮捕された三か月後の七月、中日新聞岐阜総局に捜索令状を持った可児警察署員らが乗り込んだ。ロッカーに隠されていたダビングした盗聴テープ七本など九品を押収した。Mから受け取った盗聴テープをこっそりダビングして隠し持っていたのである。Mは最初、話を持ち込んだ中日新聞の記者たちにダビングを許可するのだが、盗聴事件が発覚し、ダビングしたテープを回収していた。ところが、中日新聞社は無断でさらにダビングし、それを保管していたのである。この事実は、県警も中日新聞も記者発表せずこれまで隠されていた。山崎が言う。「なんてバカな記者たちなんだ」。この報道機関は、犯罪と報道の境界が理解できないようだ。

一方、Mは本命の襲撃事件についてポリグラフ（うそ発見器）にかけられたが、反応が出ず、空振りに終わった。ただ、寿和工業とMとの関係はこれで終わってはいなかった。清水会長に恩義があったと言いながら、Mは供述調書でこんなことを述べている。

「（愛知県瀬戸市の最終処分場予定地の取引をめぐって）清水会長にも何とか取引をまとめるよう協力してもらおうと思っていました。そして会長がどうしても納得しない場合には、最後には開き直って、これまでの寿和工業からもらっていた金の流れ等を書いたメモを会長に示して、寿和と自分の関係を暴露しますとか、寿和に頼まれて盗聴をしたと言いますよなどと迫るつもりでした」。後にMは、土地取引をめぐる詐欺事件で逮捕され、有罪となっているが、その三〇〇〇万円をだまし取られたのは当の清水会長だったのである。獲物を見つけたらとことんしゃぶりつくすのが、彼らの本領である。そこに会長の言うような「真面目に働いていたらよいこともある」という言葉は通用しない。

## 愛知県警が動いた

同じ御嵩町に住む右翼団体代表のSとリサイクル業のKが愛知県警に逮捕されたのは、それからしばらくたった九九年一月のことだった。Kの会社の土地の隣で始まった御嵩町のゴルフ場開発をめぐり、二人はゴルフ場開発会社から金を脅し取ろうと共謀した。「池でコイの養殖をやるがゴルフ場開発で泥が入り、コイが飼えなくなる。二億円出せ」と要求した。さらに実際に池を造り、「補償しないと街宣車を回して工事を妨害するぞ」と脅迫した。こうして九五年暮れから九六年四月までに「業務上補償金」名目で計五〇〇〇万円を脅し取った（九九年一月一二日付毎日新聞）。

二人は容疑を否認したが、共に実刑判決を受けた。これは岐阜県警の協力を得た愛知県警の、襲撃事件の解明に向けた挑戦でもあった。山崎は「これはSに狙いを定めたものだった。岐阜県警としてもぜひ取り調べたい人物で、一緒にやった事件だった」と振り返る。逮捕された二人には、かつてKが逮捕された時の弁護人だった佐藤千代松弁護士がついた。佐藤は暴力団と暴力団関係者の弁護人としてこの業界では知られていた。岐阜県警は、襲撃事件との関連を調べるためのポリグラフに期待したが、Sから反応は出ず、Kは今度もまた拒否したといわれる。

## 日系ブラジル人を追え

岐阜県警の捜査本部は事件発生から約三年後に捜査体制の見直しがされ、捜査一課だけが捜査を継続することになり、暴力対策課などは概ね手を引くことになった。しかし、その三年にわたる捜査の終わり頃、山崎ら暴力対策課は、ある重要な人物を追っていた。ブラジル人のRである。事件初期に浮かんだ日系ブラジル人と違う人物で、七、八年前に来日していた。ある暴力団関係者から「Rは『柳川を痛めつけよ』との指示を受けていた」とする情報がもたらされた。

「こいつにかけよう」。Rの居住するマンションに捜査員らが二四時間張り付き、一挙手一投足を監視していた。当時の年齢三一歳。妻と子どもがいた。Rに指示したのは在日の弘道会系の暴力団の構成員で、さらに彼に依頼したのが、やはり弘道会系の別の暴力団幹部という情報だった。

だが、Rはシッポを出さなかった。一か月後のある日、一家はマンション五階の部屋から大きなトランクを持って出てきた。エレベーターで一階まで下りると、タクシーに乗り空港に向かった。ブラジルに帰国したのである。

捜査陣は、指示したとされる暴力団構成員や幹部を何度も調べ、ポリグラフにかけた。しかし、いずれも真っ白である。山崎が語る。「暴力団の組員の犯罪はたいてい、ポリグラフでひっかかるものなんだ。でも、この事件は違った」

こうして襲撃事件は解決されないまま、二〇一一年一〇月三〇日時効を迎えた。これまでに岐阜県警は延べ一五万五〇〇〇人の捜査員を投入、事件に関連して延べ三四人を逮捕して調べたが、解決に至らなかった。

柳川は時効の日、午前零時から名古屋市内で記者会見した。「ある日、すべてがチャラになってしまうというのは被害者としてしっくりこない」と時効制度に疑問を投げかけ、岐阜県警に対し、「必要十分な捜査が行われたか大きな疑問が残る」と語った。そして、産廃計画が白紙に戻ったことに達成感があると述べた（同日付毎日・中日新聞など）。

当の岐阜県警は、時効の少し前に上口弥一刑事部参事官が記者会見し、「解決に至らず極めて残念。同じ空気を（犯人が）吸っていると思うと許せない」と話した。緊急配備しなかった初動捜査の立ち遅れを指摘されると、「犯人像や逃走手段がわからず、聞き込みなどに集中した」と反論しながらも、「初動の高度化が叫ばれる中、充実していかなければならない部分だ」と語った（一一月二九日付毎日新聞)。

それからしばらくして、柳川はある人の紹介で岐阜県警の山崎に面会を申し込んだ。山崎がそれを受けたのは、柳川に謝らなければならないと思っていたからだった。柳川は、ことあるたびに、初動体制の不備と捜査のやり方を非難していた。なぜ、緊急配備しなかったのか、そしてなぜ寿和工業にガサ入れしなかったのかと。襲撃事件と寿和工業との関連をいまも疑っている柳川には、我慢できないことなのだという。

岐阜市内で会った山崎は、柳川に、消防隊からの電話が可児署の当直に入り、その判断ミスで緊急配備をかけるのを怠っていたことを説明し、「申し訳なかった」と謝った。寿和工業に家宅捜索しなかったことについて、捜査一課と暴力対策課の捜査手法の違いから来るもので、寿和工業についても捜査をしてきたこと、そして襲撃事件とのつながりを確認できなかったことを説明した。だが、柳川は納得してくれなかったという。

振り返ってみると、襲撃事件が起きる直前の状況は極めて緊迫していたというのに、地元の可児署も、そして岐阜県警もあまりに無警戒だった。マスコミ出身の町長として反権力と見なされ、産廃計画を後押しする梶原知事に抵抗する町長がヒーロー扱いされていることに対し、やや反感めいた、冷ややかな空気が警察全体を覆っていたのではないか。

柳川と御嵩町の有志たちが二〇〇三年、有力情報に対し三〇〇〇万円払う懸賞金制度を設けていた。それはいまも残っている。二〇一九年、名古屋の喫茶店で私と会った柳川は、「懸賞金はいまも生きている。時効なんだから名乗り出てほしい」と語った。背が曲がり、かつての長身の颯爽とした面影はないが、容疑者と見られる人物の名前を幾人も出し、語り続けるのを見て、私は、灰になるまで持ち続ける柳川の執念を感じた。

私は柳川に会ったあと、Rの住んでいたマンションを訪ねた。名古屋市中区の名古屋高速のすぐ脇の五階建ての古い建物である。栄の繁華街に歩いて行ける距離だ。

一階に中華料理店があり、その脇からエレベーターで五階に上がる。もちろん、Rがいるわけがない。彼が家族と住んでいた五〇五号室は、通路の行き止まりにあった。ドアの前に男性用の自転車が一台あった。インターホンを押しても応答はない。二〇年以上たって、住人たちの多くが入れ替わり、Rを知る人はだれもいない。

# 第六章　住民投票

## 住民投票条例をつくろう

襲撃され、瀕死の重傷を負った柳川が入院中、「みたけ産廃を考える会」の岡本隆子は、いまこそ住民投票の時だと思いこんでいた。

岡本ら数人のメンバーが柳川を呼び出したのは、襲撃事件が起きる二日前だった。一向に事態が進まない状況に岡本たちはいらついていた。住民投票という手段があると岡本たちに柳川が教えてからすでに一年以上立っていたが、議会も柳川も動こうとしなかった。

「住民投票をやりたい。条例案をつくって町に出したい。でも会は女ばかり。だれを頭に据えたらいいのでしょうか」

実は以前に田中保に相談したことがあり、「そんな運動にはかかわりたくない。相談にきてもらっちゃ困る」と断られていた。田中は先頭に立って目立つことが嫌いだった。柳川をかついでの選挙戦のあと、田中は、柳川の当選後、「俺のおかげで柳川は町長になれたんだ」と吹いて回る幾人かの言動に嫌気がさし、みたけ未来21から離れて自分の仕事に専念していた。

岡本の問いに、柳川が答えた。

「俺が俺がというような人を頭にしなくても、あなたたちがやればいいじゃないか」

「それでもいいいんですか」

町長が襲撃されたことに、町は卑劣な暴力への怒りが渦巻いた。事件の翌日、役場は全員集会を開き、鈴木勝美助役が「暴力による許されないことが起きた。職員は一致団結して執務に当たってほしい」と訓示し、町議会は「事件は民主社会の存立を揺るがす暴挙であり、断じて許すことはできない」との声明を出した。

九六年一一月一〇日、中公民館で「暴力糾弾町民大会」が開かれ、約八〇〇人の町民が駆けつけた。大会を主催したのは「柳川芳郎を囲む会」（桃井知良会長）、「みたけ産廃を考える会」（佐谷時繁会長）、「みたけ町・女性のつどい」（臼井きしゑ代表）、「みたけ未来21」（落合紀夫代表）の四団体の有志による実行委員会。大会では、柳川が最初に運び込まれた桃井病院院長の桃井が「頭の傷がザクロのように開いて血が流れ、町長と判断できなかった。片方の肺もつぶれていた」と声を詰まらせながら語った。大会には、天皇にも戦争責任があると発言し、右翼に銃撃されたことのある本島等前長崎市長が講演し、暴力に立ち向かった経験を語った。そして柳川町長からは「おかげ様で生き延びることができました」で始まるメッセージが届いた。病床で町長がとぎれとぎれで語る言葉を、町職員が書き留めたものだった。

この日は日曜日でちょうど新聞休刊日だった。社会部のデスクとして御嵩町の廃棄物処理施設問題を担当していた私は、可児通信局で記者たちから取材の様子を聞いたあと、御嵩町の「暴力糾弾町民大会」に顔を出した。その集会の三日前に会った渡辺議員は、議員が議会に住民投票を提案する選択をしなかった理由について、「議員が自分たちの責任を逃げたと見られるかもしれないからだ。新潟県巻町は議員提案だったが、御嵩町ではやるべきではない」と語っていた。その後私は名古屋に戻り、市民集会に顔を出すと、岡本隆子がいた。「御嵩町だけの問題ではなく、全国の問題として声を出していきたい」とみんなに訴えていた。

## 住民投票条例案を練った田中保

住民投票に向けた動きはすでに活発化していた。襲撃事件の翌日の夜、柳川町長を支える四団体の主要メンバーが集まった。「柳川喜郎を囲む会」の田中保の顔もあった。「いままで町長一人が頑張ってきた。今度は町民が立ち上がる番だ」。約二時間半の議論の末、産廃施設建設の是非を問う住民投票条例制定のための直接請求運動を行うことを決めた。そして町内の四地区からそれぞれ代表者を選んだ四人と田中の計五人が直接請求人と決まった。

ところが、困ったことが起きた。請求人に決まった人たちから辞退を告げる電話が、田中に次々とかかってきたのだ。「悪いけど、降りる」「家族に猛反対されてね」「危険だからやめろとまわりから言われた」。結局、田中が一人で引き受けることになった。

田中がその時の心境を語る。「一人残された感じだった。ただ、私は下呂町の生まれで、御嵩に住

住民投票条例をつくった田中保さん

み着いてもいまだに町民と見なされていないところもある。断ってきた四人は地域に根付いた人たちだから、ぼくがやるしかないと思った」。心配した桃井が、「これをつけてくれ」と持ってきたのが防弾チョッキだった。護身用に買ったが、それを提供するという。

田中は苦笑いした。「それを着て外に出ました。でも重かったから一回きりになった。桃井院長は私のことを心配し、暴力糾弾の町民大会に行ってもしものことがあったら大変だから行ったらだめだと言われ、ひかえていました。無言電話や、車の中に『調子に乗るな』と書かれた紙が投げ込まれていたこともあり、用心はしました」

下呂町に生まれ、可児市に育った田中保は、岐阜大学教育学部に進んだものの、父親が亡くなり、さらに母が病弱なことから中退して働き、一家を支えた。三〇年続けた陶磁器販売会社が五年前に倒産し、その借金の返済のために知人の援助で食器の絵付けの会社を興し、自宅横の工場で働き続けた。そして二〇〇五年に返済が終わると会社を閉じたという。物欲のない自然人である。

条例案の作成は、だれもやろうとしなかった。議会で、旧町政を口汚く批判していた議員たちからも一言もなく、田中は、東京都がまとめた全国の住民投票条例集を入手し、自宅で住民投票条例案の作成にかかった。全国の住民投票条例の中で田中がお手本にしたのが、多くの住民投票条例が倣っていた、原子力発電所の誘致の是非を問うた新潟県巻町（現新潟市）の条例だった。さらに米軍基地を争点にした沖縄県民投票の条例も参考にした。田中は六法全書を脇に置き、練りに練った。「条例案には八〇〇〇字ほどの前文があるでしょう。地方自治法を見ながらずいぶん練ったんです」

町民大会の二日後の一四日、住民投票条例制定に向けて署名活動が始まった。ここでもてきぱきと指示を出していたのが田中保だった。四団体がつくった「住民投票を成功させる会」の会長に選ばれ、ここでも指南役を任されていた。午後一時半、みたけ産廃を考える会の事務所に集まった一四人に、田中は署名収集委任状や条例案、署名簿などを渡し、「投票条例は産廃処分場建設の賛成、反対にかかわらず、町民の意思を確認するためのもので、趣旨をよく理解した上で署名をもらってほしい」とアドバイスした。メンバーは二人一組になって各家庭を回り始めた。

それが終わると田中は別の団体に出向き、同じように説明を繰り返すのだった。

## なぜこの時期に町を提訴？

住民の熱気が町中に広がるなか、住民に冷水を浴びせるようなことが起きた。

襲撃事件から二日後の一一月二日、町役場に、寿和工業から内容証明郵便が二通届いた。職員が開封すると、「事業者と速やかに協議に応じないのは都市計画法に違反している。農地法、農業振興法に基づく手続きを、町は違法にストップしている」などとして協議に応じることを求め、「十日以内に回答がなければ提訴せざるを得ない」と通告していた。鈴木助役は「痛ましい事件の最中に内容証明郵便を送りつけてくるとは……。十日以内という期限は町長の様態からして到底無理だ。産廃施設の計画段階で既に国土法違反、公園法違反の疑いがあるのに、ここへきて町の手続きの凍結が違法などと言われるのはおかしい」と困惑を隠せなかった（三日付岐阜新聞など）。

寿和工業によると、この件について訴訟の準備を進めていたというが、重体で入院したばかりの時になぜ提訴なのか。寿和工業に聞くと、「あれは高山弁護士が勝手にやったことで、会社は知らない」。あとになると「弁護士から『このままだと寿和工業が襲撃事件と関連しているように思われる。早く行動に移すべき』と言われ、それに従った」と説明し直した。

結局、寿和工業はその後提訴に至り、町と争うことになるのだが、この行為が新聞やテレビで報道されると、住民から怒りの声がわき起こった。「いくら対立しているとはいえ、こんな時期になんてことを」。これでは処理施設の問題を冷静に判断しようとしている人をも、反寿和側に追いやってしまうことになる。捜査幹部は夜回りの記者にこう漏らした。「寿和の会長はこういう人間なんだな」

## 産廃連合会と厚生省はこう見ていた

御嵩町長襲撃事件は、行政テロとして全国に広く認知されるだけでなく、もともとあった産廃処理施設問題をもアピールすることになった。処理施設に反対する市民団体などはいっせいにこの計画について批判を強め、また襲撃事件と関連づけて語られるようになった。

このころ、私は上京し、全国産業廃棄物連合会の鈴木勇吉会長と、厚生省水道環境部の仁井正夫産業廃棄物対策室長にインタビューしている。ちょうどそのころ、厚生省は香川県・豊島の巨大不法投棄問題を契機に廃棄物処理法を改正しようとしていた。生活環境審議会の提言を受け、法案づくりをしている最中だった。鈴木は産廃業界を代表し、審議会の専門委員会の委員会で積極的に発言していた。鈴木も仁井も以前からよく知った仲で、忙しい時間の合間をとって快く応じてくれた。鈴木の主張はごくまっとうなものだった。

「処分場の建設では不透明なことが多い。でもそれは国や自治体に責任があると思っているのです。私は業者に『住民に金を出すのはよせ』と言っています。地元の自治体に対して、税の負担、協力金、雇用、跡地の利用で貢献したらよいと。今回は金額が多すぎたのと、もっと前に表に出して進めればよかった。結局、いまは各都道府県の要綱で住民や町の同意を求めているため、その同意をもらおうとしておかしなことが起こるんです。県も同意がとれないからといって五年も七年も手続きを据え置く。これでは業者はたまったものではありません。法律で手続きを透明化し、県に第三者的な審議会を置き、そこで住民の意見を聞いて判断する仕組みにするべきなんです」

「反対する人たちは、水源近くを認めない立地規制を行えと言います。でも、日本は地形的に山間部が多く、日本の全土が水源地になってしまいます。問題は、水の汚染をどうしたら起きないようにするかでしょう。高性能の水処理施設を設置し、それを厳格に運用し、それをチェックする仕組みをつくることだと思います」

仁井は厚生省の室長席でこう語った。

「今回の見直しの問題意識は、産廃の排出量は相変わらず高い水準で、リサイクルなり最終処分を用意しなければ社会としてやっていけないのに、産廃処理に関する不信感から地域紛争が多発していることがあります。施設の計画から着工まで時間が非常にかかり、整備意欲が失われていく。受け皿がないために、不適正処理が増え、さらに住民の不信を招くという悪循環を断ち切らないと、廃棄物の適正な処理が行き詰まるのではないでしょうか。現場として都道府県は要綱をつくって住民同意などの規定を入れているのでしょうが、あくまで行政指導で強制できません。住民の意見を聞くことを含め、廃棄物処理法を改正し、手続きの改善と処分場の基準の強化をしたい」

「立地規制せよという意見があるが、ある場所だからどんな施設もだめというより、立地場所に即した環境配慮のある施設というのが基本的な考え方です。入り口からこの場所はだめだというアプローチはとりにくい。水源地の線引きは現実には難しい。岐阜県もそうですが、川の上流部は全部水源ということになりかねません」

当時厚生省は御嵩町での寿和工業の計画を好意的に見ていた。処理業者としての実績があり、清水会長が連合会の常任理事でもあったからだ。襲撃事件という暴力を憎む気持ちはもちろん官僚たちも持ち合わせていたが、それよりも、事件が住民投票の動きを誘発し、産廃反対の声一色になることで、計画が止まってしまわないかと不安を抱いていた。

## 住民投票条例の可決

田中が起草した住民投票条例案は、一二月一八日、必要数を四倍上回る一一五一人分の署名簿とともに町役場に提出され、町長に条例請求の本申請を行った。年が明けた九七年一月一四日の臨時議会で裁決が取られた。その前に議員たちがそれぞれ賛否を述べた。

渡辺議員「この町には産廃問題を語ることを避ける多くの理由がある。語ることができない以上、意思の表明を秘密投票である住民投票以外に方法はない。住民投票条例の制定された時が新たな民主主義の出発点だ」

谷口鈴男「議会には、住民の意思を反映させる制度をつくる責任があると思う。住民投票条例は、民主主義のあり方を問うだけでなく、廃棄物行政や法の不備に対する国への警鐘になるだろう」

小村参市「住民投票条例の制定は同じ問題を抱える自治体関係者や住民にも大きな影響を与える。住民がより次元の高い判断が出せるよう、揺るぎない気持ちと正確な周知がされるよう期待する」

小村はこう振り返る。「私は上之郷の代表で、地域は賛成と反対に分かれ、本当に悩んだ。でも襲撃事件が起き、賛成することにしました」。いまも襲撃事件の犯人が捕まるようにと、当時の新聞記事を自宅に飾っている。

裁決がとられ、賛成一二、反対五の多数で可決された。傍聴していた町民から拍手と歓声がわき起こり、岡本隆子は「可決は住民運動のほんの一歩。これからが本番です」と声を弾ませた。

田中保は、別室に設けられた傍聴用モニターで議会の討論の様子を眺めていた。「早く決まってほしい気もするが、議員に考えをじっくり披露してもらうのが一番大事だ」と語り、可決されると目を潤ませ、「よし。この日を目指してやってきた」。議場から出て、感激極まる岡本とがっちり握手した。

可決の知らせが入った県庁では、広報課があらかじめ用意してあった梶原知事のコメントを記者らに配った。この日、柳川町長が風邪で議会を休んだのに合わせたように、知事も風邪で登庁していない。県庁が発表した知事のコメントは、「住民投票の結果は、町として公式の決定をする際、重要な判断材料になると思われる」とそっけないものだった。二日後に知事選の告示を控えていた。

梶原は、その告示日、県庁近くにある選挙事務所前で開いた出陣式で、「夢おこし県政は着実に進展している。日本を岐阜県から変えていくために命がけで闘いたい」と、集まった支持者たちに訴えた。ライバル不在の中、楽々と三選が決まったが、御嵩町での得票率は三九・七％と、県内市町村中で唯一過半数に届かなかった。当選直後の記者会見で、質問が御嵩町の産廃問題に集中すると、梶原は「知事選とは直接関係ない。町長さんも、計画反対の人も私を推してくれた。具体的に処分場計画については別の土俵で検討されるべきだ」と憮然とした表情で語った（二月三日毎日新聞夕刊）。

## 県は「廃棄物問題検討委員会」を設置して対抗

梶原が言う「別の土俵」とは、自らの指示で設置された県廃棄物問題検討委員会のことだった。委員会は、廃棄物処理の整備、リサイクルの推進など廃棄物全般について有識者らが議論する建前になっているが、実際は御嵩町の問題を解決するためのものだった。委員長の舘正知岐阜大学名誉教授は公衆衛生学が専門で、委員の岐阜大学の農学部と応用生物学部の二人の教授は、一人がレンゲの研究、もう一人は肥料の研究開発が専門。さらに二人の弁護士という布陣で、廃棄物の専門家はいなかった。

前年の一一月に委員会がスタートし、それまでに三回開催されていた。すでに一回目から寿和工業の計画が俎上に載り、これまでの経過について質疑が行われていた。柳川町長が提出した「疑問と懸念」の中で、問題視している国立・国定公園内の廃棄物処理施設の禁止を求める通知を県が市町村に知らせなかったこと、土地売買等届出書の扱いの妥当性、国会で県の対応に問題があったと政府が答弁していることなどについて、委員からの質問に対し県が説明し納得を得るといった形で議論が続いていた。

柳川が委員会に呼ばれたのは四回目の三月三日だった。襲撃事件から四か月が過ぎ、すでに町は住民投票の準備に忙しい。柳川も投票実施に向けて意欲満々だ。そんな時期の委員会への招聘だった。会議には梶原知事も出席し、廃棄物問題を取り扱っていくプロセスや情報を公開し、県民の信頼を得ることが委員会の目的だと挨拶した。柳川は、疑問と懸念を要約した形で計画の問題点を挙げた。

その後、質疑に移った。

六川詔勝弁護士「県は十分な指導はやっていくと思います。その点を考えていただき、十分な話し合いを今後ともやっていただきたい。けんかをするんじゃないということを考えてください」

柳川町長「まったくその通りだと思います」
安江多輔岐阜大名誉教授「安全性についてどの辺まで譲れるのかという話がある。若干問題があると思いながら、現在これが最高の技術を駆使しながらやっていかざるを得ないという考え方を僕はするんですが」
柳川町長「科学技術に一〇〇%ってありえないと思います。かくかくしかじかだと、わかったという、いわば説得力ある安全性ということしか言えない。現在のところ、説得力のある安全性は確立されていない。場所の問題もある。（御嵩と違い）水源に遠かったらまた別の話になっていると思いますね」
この日は岐阜市役所や排出事業者団体も呼ばれていて、柳川に与えられた時間はたった二〇分。これでは実のある議論にならない。それに委員らは廃棄物の専門家ではないから議論は一向に深まらなかった。根拠を示さず、どこまで町長は妥協できるのかと聞いているようでは、柳川は不信感を強めるだけである。委員会が終わったあと、柳川は私に言った。「舘はイタイイタイ病の原因究明で、企業側に付いて患者さんを苦しめた人物。しかも知事の後援会の名誉会長。他の委員も素人ばかりで、これでまともな議論ができるわけがないよな」
産業医学が専門の舘は、公害を出す側の産業界に重用され、公害患者団体から嫌われてきた。梶原知事が推進の立場を鮮明にしていた徳山ダム建設に関し、国のダム審議委員会の座長を務めたのも舘だった。産業医学とダム建設とどういう関係があるのか。知事が選んだダム審議委員会の委員はみな、徳山ダム推進で一致しており、案の定、委員会は「一刻も早く完成を目指すべきだ」との答申を出して知事を喜ばせた。

それでは、廃棄物問題検討委員会をなぜ「素人集団」にしたのか。専門家を並べ、柳川の疑問にしっかり答える人選をし、たっぷり時間をとってやれば、柳川の疑問に答えることもでき、また違ったのではないか。桑田はいま、こう釈明する。「違うんです。実は二段構えで考えていた。まずこの委員会で柳川さんに柔軟な姿勢になってもらい、その後、廃棄物の専門家を集めた委員会を別につくって、個々の問題を町と業者が協議しながら詰めていく。こんな考えでした。しかし、柳川さんは頑なな姿勢のままでうまくいかなかった」

## 公共関与による調整試案

次の第五回の検討委員会には寿和工業の清水社長が呼ばれ、さらに第六回の委員会には柳川と清水の二人が同時に招かれた。県はすでに「調整試案」の検討に入り、町が納得できるような計画に書き換えようとしていた。カギは知事が唱える公共関与だった。

この時は桑田副知事が、どこに立地しても問題のない施設にして安全性の確保を行う、国定公園を計画地から外し規模の上限を設ける、事業主体を公共関与に移すといった観点を盛り込んだ調整試案を次回提示したいと説明した。

その後、柳川が寿和工業の計画の問題点を挙げ、次いで清水に対する質疑に移った。清水は、「国定公園を外せないのか」と聞かれると、「検討します」。第三セクターによる常駐による監視も「やぶさかでない」と、前向きな姿勢を見せた。続いて柳川の出番になったが、妥協を促す委員らに一歩も引かず、決裂して終わった。

調整試案は二週間後に開かれた委員会に提出され、承認された。内容は、▽最新の遮水工法を採用し、要壁を増設し災害対策を強化▽公的機関の試験結果をもとに技術専門家の意見を聞き施工▽排水の水質は要綱の目標値を順守し、放流水の自動監視▽搬入廃棄物の審査制度の導入▽国定公園を計画地から外すとして、公共関与方式として、▽第三セクターまたは地球環境村ぎふによる設置・運営・管理を行う▽環境村による周辺整備▽県、町、業者による調整委員会の設置をあげた。

これは、寿和工業に代わって県が事業主体となって整備することを意味していた。寿和工業の元幹部はこう語る。「寿和工業は後ろに引っ込んでてくれ、俺たちがやるからという。もう寿和工業の計画ではない。それでいて国定公園を外した図面を書いてくれとうちに指示があった。わけがわからなくなった」

もし、この計画にしたいのなら、まず寿和工業と御嵩町の同意を取り付けるのが筋だろう。それでも委員からは「かなり積極的な調整案だと思っておる」（安江多輔岐阜大学名誉教授）と概ね評価する意見が出た。舘座長が言った。「事業者がうんと言ってくれるのかどうか非常にわかりませんね。もし、皆さんのご賛成が得られれば、この線で関係者を説得したい」。梶原知事が引き取った。「（公共関与は）どちらの方法でも県が直接関与しておりますから、すべての問題について県が全責任を負う体制でなきゃいけないと思っております」

案の定、調整試案は柳川と反対派住民の猛反発を招くことになる。住民投票潰しだと受け取ったからである。翌日、組織改編で新たに設置された県の環境局長と廃棄物対策課長の二人が御嵩町役場を訪ね、調整試案を柳川町長に渡した。町長は「住民投票で処分場を造るか造らないかという時に、建設を前提とした調整案が出されるのは理解に苦しむ」と苦言を呈した。

県が町で調整試案の説明会を始めると、田中保ら三人は、地方自治を定めた憲法に反するとして、説明に出向いた県職員の交通費などの経費を梶原知事に賠償させることを求めた住民監査請求を県監査委員会に行った。町も調整試案について二九項目の質問書を県にぶつけた。

舘座長はその後の委員会で、地元の反発が大きいことに「関係者が歩み寄れないのか、話し合えるようにしてほしいと注文をつけ、進み始めたことなのです。批判があるのは私も大変意外なこと」と驚いてみせた。舘に話を聞いた。「調整案を誰が考えたのか」と尋ねると、舘は「私が考えた。議論は出尽くしたと判断したので、いままでの意見をまとめてみたらどうかと思った。知事の意向も踏まえた」。住民投票で問うのは寿和工業の計画だと伝えると、「それならいまの時期に出す意味はまったくなかった」と答えた。舘は、町が調整試案を住民投票の選択肢に加えてくれると思っているのだ。

県は町内の処理施設の容認派の町民の求めで、独自に説明会を開き始めた。寿和工業の計画の賛否を問う住民投票を混乱させるとの町の抗議を受けて、県は説明会を手控えるようになるのだが、今度は寿和工業が動いた。町を相手取って計画の遅れによる三億円の損害賠償を求めて岐阜地裁に提訴したのである。

代理人の高山弁護士は「町長がテーブルに着かないので裁判で論点を明らかにしようとした」と言ったが、県が調整試案を出して三者で協議をしようと誘いをかけている時に提訴では、ご破算も同然だ。県は「寝耳に水。寿和工業が何を考えているのかわからない」と不信感をぶつけた。もともと寿和工業と県とは密接な関係はなく、間を取り持つ人もいなかった。襲撃事件以後、県会議員たちも、もうかかわりたくないのか、一斉に知らぬ顔を装った。

## 町の説明会は四〇回以上

一方、柳川は町内各地で精力的に説明会を開いていた。いま、こう振り返る。「たった数人の会合も含め、一二〇回の説明会を開いた。処分場を造るメリットとデメリットを話し、投票の際の判断材料にしてもらった。過去に多くの住民投票が実施されているが、こんなにやったのは僕だけだ」。実際、柳川は休日を返上してどこへでもでかけ、そして語った。ただ、すべての地区で柳川が好意的に受け入れられたわけではなかった。

九七年二月二五日午後七時。私は上之郷の西洞公民館であった説明会をのぞいていた。計画地にかなり近いところで、無水道の地区である。畳部屋で二〇人があぐらをかいている。

柳川が口を開いた。「今日、床屋に行ったんです。ようやく坊主頭に毛が生えそろって。二週間前からハシを取り始めました」。みんなを和ませようと身近な話から入り、これまでの経緯を語り出した。「段ボール箱六つにあった過去の記録を読んで、疑問と懸念が次から次へと頭の中に浮かび上がってきました。過去から現在のことを町民に知っていただいて決めるのが筋だと思いました」

そしてプラス面とマイナス面の説明に入った。「プラス面では二〇億とか三〇億のお金が入ってくる。無水道地域に水道を引くとき国と県の補助金を除いた額を出す、地元の人を雇う」。次にマイナス面は、「木曽川の水源の近くにあり汚染の可能性があります。八百津町や可児市、下流の愛知県、名古屋市など五〇〇万人が飲んでいます。業者が違反した場合、罰則も強制力もありません」。地震や大雨の時に心配なことや、手続きの不透明さなど、説明はやはりマイナス面に重点が置かれている。

一時間の説明の後、質疑に入った。真ん中に座っていた中年男性が言った。「一般の人も廃棄物を出している。推進派に回れば利害関係があると言われるし、反対というと地域エゴと言われる。その中間ぐらいのところはないのかと思う」

別の男性が戸惑いがちに言う。「投票率をぐんとあげにゃあ、御嵩の恥になるし。安全性の高いものを造ってほしいと思っているが、〇を打っていいか、×と打っていいかわからんので」

寿和工業は、無水道地区の一〇〇戸に水道を引く場合、国と県の補助金の残りの資金を出すと提案していた。そのことを聞かれた柳川は、コンサルタント会社に試算を依頼するなど町も独自に取り組もうとしていると釈明した。

ある男性がこう質した。「上之郷地区を二分しているわけだから、町長の方針を示してほしい」。柳川が返した。「住民投票が終わった後に、僕は僕なりに言いますよ。若手でプロジェクトチームをつくったので、様々な問題を継続しようと思っています」

説明会の反応も様々だった。この説明会では柳川への批判が幾つも飛び出したが、町の中心部では産廃処分場に疑問符をつける柳川に同調する声が多かった。

## 容認派議員たちの気持ち

そのころ、産廃容認派の議員らを中心に「明るいみたけをきずく会」が旗揚げされた。会長に平井元町長がおさまったが、彼を担ぎ出す中心となったのが鍵谷幸男町議だった。かつて町長選で平井と争って敗れた鍵谷だったが、もうわだかまりはない。

三〇〇人が集まった設立集会で、平井は「産廃処分場計画は、私の任期中にみんなで理解を深め容認した。趣旨を理解し、郷土の発展に力を合わせよう」と挨拶した。事務所には「ピンチはチャンスだ。七転八起」と書いたダルマの絵が掛けられていた。鍵谷は、町議会で住民投票条例案が可決された時、結果は反対多数で決まりだと確信していた。しかし、言いたいことがあった。こう訴えた。

「今日は今朝の天気のように、非常に厳しい冷たさのなかで朝を迎えた。法令も条例も熟知していないが、気持ちは人に負けない。小和沢地区の一〇軒が全員離村する姿を厳しく受け止めた。関係集落の協定書が一九九二年に結ばれた。傍聴人は御嵩町民。離村決意したのも御嵩町民。そのことを原点で論議したかった。私は九四年、産業廃棄物調査特別委員会が『やむを得ない』という結論を出した時、ただ一人の反対者だった。その私がいま、ここでこの問題に賛成を唱えなければならない。非常に複雑だ。先ほど、渡辺委員が『民主主義、民主主義』と高らかに発言した。反対者のための民主主義だけであってはならない」

「町長の言うように、民意を問うことは大切だが、その結果を民意の責任にしてはいけない。議会が責任を負うべきだ。議会が最大限努力して、町執行部と英知を分かち合いながら、所期の目的に向かうことが正しい方向だ。それでもやはり、産廃処分の施設が嫌ならば、素直に土地を業者から買い戻そう。みんなの税金で、二〇億、三〇億かかろうが買い戻し、最後まであの地を聖地として残す。名古屋市など五〇〇万人のために残しておこう。投票条例の民意を問う方向に向かう議会は、きちっと責任を果たしてほしい」

何かしら、その後の町を予言していたかのようだが、町民がそれに気づくのは、ずっと後になってからである。

## 町民の七割が産廃ＮＯ！

六月二二日朝。青空が広がっていた。町職員が役場の前に掲げた看板の「住民投票まであと1日」とあるのを「０日」に差し替えた。一一か所の投票所で一斉に投票の受付が始まった。岡本隆子は「小和沢産廃に反対する町民の会」（田中保会長）の宣伝カーに同乗し、投票を呼びかけた。反対する会のプレハブ小屋の事務所前には、緑色のエコ・フラッグが数十本立っている。

投票率をどうやって上げるか、田中は頭を悩ませてきた。思いついたのが、マイクロバスと乗用車の二台で、足の便のない住民を投票所に送り迎えする投票支援だった。仲間数人の協力を得て、バス

住民投票直前の御嵩町役場

と乗用車が新興住宅地や人里離れた地区をめぐった。「あらかじめ集合場所と時間を決め、予約してもらった。投票所に運び、終わったら元の場所に送り届ける。このピストン輸送は効果があった」と田中は振り返る。

午後三時五〇分。「明るいみたけをきずく会」が、宣伝カーから「賛成に○を」と大きく書いた看板を取り外した。町民の反応がはかばかしいものではなかったのか、田中稔前町議会議長は「無給水地区をせっかく寿和工業が給水してくれるのに、これで事業はストップだ」とため息をついた。

六時に投票が締め切られ、七時から役場近くの向陽中学校体育館で開票作業が始まった。投票用紙の山が仕分けされ、開票が続く。そこから歩いて数分のところにある喫茶店の二階が朝日新聞の前線基地だ。そこで私は、記者たちが書いた原稿に手を入れ、本社にファクスを流し始めた。

やがて開票速報の結果が出た。反対一万三〇〇〇票。賛成二四〇〇票。壁に数字が張り出され、防災無線がそれを伝えた。町民の会のプレハブ小屋の前に支援者たちが集まり、だれからともなく拍手がわいた。

事務所向かいの公民館で、田中が記者会見に臨んだ。「一万票の重さをだれもが認めないといけない。町民の力を結集すれば、暴力に立ち向かえることを学んだ。小さな町が大きな実験をやった」

同じころ、一〇〇人以上の記者たちが集まった役場の大会議室で、柳川の記者会見が始まった。「相当クリアな結果だ。御嵩町民には眼力があるなと確認できた。町民はカネよりも命を選択した。それにしても民意は非常に重いものだなと実感している。産廃、地方自治のあり方、私の襲撃事件をきっかけにした民主主義と暴力。この三つに問題を投げかけた。私が町長になった時、産廃問題を語ることは『唇寒し』だった。しかし、最近は臆することなく、みんなが語り始めた。大きな副産物だ」。そして今後について、「寿和工業に町有地を売ったり貸したりすることはできないと思う」と述べた。

自宅に戻った田中は、確定した得票数に不思議な縁を感じていた。「一〇三七三票の下四ケタは、ぼくの自宅の電話番号と同じじゃないか」。〇三七三。この小さな偶然を、田中は生涯の宝物にするのである。

翌日朝。梶原知事は愛犬の柴犬「イチ」を連れて自宅から散歩に出た。白のシャツに紺色のズボン。愛用の帽子をかぶっている。記者が待ちかまえていた。「圧倒的な結果ですが」。そう尋ねた記者に知事が返した。「ノーコメント。何も申し上げられない」

住民投票は投票率八七・五％、反対票は有権者総数の六九・七％と、だれも文句のつけようのない数字を残した。反対票を投じた多くの住民は思いこんでいた。産廃問題はまもなく決着がつくと――。

# 第七章　もう一つの住民投票

## 在日外国人に投票権がない

御嵩町で建設業を営む表年男は、住民投票条例のための署名集めの様子を、関心を持って見つめていた。

一九九六年一一月一二日。「小和沢産廃に反対する町民の会」の会長で、住民投票条例制定の請求人である田中保が、みたけ産廃を考える会の事務所を訪れた。集まった主婦ら六人に、署名収集委任状や条例案、署名簿を手渡し、署名方法や注意点などを説明した。田中は「産廃反対のための署名集めではない。条例づくりの賛成を求めるのが目的だということを忘れないで。町民にも誤解されないようにしてほしい」と念を押した。新しい時代を切り開くんだという高揚感が狭い事務所いっぱいに広がる。

その署名活動の開始を翌一三日の新聞各紙は大きく伝えた。表はその日の中日新聞夕刊社会面のトップ記事を見て目を疑った。「切なさ募る在日外国人　意思表示の場　われわれにも」の見出しがあった。記事は、地方自治法にもとづく直接請求は資格が限定され、選挙権を持たない在日外国人は署名ができない。それればかりか、田中が町に出した住民投票条例案は、投票資格を「（投票の）告示日において御嵩町の選挙人名簿に登録されている者」としており、選挙権のない在日外国人は投票できないと伝えていた。

ただ、記事には「投票の道がまったくないわけではない。町選挙管理委員会は『条例の場合は、地方自治法の定めとは違い、外国人の投票権を盛り込むことは可能。条例案は町議会の審議過程で一部変更ができる』としている」との記述もあった。

「話が違うぞ」。表は家族ぐるみでつきあっている水野準之助に連絡をとった。水野と妻の美子もすでに新聞を読んでいた。御嵩町で建材店を営む水野夫婦は町内でハングル講座を開き、講師から韓国語を学んでいた。水野と表とは小学校以来の友人だ。

水野が語る。「ハングル講座の仲間たちと、住民投票のことがよく話題になり、『おれは産廃施設の建設に賛成』『私は反対』と、投票を前提に話をしていた。ところが、直接請求の署名集めが始まり、そうではないことがわかった」。地方自治法の第二章に住民という項目があり、市町村の区域内に住所を有する者は、当該市町村及びこれを包括する都道府県の住民とするとある。国籍条項はなく、在日外国人も住民に違いないと思いこんでいたのだ。

## 巻町の住民投票条例を参考に

水野は表と一緒に田中保を訪ねた。田中は条例案をつくる際、在日外国人のことに心が及んでいなかった。住民投票条例案を作成するときに参考にしたのが、他の地域でつくられた住民投票条例だった。多数ある中で一番参考にしたのが新潟県巻町（現新潟市）の条例だった。

巻町は、東北電力による原子力発電所の建設計画をめぐって町は建設に同意するが、町民の中で反対運動が強まり、幾多の変転を経て議会で反対派が過半数を制し、町長選でも反対派だった酒造業の笹口孝明が当選し、九六年夏に住民投票が行われた。投票率は八八・二三％で、原発反対が六一・二二％と賛成の三八・七八％を大きく上回った。もちろん住民投票で決着はつかず、町長は建設予定地にあった町有地を反対派に売却した。推進派が原状回復を求めて町を訴えたが、新潟地裁、東京高裁ともに「町有地売却に違法性はない」。最高裁が原告の上告を受理せず裁判で決着がつき、東北電力が進出を断念している。

この条例は「巻原発・住民投票を実行する会」がつくったもので、同じく原発をめぐって八二年に制定された高知県窪川町（現四万十市）の条例を参考にしていた。窪川町で投票が実施されなかったことから、全国でつくられた住民投票条例の多くは巻町の条例を参考にすることが多い。その窪川町条例は役場がつくったのだが、当時企画課長だった田中茂によると、東京・中野区の教育委員の準公選条例をお手本にしていた。教育委員は区長が任命するが、その選定に区民の意思が反映されるべきだと、区民の声が高まった。中野区に依頼されて、法律に抵触しない形の条文づくりを担ったのが、行政法で知られる東京都立大学教授の兼子仁だった。

兼子は後に私にこう語っている。「当時は教育住民自治と呼ばれ、住民参加の方法を考えた。選挙権を持つ住民に郵便投票してもらい、その結果を参考にして区長が教育委員を選ぶことにした。しかし、それを嫌った文部省は地方教育行政法を持ち出し、認められないという。そこで条文に書いた区長は準公選の結果を『尊重する』とあるのを『参考にする』と直した」。投票資格については、選挙権は二〇歳以上の日本国民とする公職選挙法に準拠したのだが、そこにはこんな事情があったと、兼子は明かした。

「以前、全国の教育委員は公選制で選ばれていた。しかし、教育の場に政党が介入し、中立的に選ばれないとの理由で、国の公選制が廃止された。それを『教育住民自治』の形で、復活させようとこの準公選ができた。政党選挙を排し、『文化選挙』にしようと、公職選挙法の定めを修正して個別訪問を認めたり、推薦候補制の基準を緩めたりした」。文部省に敵視されながらも、「文化選挙」は八一年に始まった。だが、自民党が棄権を呼びかけたり、政党同士の対立の場になったりして、結局九三年で幕を閉じた。

しかし、中野区ではそれに代わる教育委員候補者を区民が推薦する制度が新たにできた（一九九六年四月に要綱が施行）。区民推薦の資格者を年齢が一八歳以上の中野区民とし、さらにこう書かれている。「中野区において、住民基本台帳に記録され、又は外国人登録原票に登録されていること」（第九条）。中野区の準公選が在日外国人を含めなかったのは、国の公選制の復活から運動が始まった経緯があったからである。そこで制度の見直しにあたっては、当然のごとく在日外国人が入った。その後の住民投票条例の多くはこの中野区の要綱を参考にしているといわれる。

## 田中保が賛成、いったん修正が決まる

水野は田中保に提案した。

「これだけ住民が関心を持っている問題だから、在日外国人も投票できるようにするべきですよ」。それを聞いて田中保はすぐに反応した。「在日外国人も住民として投票する権利があるのは当然だ。条例案を議会で審議する際に、投票資格を変更するように試みたい」

田中保はすぐに署名集めをしている四団体の代表者にかけあった。「在日外国人の声もすくい上げるべきだ」と言い、彼らの同意を得た（中日新聞九六年一一月一五日付朝刊）。やり方としては、条例改正の直接請求を受けた町長が改正案を議会に提出するときに、選挙権のない御嵩町の住民にも投票権を広げるとの町長の意見書をつけ、議会が条例を修正するか、議員らが自ら修正提案するかどちらかになる。議会は、渡辺公夫議員ら柳川町長を擁立したみたけ未来21の議員が力を持っていた。

水野は、みたけ未来21代表の酒店経営落合紀夫にも会って協力を求めた。さらに谷口議員と渡辺議員に申し入れした。ところが、谷口は「勉強させていただきます」というだけで、渡辺に至っては「木村さん（表の日本名）には少年野球でお世話になっているが、この住民投票では反対だ」と拒否した。水野と表は、孫錫仁、趙元勲らハングル講座の仲間に声をかけ、在日外国人や日本国籍の住民宅を回って署名を集め始めた。議会に声を届け、条例を変えてもらおうというのだ。

一軒一軒回った様子をこう語っている（後に彼らが裁判所に出した陳述書による）。

**表年男**「一週間ぐらい、毎日仕事が終わってから町内の同胞の家を訪ねた。『興味ない』と拒否した

人もいたが、ほとんどの同胞が賛成して署名してくれた。その中には朝鮮総連（在日本朝鮮人総聯合会）傘下の同胞もいたし、朝鮮人以外の外国人もいました」

孫錫仁「民団（在日本大韓民国民団）の同胞以外にも、朝鮮総連の同胞や朝鮮人以外の外国人の賛同もいただけた。自分たちの思いが外国人の住民から支持されていると感じました。夜仕事を終わってから一日に四、五軒ぐらい、多い時は一〇軒ぐらいの同胞宅を訪ねました。外国人の住民の意思表示をする目的であることを説明し、理解を得て集めました。同胞の大多数が賛成し、『当たり前じゃないの』という声が多かった」

表と孫らは民団に属するが、組織として対立関係にある朝鮮総連傘下の人たちも賛同してくれたという。それは、自分たちも御嵩町の住民であり、住民参加への期待にほかならなかった。朝鮮半島の北と南の対立が入りこむ余地はなかった。

表は、一九四九年に御嵩町で五人兄弟の長男として生まれた。両親は三〇年代に、日本で働いていた弟を頼って来日し、戦後は御嵩町の千歳炭鉱で炭鉱夫として働いていた。ところが岩田炭鉱で働いていた時、落盤事故があり命を落とした。表が小学校三年のときだった。母はおもちゃ工場で働き、幼い子どもたちを育てた。表は中学卒業後、愛知県豊明市の愛知朝鮮中高級学校に通い、卒業後は親戚のもとで土木の仕事を覚え、やがて御嵩町で独立した。水野夫婦と一緒に韓国に旅行したのをきっかけにハングル講座を始め、一週間に一回、夜集まっていた。

一二月二七日、七五人の署名簿を町議会に出した。表を代表者とする要望書にこうあった。

「産業廃棄物処理場の是非を問う住民投票について、私達在日外国人に対し、投票の資格を広げていただくよう要望致します。在日外国人でありますが、私達の多くは、日本で生まれ育った者であり日本人と何ら変わりなく暮らし、住民として義務を果たしています。私達の子孫もこの地で生まれ育ちます。御嵩町の将来を考えることは、日本人と同様です。しかしいま、同じ住民でありながら私達には意見を表す権利を持ちません。住民投票の投票資格者は公職選挙法によらず、自治体独自に決めることができます。しかし、現在提出されている条例案によると投票資格者を『御嵩町の選挙人名簿登録者』と限定しており私達には投票の資格がありません。臨時議会では条例案を変更し、私達にも投票の資格が与えられるよう配慮をお願い致します」

## 南北問題持ちだし「消極的」と柳川町長

一月七日、田中保が請求人となって提出した住民投票条例案が、柳川町長が賛同する意見書をつけて臨時議会に提出された。その議会で、表が出した要望書について質問したのが伊佐治恵一議員だった。伊佐治は元町役場の職員で、産廃問題では容認の立場である。

伊佐治議員はその日の中日新聞を紹介した。「柳川町長が、町民とは別の投票箱を用意して自主投票をしてもらう案を検討しているという新聞記事が載っている。投票条例制定を直接請求した町民グループの一部では、在日外国人の投票実現に前向きな姿勢もあった。しかし、地方参政権の獲得に反対する在日総連岐阜県本部から、住民投票参加に反対する声が伝えられたことから断念したと報道されている」

そして町長の真意を質した。

柳川町長は、在日外国人の気持ちはよくわかる、ジャーナリスト時代に朝鮮半島問題を担当し、北も南も多くの友人を持っていると前置きした上でこう述べた。「結論から申し上げて、私は消極的に考えています。理由の第一は南北の対応が違うということ。産廃問題の可否を決める住民投票にお隣の朝鮮半島の南北問題を持ち込む結果になりかねじ、やや焦点がぼける危険性がある。第二点は在日外国人の様々な権利を認めることは、時間をかけてしっかり議論し決めていく。短兵急に結論を出すことは極めて拙速すぎる」

これに共産党の木下四郎議員が反論した。「自治体の職員もいまは国籍条項という、外国の人であろうと、どこの人であろうと行政に携わることが言われている時代。南北問題は朝鮮の問題であって、御嵩町に長いこと、北と南のいろいろな思いがあって住む方々の意思は尊重すべきではないか」

この正論に、町長は再び南北問題を持ち出し、「そんなに単純な話ではございません」と言うと、住民投票は拘束力がないので、公職選挙法に準ずる形式にこだわりたいとした。

谷口議員もそれに加勢した。「投票資格者が条例の根幹部分をなす。もしこの根幹を議会で修正するなら、署名をやり直さなきゃならないことになる（中略）今回に限って言えば消極的です」

四団体に要請された住民は、産廃処理施設の設置の是非を問う住民投票の実現を求めて署名しており、投票権を日本国籍に限る条文に賛同したわけではないから、屁理屈にすぎなかった。だが、反論する者もなく、要望は消え去った。また、柳川町長が中日新聞に語った別枠での「自主投票」も、自ら封印してしまった。

## 直接請求運動へ

町長と議会の態度に失望した表と水野らは、知り合いの弁護士から直接請求で条例の改正案を出す方法について聞かされた。地方自治法は、条例の制定や改廃の場合、有権者の五〇分の一以上の署名を自治体の首長に提出すれば、議会で審議しなければならないと定めている。これなら議会は要望書のように粗末に扱うことはできないはずだ。そう考えた彼らは、日本人家庭を回り始めた。

その様子を趙錫仁が語る。「仕事が終わって日本人の町民を訪ねて署名を集めた。会った町民のほとんどが賛同してくれた。住民だったら当然だと意を強くした。『参加できて当然』という支援してくれる日本人住民の熱意に打たれ、自分も一緒にやろうと思った」

水野は少し上等の和紙の名簿用紙を買い、四月二三日から署名活動を始めた。みるみるうちに署名数が増え、四月時点で六〇〇人を超えた。町の有権者の五〇分の一である三〇三人の二倍である。

水野と表は四月二八日、「御嵩町に在住する外国人登録を行っている外国人で、告示日の前日で二〇歳以上の者で引き続き、三か月以上御嵩町に住所を有する者を投票資格者に含める」と記した住民投票条例の改正案と六五七人の署名簿を携えて役場を訪れ、助役に手渡した。

表が語る。「議会で議論してくれると思っていた。ところが、違ってたんだ」。地方自治法（七四条）は有権者の五〇分の一以上の署名による直接請求権を定めているが、直接請求には細かい規定があった。直接請求代表者の証明を町に申請し、町がそれを交付し、町長が告示。さらに町と選挙管理委員会に署名収集委任届けを町に届け出て初めて署名活動に入ることができる。彼らに助言した弁護士はこの手続きを知らなかった。

夫の孫と署名をした金泰玉はこう述べている。「ほとんどの町民から賛成の声を聞き、署名して回ったのに、正規の手続きができていないからと受け取ってもらえずがっかりした。署名を集める時の日本人の声は『なんで投票ができないの』『税金を払っているのに』という反応だったのに」。皆は言葉もでないほど落胆した。このままだと、御嵩町内に住む約四〇〇人の人権を損なうことになる。

しかし、気を取り直した。水野が代表者となり、署名活動を再度行うため、役場で一連の登録をすませたのは五月二日。住民投票が翌月に迫っていた。

水野夫妻は署名してくれた六五七人の自宅を再訪した。表らも夫妻に付き添った。やり直しとなった署名活動は、六日後の五月六日に四五一人になった。短期間なのに五〇分の一の一・五倍に当たる。八日に条例改正案と共に町に提出した。

## 柳川与党議員も投票権に反対

五月二六日、提出された住民投票条例の改正案を審議するための臨時議会が開かれた。傍聴席には、水野夫妻や表夫婦ら在日外国人の姿があった。しかし、まもなく彼らは期待を大きく裏切られることになる。

柳川町長の意見書が議員席に配られた。「1 （前略）時間をかけて十分な議論が必要で、今回は残念ながら議論をつくす時間がない。2 在日外国人の一部団体は、『住民投票に関与したくない』と、町に申し入れてきており、在日外国人間、あるいは座日外国人の間の対立につながりかねない問題を住民投票に持ち込みたくない。以上の理由により、今回の直接請求については、消極的に解するのが妥当と考えられる」

演壇で柳川町長がこれを紹介し、「直接請求による条例の改正案については消極的と解するのが妥当と判断しております」と述べた。これに対し、木下議員が異議を唱えた。地方参政権を在日外国人に認めよと訴えた訴訟で、最高裁が、訴えを棄却しながらも、憲法は地方参政権を禁止しておらず自治体の裁量権で認めることは可能との判断を下したことを紹介した。「町長は時間的に難しいと言っておられるが、戦後ずっと一貫して御嵩町で過酷な労働、状況の中でこられた方々には、町民の総意を決めていく参政権（投票権のこと）を与えるべきではないか」

柳川町長が言った。「住民投票というのはとかくいろんなことが言われております。例えば住民投票というのは法的拘束力がないから、これは世論調査みたいなもんだとか、あるいは某県知事のごとく、この世論調査というのは衆愚政治だとか。それだけに、今回は住民投票だから投票権をいいんじゃないかという議論にくみすることはできない。と申しますのは、住民投票は、私は重いものだと思っております。ですから、少なくともそういった形に今回はこだわりたい」

在日外国人の投票権を認めると、住民投票の重みが軽くなるというのだ。

渡辺公夫議員も町長に同調した。「小学校当時朝鮮学級があり、クラスにも朝鮮人と表現される、また認められる方々が多数おりました。子ども心でなぜなんだろうと思ったわけですが、根本的に考えてみると、いま、それが南北問題の始まりであったと理解しております。御嵩町の在日外国人の定義は、即座に在日韓国人、朝鮮人の問題であると解釈してしまうほどナイーブで、関係として密接な問題がある。したがって慎重に取り扱わなければならないというのが私の考えであり、多分、日本中の各地にお見えになる在日韓国人、朝鮮人、また外国人と称される方々、表現される方々とは趣が違う。事を急いて住民感情に対して、非常にマイナスに感情を与えてしまうんではないかというのが、いまの私の考え方です。いま、御嵩町では産廃問題であらゆる憶測が飛び交っておりますが、外国人問題の、特に朝鮮半島問題をクリアするためには、本来経なければいけない段階とはどうしても思えないものであります。将来、いまの子どもたちは不当な差別を受けない社会づくり、それにことを急いてはいけないと考えております。私は改正案には反対であります」

結局、条例改正案に賛成したのは少数派にとどまり、反対多数（谷口は退席）で改正案は葬り去られた。傍聴席にいた水野夫婦は「議会は住民投票の問題を国籍条項の撤廃にすり替えている。住民としての権利を求めているんだ」。表は「自分たちは住民じゃないのか。それなら何なんだ。これは人権侵害だ」と憤った。

署名運動をした在日の人たちはこう語る。

孫「住民投票は文字通り住民の投票であり、代表を選ぶ選挙と違う。同じ住民として参加できるのは当然ではないか。自分たちの住む御嵩町の地域の重要な問題なので、住民として意思表示したかった。もし住民投票に参加していたら、産廃処理施設建設に反対の意志を表明していた。町から『お前たちは住民じゃない』と言われたようで、町政への信頼感はなくなった。町長が（以前）提案した自主投票はよりひどい差別。朝鮮人だけ別に集めて投票させるなんて差別の上塗りである」

趙「日本人の住民から『税金を払っていないから住民投票できなくても当然だ』と言われたことが、自分の心の傷になっている。直接請求で、外国人は署名を集めることもできず残念だった。自分たちの問題を訴えることも手続きから排除されて、本当に差別が根強いと感じた。選挙とは違う住民投票に、御嵩町に生まれ育った住民であれば参加できるのは当然だ」

朴和子（表の妻）「住民投票から排除されたことは言葉に言い表せないほどショックを受けた。私たちは住民でないとしたらどこの何でしょうか。議会での町長の発言は言いがかりのようなもので、本音は韓国人が嫌だからだと思う。色々な理由を述べているが、後からとってつけたもののように感じる」（同陳述書より）

### 不可解な町長の説明

ところで、柳川町長が消極的になった大きな理由としてあげた朝鮮総連からの「申し入れ」とは何なのか。表が朝鮮総連傘下の知人に聞くと、「総連は民団の参政権の要求には反対しているが、それ以外の住民投票への反対を組織として何も決定していない」。そこで町役場と町議会に朝鮮総連が出した要望書等を情報公開請求した。やがて四通が開示された。

九六年四月の「要望書」は、地方自治体に要望している地方参政権の付与について出されたもので、「『国際化』の名のもとに国と民族の立場をあいまいにし、在日同胞の権利保障の根本的な解決の道を閉ざすことになります」。同年五月の「『定住外国人の地方参政権』に反対する陳情書」は、「一部の在日同胞が要求している『地方参政権』は、在日同胞全体の意見を代弁するものではなく、多くの問題点を含んでいます。私たちは、いまだ朝・日国交正常化がなされておらず、主権国家の在外公民たる在日同胞の法的地位と正当な権利が保障されていない状況のもとで、『地方参政権』を望むものではありません」。九七年二月の「『定住外国人の地方参政権』問題に慎重に対処することを求める要請」は、「日本の政治の中で同胞社会に混乱と複雑さを巻き起こし、日本の内政に干渉する事態を招く恐れが生まれます」と、地方参政権の賛成決議や意見書採択を行わないよう求めている。

つまり、朝鮮総連が反対しているのは自治体の長や議員を選ぶ「地方参政権」で、住民投票ではなかったのである。

先の臨時議会で伊佐治恵一議員はこう質した。「(町長の)意見書の中に、『在日外国人の一部団体は住民投票に関与しない』との意見が記されていますが、町長は五月八日に朝鮮総連の中濃執行委員長である除(和浩)さんを招かれてお話をされたと思います。八日は、この住民投票の直接請求が出された日。委員長とどのような内容の会談をされたのか」

柳川町長「請願が出されたときに先方の方から私のところにおいでになり、『こういった住民投票には関与したくないんだ』と。その理由を申されました。今回、住民投票の直接請求が行われたので、助役に『前回こういう申し出があったけれども、その後も変更はないのか』と確認に行ってもらいました。その結果、先方から『希望、要望を申し上げたい』と来られた。こういう経過でございます」

中日新聞の五月二一日付朝刊記事は、表らの直接請求を伝え、それに朝鮮総連の除和浩中濃支部常任委員長の談話が添えられ、「『町を二分する問題に参加して、町民感情を刺激したくない』と住民投票への参加を求めていない」とある。自分たちは表らのような要求はしないと言っているにすぎないのである。いったん、四団体の了解を得た田中保だったが、その後、見直しはされないことになった。この転換に何があったのか。田中が振り返る。「その後、みたけ未来21など団体のメンバーから従来通り公職選挙法でやる、在日外国人を入れると焦点がぼけるとの強い意見が出て、見直しをしないことになったのです」

## 朝鮮総連「住民投票への参加に反対していない」

不可解なのは、町長は南北対立と言いながら、民団に話を聞くことすらしていない。伊佐治議員からそのことを質された柳川町長は、「どこにどういう組織があるか、全部私ども把握しておりません」と逃げた。

私は要望書や陳情書を出した岐阜市にある朝鮮総連岐阜県本部の常任委員会に尋ねたが、当時のことはわからず、方針はみな本部で決められているとのことだった。

在日外国人への投票権を認めて住民投票を実施したのは滋賀県米原町（現米原市）が第一号である。二〇〇二年に町村合併について行われたこの住民投票は、町内の住民だけでなく全国から注目を浴び、住民自治や民主主義の観点から高い評価を得た。それをきっかけに在日外国人に投票権を認めた住民投票条例が続々と誕生し、いまでは数百に及ぶが、朝鮮総連が反対したという事実を見つけることはできなかった。

朝鮮総連本部（東京）に見解を求めた。権利福祉局の幹部が言う。「地方参政権には反対してきましたが、住民投票には公式見解がないというのが従来からの立場です。だから住民投票で投票権を付与することに反対したことはありません。在日外国人はその地域に住む住民であり、住民としての権利が損なわれることに反対の立場ですが、地域の実情や特徴が違い、センシティブな部分もあります。投票権をもとめて住民が運動しているからといって、それに反対するようなことはありません」

御嵩町の件は記録が残っていないのでよくわからないが、徐委員長の「関与したくない」というのは、投票権を要求するようなことはしないという意味で、それに反対するという意味ではないだろうとの見解を示した。これらのことから、柳川が町議会で示した在日外国人に投票権を与えない理由は、ほぼ根拠がないといってよかろう。

反対に朝鮮総連が住民投票への参加を歓迎した話は幾つもある。米原町の住民投票では、朝鮮総連滋賀県本部の金永守副委員長が「住民投票は外国人の地方参政権と別物」とし、「地域社会の一住民として意思表示することは賛成」と述べている（京都新聞四月一日朝刊）。「朝鮮総連大阪府本部は『住民投票に限って言えば、地域住民としての意見を反映できる』と前向きに評価する」（朝日新聞同）。

元滋賀県職員の村西俊雄町長が朝日新聞に寄稿し、その意義を述べている。「地方知事法第一〇条の住民の意義及び権利義務などによると、市町村に住所を有する住民は、国籍を問わず、その市町村から等しくサービスを受ける権利を有するとともに、税、負担金、保険料などの負担の義務を負うとなっている。つまり、住民としての基本的な権利義務は日本国民にも外国人にも認められている。合併問題は全住民にかかわる重要な問題だから、永住外国人への投票資格の付与は当然のことと考える」（朝日新聞『私の視点』二〇〇二年二月七日朝刊）。

人口一万二〇〇〇人の小さな町の大きな一歩だった。これをきっかけに住民投票の投票資格者に在日外国人を加える条例が全国に広がっていく。

## 住民投票の意味とは

表の自宅に、嫌がらせのはがきが何通か舞い込んでいた。その一通にこうあった。「近頃、韓国人は思いあがり、『マイアガッテ』いませんか。『韓国人』の『政治団体』が産廃場の雇用をめぐり、御嵩町の柳川町長に不当な圧力をかけたことも日本人はみな知っている。日本人は『韓国』の『韓』という字を見ても、ジンマシンが出るほどだ。このまま『韓国人』で『自己』を『主張』すれば、『ロス暴動』が日本でも起きないか心配です。日本人はおとなしいが、一度怒ると手がつけられませんよ」

　私は、御嵩町に限らず、市民団体による住民投票運動を幾つも取材している。愛知県の万国博覧会、神戸空港建設、東京都小平市の雑木林伐採――。これら市民団体がつくった住民投票条例はいずれも在日外国人の投票権を認めている。その理由について彼らは口をそろえた。「住民投票とはその地域に住む人たちが重要な問題について意見を表明するためのもので、在日外国人にも投票権が認められるのは当たり前でしょう」

　この問題は、小平市の雑木林を伐採、都道382号を通すことの是非を問うた住民投票にかかわった哲学者、國分功一郎の言葉につきる。

「住民とはそこに住んでいる人のことを言う。そして住民投票で問われるのは、資格があろうとなかろうと、そこに住んでいる人にかかわる問題である。その意味で『住民投票』とは実にすぐれた名称である。住民投票はその名の通り、住民が投票する制度なのであり、住民である者が排除されてはならない」（『来るべき民主主義　小平市都道328号線と近代政治哲学の諸問題』幻冬舎、二〇一三）

**裁判で町と争う**

　住民投票に参加できなかった表らの落胆は大きかった。しかし、これで終わる気はさらさらなかった。水野と表らは裁判で争う道を選んだ。

　九七年七月、表夫婦、孫夫婦、趙ら九人は、「国籍差別で表現の自由を阻害され、精神的苦痛を受けた」として、御嵩町を相手取り、損害賠償を求める訴訟を岐阜地方裁判所に起こした。住民投票に参加させなかった町の行為は、憲法二一条の表現の自由の侵害であり、外国人という社会的身分や門地によって差別して意見表明の機会を与えないから基本的人権を保障した憲法一四条に違反するとしていた。町は「原告の請求は理由がない」と棄却を求めた。町が頼ったのが、九五年二月の最高裁判所の判決。在日韓国人が大阪市の選挙管理委員会に選挙名簿の登録を求めたが、市が却下したため、取り消しを求めて大阪地裁に提訴し、争っていた。

最高裁は、次のような理屈で原告の訴えを退けた。「憲法上『住民』は自治体に住む日本国民を意味するから、憲法で定めた地方選挙について在日外国人に選挙権を保障したものとはいえない。しかし、憲法は地方自治の重要性から、住民の日常生活に密接な関連をしたことは、住民の意思に基づき自治体が行うことを保障したものだ。だから、自治体と緊密な関係を持っている場合は、法律で地方参政権を付与することは憲法上禁止されていない。ただ、付与するかどうかは国の立法政策にかかわる事柄だから、付与しないといって違憲とはいえない」

御嵩町は「住民投票で投票できなくても、自由に産廃施設の建設の是非を論じることができたから、表現の自由を制約していない」と述べ、この判決を使って「外国人に投票権を認めるかどうかは議会の立方政策上の問題。認めるかどうかは議会の裁量に任されている」と主張した。

原告側は「意見表明の自由は民主主義社会の基盤をなす基本的人権。意見表明の機会や方法の平等は最大限保障されなければならない。条例は原告らの意見表明の機会を奪った」「産廃施設の設置は、御嵩町住民の日常生活に密接な関連がある。条例は、産廃施設の設置に対して町の意思決定をする際に住民の意見を問い、その結果を斟酌して町の公共的事務の処理に反映させようと制定されたものだから、投票資格を日本国民と外国人を区別する合理性はない」「原告らは外国人に投票権を付与するよう要望書を提出したにもかかわらず、議会で十分な議論をしなかった」と反論した。

岐阜地裁は翌九八年六月、原告の訴えを棄却した。▽住民投票について投票権を認めた根拠規定が憲法になく、住民投票は御嵩町の政策によるものにすぎず、憲法二一条に違反するといえない▽憲法一四条の平等原則は外国人にも保障が及ぶが、その取り扱いに区別を設けることは、合理性のある限り、憲法違反とはいえないなどとした。そして、原告らが長く御嵩町に住み、産廃問題に重大な関心を持つことから、投票権を付与すべきだという考え方に合理性はあるが、投票の実施は町の政策に基づくもので町の裁量の逸脱、濫用があったとは認められないとした。

表ら原告は控訴し、名古屋高裁でも争ったが、〇二年二月に棄却。上告し争ったが、同年九月最高裁は棄却の判断を下した。法廷では水野夫婦と朴和子、そして柳川町長が、ごく短い判決文の朗読を黙って聞いていた。

## 田中教授を招いた勉強会

最高裁の判例から、原告勝訴の確率は低かったと言ってよいが、在日の彼らが立ち上がったのは、差別は許されないという信念があったからだ。その彼らを水野夫婦は献身的に支えた。水野らは「共に生きる住民の会」を結成し、在日外国人の人権回復に取り組む田中宏一橋大学教授を招いて勉強会を定期的に開き、住民投票条例に取り組む町や住民との交流を続けた。

田中は御嵩町で開かれた初めての勉強会でこう述べた。「表さんや水野さんは、そんな意識はないかもしれませんが、この御嵩町で住民とは何かという声が上がったのは、起こるべくして起きたと見ていいでしょう」。田中が根拠にしたのが、御嵩町の在日外国人の数の多さだった。四一一人の数字は町の人口の二・〇%。同じ産業廃棄物処理施設の建設をめぐって住民投票が行われた宮崎県小林市が〇・一%、岡山県吉永町が〇・八%、宮城県白石市が〇・二%、千葉県海上町が〇・九%だから、御嵩町がダントツに多い。在日の人たちが声を上げるのは当然ではないかというのだ。

田中はアジア学生文化会館の職員をへて大学教員になった人で、私も田中が愛知県立大学教授だったころに何回か会っている。すでに在日外国人の人権回復のために行動する学者として知られていたが、謙虚で、その語り口はもの静かだった。田中がこの問題に関わることになったのは、チュア・スイリンという千葉大学の留学生が、シンガポールを併合したマレーシア政府から本国送還の要請を受けて日本政府が奨学金を打ち切り、千葉大学が除籍処分する事件が起きたのがきっかけだった。スイリンの先輩で文化会館の在館生だった留学生から、「大学の自治はどこにあるのですか」と突きつけられた田中は、返答ができず、この問題に足を踏み入れることになった。

留学生が行った文部省の処分の取り消し訴訟で、田中は原告補佐人となり支援を続け、四年の裁判闘争ののち勝訴した。学生たちから抗議を受けた大学も再入学を認めた。それを記録映像作家の土本典昭がドキュメンタリー『留学生チュア・スイリン』を制作した。のちに土本の仕事場を訪ねた私に土本は、このドキュメンタリーについて語ったことがあった。水俣病患者をめぐる一連の映画で知られる監督の原点は、差別を許さないという一点にある。民主主義を掲げて住民投票を行うはずの御嵩町には、この民主主義の原点が欠けているのではないか。

## 共鳴してくれる人たちがいた

水野らは米原町の住民投票の後、田中を御嵩町に招いて講演会を開いた。田中が在日外国人に門戸を開いた米原町の住民投票を評価し、これが大きな流れになろうとしていること、そして裁判などを通して人権の回復を求めてきた多くの在日外国人のことを語った。

米原町で行われた住民投票の当日、表夫婦と水野夫婦の四人は町役場に駆けつけた。表は村西町長に花束を贈り、「われわれの思いが米原町に届きました」と感謝の言葉を述べた。水野が町長をねぎらうと、町長は「理解を得るために、議員たちの説得を随分したんですよ」と苦労の一端を語った。

なぜ、この運動を続けてきたのか。私の問いに、水野美子が言った。「夫の母が差別を絶対しない人だったのです。夫は小さい頃から友だちになった在日の子としょっちゅう自宅で遊んでいた。義母は分け隔てなくつきあう人で、在日の人々から尊敬されていました。表さんが、水野さんの家でご飯をごちそうになったと両親に言うと、『在日に食べさせてくれるような日本人がいるわけがない』と信じようとしなかったと聞きました。私が嫁いでくると、自宅に在日の人たちがいつも出入りし、付き合いを続けてきたんです」。在日の人たちは、まるで空気のような存在なのだ。

裁判で敗訴したとはいえ、この運動は、時代の風を受けて人々を勇気づけ、米原町はじめ多くの自治体の住民投票条例の制定に少なからず影響を与えていった。

水野準之助は在日の友人たちに勧められ、思い切って町議会選挙に出馬したことがある。毎日、二〇人ほど在日の人たちがお酒や手作りの料理を持って自宅を訪ねてきた。「まるで宴会のようだった」と水野は振り返る。「誰かが『ここにいる人で選挙権のある人は手を挙げて』と言ったら、二人しかおらず、大笑いになった。でも彼らは熱心に日本人に働きかけてくれた」

訪ねてきた地元の有力者が「地区推薦の候補者の応援をやめ、あんたに切り替えてやるよ」と言ってきたが、水野は「その候補者に悪いから結構です」と断った。それに伴う制約を受けたくなかったし、せっかく決まった候補者にも悪いからだったという。

結局、選挙では三票足りず、次点で涙をのんだ。しかし、水野夫妻はすがすがしい気持ちだったという。「私たちの考えに共鳴してくれる人たちがこれだけいたんだ。孤立しているわけではないんだとわかったから」

その日、薫風が御嵩町に吹いた。

# 第八章　豊島と御嵩の交錯

## 豊島と御嵩

産業廃棄物の巨大不法投棄事件で知られる香川県土庄町《とのしょうちょう》の豊島《てしま》は、人口約八〇〇人、約一四平方キロメートルの小さな島だ。小豆島の西三・七キロの位置にあり、小豆島、高松とフェリーで結ばれている。島の真ん中に壇山があり、そこから海に向かうなだらかな丘陵地と海岸沿いに人々が暮らす。社会運動家の賀川豊彦が、乳児院と農民福音学校を設立したことでも知られ、人々は漁業と農業で生計を立てながら平穏な暮らしを営んでいた。しかし、それは巨大産廃の島となって住民を苦しめ、住民の廃棄物撤去の闘いは国の廃棄物政策に大きな反省と見直しを求めることになった。

一九七八年から始まった不法投棄は、九〇年に兵庫県警が摘発した時、五六万トンに膨れ上がっていた。産業廃棄物はその後の住民の起こした公害調停で撤去、処理することが決まり、二〇一七年に処理が終了した。撤去・処理された廃棄物と汚染土壌は九二万トンにのぼる。

御嵩町の柳川町長は、寿和工業の処理場計画を論評する時、この豊島の不法投棄を引き、豊島の二の舞になることの恐ろしさを町民に訴えた。しかし、豊島は収集運搬と中間処理（汚泥などの処理）

の許可しかない豊島総合観光開発が、自分の敷地内に大量の有害産廃を埋め立てたという不法投棄事件であり、経営者の松浦庄助は傷害罪などで前歴一一回という、産廃処理などできる人物ではない。寿和工業は全国で五本の指に入るといわれる最終処分業者で、管理型最終処分場の顧客の多くは大企業であった。清水会長は、全国産業廃棄物連合会の常任理事も務め、岐阜県の処理業団体の理事長でもある。前歴一一回の乱暴者の社長で逮捕された松浦庄助とは比べようもない。

しかし、豊島の住民たちが公害調停で合意に向け運動がピークを迎えていた時期と、御嵩町で住民投票に向け盛り上がっていく時期とがぴったり重なっていた。御嵩町に廃棄物対策豊島住民会議のメンバーが講演に呼ばれたり、反対に柳川町長と反対派町議らが住民投票直前に豊島を視察したりした。また、住民会議が提起した公害調停の弁護団長であり〝平成の鬼平〟と呼ばれた中坊公平弁護士が御嵩町に応援に駆けつけた。

しかし、この不法投棄現場を見て不法投棄の恐ろしさを知ることはできても、最終処分場自体が危険だということにはならない。むしろ、こうしたことが起きないようにするには、排出者責任の強化とともにまっとうな処理施設が必要だということになるのではないか。

そもそも豊島総合観光開発は、ミミズの養殖に使う土壌改良材を造るために、汚泥と木くず、家畜糞尿に限定した許可を香川県から得ていた。小型焼却炉とミミズの養殖場を持ってはいたが、最終処分場は保有していなかった。ところが、許可外の廃油や車のシュレッダーダストなどの有害産廃を大量に引き受け、野焼きしては敷地に埋めていた。当初から法律を守る気はさらさらなく、不法投棄を前提に事業を始めたような業者である。御嵩町で処理施設を計画した寿和工業とは比較にならない。ところが、御嵩では、御嵩町に処分場ができたら豊島のようになりかねないというイメージがふりまかれた。柳川町長は後に町議会で、豊島の不法投棄産廃を隣の直島で無害化処理していることについて、処理施設が設置されている三菱マテリアルの資質が悪いと述べ、産廃処理施設を受け入れた首長を指して「とろい町長」と酷評している。豊島の不法投棄産廃の処理を受け入れた直島町の町長は「とろい町長」なのだろうか。

## 撤去後も地下水の浄化が続く

二〇一九年秋、私は香川県の高松港から高速船で豊島に向かった。約四〇分で家浦港に着いた私を待っていたのが、住民会議の石井亨だった。

長く住民会議の事務局を担い、廃棄物の撤去と処理に尽力した人だ。住民に推され、一九九九年に県議選に出馬して当選。二期続けて落選した後、〇九年に仲間と会社を設立し、高松市で無農薬野菜を販売する八百屋と食堂を開いた。ソーシャルワーカーなどをへて二〇一七年に母と豊島に戻った。現在の肩書は「てしまびと編集委員会代表」。島民の聞き書きに取り組んでいる。

住民会議は三つの自治会からなり、理事会と総会で物事を決めてきた。産廃の撤去を巡り、原因企業の豊島総合観光開発と香川県、排出事業者らを相手に公害調停を闘い、撤去を勝ち取った。投棄現場の土地を観光開発から手に入れ、管理している。長く住民会議の活動の中心にあった石井と安岐正

豊島の不法投棄跡地。産廃は撤去され、水処理が続いている

三の二人が、見学者を案内している。この日の参加者は私と高松から来た女性の二人だった。

ワゴン車で家浦港から島の南西にある不法投棄現場に向かった。がたがた道を、山をかきわけるように進むと、目の前に海があった海岸線の手前の広大な空き地が広がっている。二台のユンボが動き、空き地の脇に建物とタンクがある。

石井が言う。「不法投棄された廃棄物と土壌の九二万トンは撤去され、処理が終わりましたが、汚染された地下水の処理が残っています。この施設で地下水をくみ上げて処理しているのですが、いつ終了するのか確定していません」

「豊島のこころ資料館」の壁に人の名前がびっしり書かれた大きな紙が掲げてあった。名前の横に死去を示す黒紙が張りつけてある。石井が「これは公害調停を申請した五四九人の名前なんです。多くの方がこれまでに亡くなっています」と説明した。

## 中坊を頼り、公害調停の道を選ぶ

一九九三年一一月、島の世帯の八割を超える住民が、香川県の知事と職員二人、豊島総合観光開発の役員三人、処理を委託した排出事業者二一社、二二人に廃棄物の撤去と二億二〇〇〇万円の損害賠償を求めて県に申請した。それを受け、国の公害等調整委員会（以下公調委）で調停されることになった。裁判なら判決で白黒をはっきりさせられるが、原告側が被害の事実を立証せねばならない。一方公調委は自ら調査することもでき、それをもとに双方の間に立って適正な方向に導くことが可能だ。

住民の願いを受け代理人を引き受けたのが、弁護士の中坊公平だった。中坊は裁判でなく公害調停の道を選んだ。「裁判の道を選んでいたら、処理法は自治体が間違ったことをしないことが前提だし、欧米では現地での封じ込め対策が常識だから、量撤去は難しかっただろう」と県ＯＢは語る。

公平は京都市で弁護士業を営む父忠治の次男として生まれた。京都大学を卒業後、司法試験に合格し、大阪の弁護士事務所を経て、一九五九年に独立した。彼の名前が知られるようになったのは森永ヒ素ミルク事件である。森永乳業徳島工場で人工粉乳の製造中にヒ素が混入し、死者一三〇人、被害者一万二〇〇〇人を出し、国内最大の食品公害事件となった。同社が賠償金を払い、決着した形になっていたが、七〇年代になっててんかんや知的障害、身体障害に悩む患者の子どもたちの親たちが立ち上がった。中坊は弁護団の団長として同社と国に迫り、救済措置がとられる原動力となった。

八〇年代にはお年寄りたちから巨額の金を巻き上げた金のペーパー商法で知られる豊田商事事件の

破産管財人に就任し、元社員らに不当利得返還請求訴訟を起こし、豊田商事が国に納めた社員の源泉徴収分を国から取り戻して被害者に返還した。「けんか上手」で弱い者の味方として名をはせた中坊を頼ったのが、豊島の住民たちだった。

## 公調委の議論と時代の風

兵庫県警は、九一年一月に廃棄物処理法違反（不法投棄）容疑で松浦を逮捕、同年七月に神戸地方裁判所姫路支部は豊島総合観光開発に罰金五〇万円、松浦に懲役一〇月（執行猶予五年）の判決を下した。その後、香川県に撤去の措置命令を受けた豊島観光開発は、汚泥の入ったドラム缶一四四〇本、廃油二〇〇本を撤去したが、肝心のシュレッダーダスト一四万トンと製紙汚泥一万トンが残っていた。命令を守らないとして県から告発されたが、土庄簡易裁判所が同社と社長に命じた罰金はそれぞれ五〇万円。改めて廃棄物処理法の欠陥を世にさらすこととなった。

それにしても、なぜ被害が拡大したのか。

一九七五年暮れ、豊島総合観光開発は、香川県に有害産廃をコンクリート詰めにして海洋に投棄する計画を提出したが、当初は、住民の強い反対があることから、「地元住民の了解を取らないとダメだ」と突っぱねていた。

しかし、松浦は業の許可申請書を県に提出し、住民らが建設差し止め請求を高松地裁に行うと、ミミズによる土壌改良材の処分業に変更し、申請し直した。結局、県は七八年に汚泥など品目を限定して業の許可を与える。元県幹部は「廃棄物処理法による羈束裁量行為（法律の基準で裁量の行為が縛られること）によって、公害を出す疑いだけでは不許可にできなかった」と釈明する。

こうして豊島でミミズの事業が始まるが、まもなくミミズの養殖ブームが去ると、同社はシュレッダーダストなどの有害廃棄物を近隣県の工場から大量に受け入れるようになった。石井は「野焼きで多くの住民がぜんそくになり、専務に暴行を受けたり、脅かされたりした」と語る。住民の苦情による県の立ち入り調査は七八年度に一六回、七九年度に一三回など九〇年度までに計一一八回行われた。県の指導票を見ると、ミミズの養殖場の適正管理、製紙汚泥の場外保管、シュレッダーダストの野焼き中止、焼却灰の埋め立て禁止が書かれているが、それ以上の強い措置はとられず、松浦は増長した。

当時の県環境自然保護課の課長補佐は、兵庫県警の取り調べにこう供述している。「松浦さんにあまり深入りしないほうがよいとの気持ちも多分にありました。傷害事件を起こしていると聞いており、気の短い乱暴な男で、機嫌を損なえば何をするかわからない人との印象が非常に強かったのです。シュレッダーダストを野焼きしているのを何回も現認していながら、強い指導ができず、立ち入りは形式的になりがちだったことも事実です」

兵庫県などの工場からシュレッダーダストを引き受ける際、松浦は、実際には一トン当たり一七〇〇円の処理料金なのに、三〇〇円で買ったことにし、運搬費として二〇〇〇円徴収する偽の契約書をつくり、有価物と見せかけていた。

県も有価物と認めていた。住民会議からの公開質問書にこう回答している。「廃棄物の定義は、厚生省の通知によれば『占有者が自ら利用し、又は他人に有償で売却することができないために不要になったものをいい、該当するか否かは、占有者の意思、その性状等を総合的に勘案すべきものであって、排出時点で客観的に廃棄物と観念できるものではないこと』。現状ではシュレッダーかす等を原料として購入し、この中から有価金属を回収して販売する回収業が行われているため、産廃処理業の対象とならない」

この判断のために、県警は不法投棄の八割以上を占めるシュレッダーダストの違法性を問えず、幾つもの工場が罪を逃れた。信頼を失った県に調査を任せてはおけないと、国が二億三五〇〇万円を出して実態調査を行うことになった。その結果が九五年一〇月に公表された。産廃汚泥から最大で一グラム当たり三九ナノグラム（現在の土壌環境基準の最大三万九〇〇〇倍）を記録したのを始め、PCB（ポリ塩化ビフェニル）、鉛、水銀などが軒並み環境基準を超え、総量を五一万トンと推定していた。「有害廃棄物は撤去され、残りは一四、五万トン」という県の見解を覆した。

同時に公調委は七つの解決策を示した。▽豊島で無害化し、島外の管理型処分場で処分▽島外で処理・処分▽島外でそのまま遮断型処分場で処分▽豊島で処理し、現地を管理型処分場にして処分▽島外で処理し、豊島の現地を管理型処分場にして処分▽現場に遮断型処分場造り埋める▽現状のままコンクリート壁で囲み封じ込める、という内容で、県は七つ目の現地封じ込め案を唱えた。無害化処理し島外の処分場で処分する方式に比べ、費用は二分の一から三分の一に抑えられることと、調停で「県は主体となって廃棄物を撤去する法的責任がない」と主張していたからだった。

一方住民会議は全面撤去を求め、隔たりは大きかった。資力のない原因企業に代わって自治体が処理費を肩代わりするといっても処理費は税金である。撤去を求める住民の気持ちはわかっても、そう簡単に結論は出ない。

しかし、住民会議の人々には追い風が吹いていた。当時は自民党、社会党、新党さきがけによる「自社さ政権」で、環境問題に理解がある橋本龍太郎首相と、環境を旗印にする新党さきがけが政権を握っており、巨額の調査費を政府が出したのも、処理費の一部を国が負担すると約束したのも、社会に新しい風が吹いていたからだ。

九六年夏、薬害エイズ問題で脚光を浴びた菅直人大臣が私的な視察の形で豊島を訪れた。住民から要求を受けないという約束を破ったと、菅に訴えた石井を怒鳴りつけたが、官僚の派遣を約束した。その命を受け、仁井正夫産業廃棄物対策室長ら三人が豊島を視察し、安岐登志一住民会議議長の話に耳を傾けた。住民から早期決着を求められ、室長が「調停中なので発言を控えたい」と言うと、住民会議の安岐正三が「答えられないなら厚生省へ帰って態度で示してくれ。島で見とるで」と言った。仁井が振り返る。「最初は局長を島に呼べという要求だったが、私が行くことになった。当時県は態度を決めていなかったが、大きな社会問題となって現地処理に落ち着く状況ではなかった。しかし、現地を見てこれだけのボリュームの廃棄物を動かすというのは信じがたいとも感じた」

その秋、住民らは東京・銀座の数寄屋橋公園に不法投棄現場から掘り出した廃プラやタイヤを持ち込み、デモ行進して市民に訴えた。住民会議の石井は「『元の島を返せ・東京キャラバン』と書いた横断幕を掲げたバスにデモ隊四二人が乗り込み東京に向かいました。バスには胃がんの手術から間もない安岐議長も乗り込みましたが、途中食べた弁当の中身を全部吐き、水も飲めない状態になりました。それでもデモ行進に参加したんです」と話す。

中坊は公害調停での県との交渉だけでなく、こうした県民や国民に訴えることを住民会議に求め、石井たちも従った。こうした運動があってこそ国や県を動かすことを中坊は知っていた。

その三週間後、橋本総理が総選挙で香川県の自民党候補の応援演説をした際、「県が一生懸命している努力に、国は地方財政措置できちんと対応していく」と国の支援を表明した。

これを契機に県は、豊島で中間処理（無害化）した後島外撤去する一案の具体策を検討し始め、翌九七年七月に公調委で住民会議と中間合意した。「県は廃棄物の認定を誤り、処理業者に対する適切な指導監督を怠った結果、処分地について深刻な事態を招いたことを認め遺憾の意を表す」とし、溶融処理し、副産物の再生利用を図り、跡地を元の状態に戻すとした。住民からは、謝罪や住民被害の記述がないことに不満が出た。私はその少し前、豊島で住民会議の集会を取材したことがあったが、小学校の体育館で中坊が、泣きながら「不満だが受諾するしかない」と訴えていたことを思い出す。

## 御嵩との接点

こうして名前を知られた豊島に、廃棄物問題を抱える全国各地の市民団体や自治体関係者などが訪れるようになった。御嵩町もその一つだった。

住民会議と御嵩町との接点は、住民投票を行うことが決まったころ、「みたけ産廃を考える会」が豊島住民会議の石井を招いて勉強会を開いたことだった。一〇〇人の住民を前に、石井は豊島産廃問題のビデオを見せ、「豊島は不法投棄、御嵩は合法的に進められようとしている」と違いを指摘した上で「本当の相手は、処理業者ではなく、委託する排出企業だ。でもその相手が見えないという点では同じだ。問われているのはこの町をどうしたいのかだ。地域の人たちで議論してほしい」などと語った（一九九七年二月一九日付朝日新聞など）。

その日、石井は柳川町長に会う機会があり、豊島を見に来てほしいと要請した。中坊が会いたがっているという。こうして柳川の豊島行きが実現した。五月五日午前零時にチャーターしたバスに乗り込んだ。バスは産廃反対派の町議や市民らでいっぱいだった。私はその日、豊島でバスを待ち受けた。安岐正三らの案内で、一行は不法投棄現場を見て歩いた。私もあとを追った。ボーリングの穴から堆積したシュレッダーダストが見え、異臭を放っている。「すごいね、これは」と柳川が漏らした。

この後、豊島小学校で交流集会があり、約五〇〇人の住民の前で、中坊と柳川の対談が始まった。

柳川「近く住民投票を実施するが、民意に従いたい。疑問と懸念が解消しない限り、計画に同意できない」

中坊「御嵩町は合法、豊島は不法投棄と言われるが、豊島も合法の名のもとに出発し、結果的に犯罪が行われた。県は『自分たちのしたことは間違いない。法律が悪い』と言い続けた。豊島の人は県民ではないのか」

柳川「行政も住民も『臭いものに蓋』できた。ごみを真正面に見据えないととんでもないことになる」

中坊「団結、連帯が大事。御嵩町と豊島が一緒になることが集会の最大の効果だ」

柳川「お互いに情報があってこそ、連帯も成立する」（同五月六日付朝日新聞）

こうしてお互いの団結と連帯を確認した。住民投票の一週間前、中坊と石井は御嵩町を訪ねた。産廃反対派が向陽中学校で開いた集会には約四五〇人の住民が参加し、中坊の講演の後、柳川町長もパネリストとして中坊らと意見交換した。中坊は「われわれがいま立ち上がらなければ、だれも動かない。住民投票では、ただ勝つのではなく圧倒的な勝利を」とエールを送った（同六月一六日付夕刊岐阜新聞など）。

こうした外からの援軍も得て、住民投票は高い投票率と圧倒的な産廃NO！をもたらした。

しかし――。

## 中坊特別顧問の要請で調査団派遣

柳川町長と中坊弁護士とのかかわりはそれで終わったわけではなかった。中坊は豊島の公害調停で県と最終合意する三か月前の二〇〇〇年三月、小渕恵三首相に請われて内閣特別顧問に就任した。中坊は、バブル崩壊で巨額の不良債権を抱えた住宅ローン専門のノンバンク住宅金融専門会社（通称・住専）問題にかかわり、九六年に住宅金融債権管理機構社長に就任、その三年後にはそれを統合した整理回収機構の社長として、不良債権の回収に辣腕を振るっていた。

それに小渕が目をとめた。特別顧問の初仕事として中坊が選んだのが御嵩問題だった。たまたまそのころ柳川は、盗聴事件の被害者として盗聴犯たちに損害賠償を求めて民事訴訟を起こしており、自分で書いた訴状を中坊に送っていた。それが中坊の目にとまったのだ。

中坊から御嵩問題の資料を送ってほしいと頼まれ、柳川が送ると、中坊は小渕首相に直談判し、厚生、環境の両省庁による調査団を御嵩町に派遣することが決まった。ごみ問題の裏には闇の勢力の暴力があり、国が調査に乗り出す必要があるという。私はそのころ環境庁の記者クラブで取材キャップをしており、彼らの視察につきあうことにした。しかし、彼らの反応は最初からすこぶる否定的だった。三月七日、御嵩町で待ちかまえていると、知り合いの官僚が愚痴った。「何が目的の調査なのかわからない。忙しい時期にこんな仕事を命じられて迷惑だ」

町長は現地を案内し、「疑問と懸念」であげた問題点を訴えた。しかし、私が知る限り、町長の説明に同意した官僚はいなかった。調査団が霞が関に戻ると、ある官僚が言った。「これから廃棄物処理法の改正で国会審議が始まる。調査団どころじゃない」

そのわずか一か月後、小渕首相が脳梗塞で倒れて入院した。まもなく帰らぬ人となると、中坊も特別顧問をやめ、政府調査団の話も立ち消えとなった。

中坊は再び住専の後始末に専念することになるが、意外な結末が待っていた。住専七社の不良債権を回収するのが中坊の仕事だったのだが、二〇〇二年一〇月、中坊は朝日住建の元監査役から東京地検特捜部に詐欺罪で告発された。中坊が社長を務める機構が別の債権者を騙して住専の回収額を増やし、不当な利益を得ていたというのが理由だった。これを受けて中坊は一〇月一〇日に緊急の記者会見を開き、弁護士の廃業を表明した。「他の債権者の信頼に反する行き過ぎた行為があった」とし、「断腸の思いで四六年間にわたった弁護士資格を返上することを決意した」と述べた。その一週間後、特捜部は中坊を起訴猶予処分にした。首を差し出して逮捕を免れたということであろうか。

機構の社長を辞任し、弁護士を廃業してからの中坊の最後は寂しいものだった。二〇〇七年になると、中坊は再び大阪弁護士会に弁護士登録の請求を行ったが、それがまた批判を受けると取り下げ、五年後の二〇一三年に亡くなった。

## 直島での処理と町長を批判した御嵩町長

豊島事件で中坊は正義を代表する人で、対立する県と国は悪といった構図をもとに語られることが多い。二〇〇五年六月の町議会で、柳川は豊島の産廃を隣の直島で処理する事業についてこんな評価を下している。

「私も双方（豊島と直島）とも現場へ行って参りました。直島がなぜ引き受けたのか。議員の見解によりますと、いまの施設は無公害だから。これは事実に反します。爆発事故が起きました。相当長い期間、操業を停止しておりました。爆発事故が起きるということは無公害とは言えませんね。（直島は）もともと三菱の製錬所だったわけです。山がどうなっているかは、現地へ行って見て頂くとわかります。そういった企業城下町の島だったわけであります。そこに豊島から運んだ産廃の処理場ができた。無公害とはとても言えないと私は思います。現在やっています会社は三菱マテリアルでございます。三菱マテリアルが、ごく最近、大阪の製錬所跡で土壌汚染があったにもかかわらず、そこに大変高価格のマンションをつくって、それが問題になって現在刑事事件を問われ、社長その他が辞任いたしました。そういう三菱マテリアルがやっているところで今後どういう展開を示すのか、私も興味を持って注目をしているところであります。それから雇用に役に立つんだと。少なくとも見た限り、非常に機械化が進んで自動化が進んでいます。二隻の専用船もありますけれども、おそらく数人で運航しているんでしょうね。地元の方々が果たして何人ここで新雇用をやられたのか、そんなに大した人数ではない」

## 産廃受け入れた町長はとろい

受け入れてくれた直島を否定的に語ったあと、こんなことも述べている。

「(産廃に詳しい福島の廣田次男弁護士が)こういうことを書いています。ごみ業者に処分場と最適地はどんなところと聞くと、必ず住民の反対運動のないところという答えが返ってきます。住民にごみ処理施設の危険性について理解がなく、住民運動が組織される程度にみずからの生活環境への関心がなく、地域世論を形成するような成熟度がないところ。端的に言えば、民度の低いところという意味です。処分場ハイエナ論、民度というのは、その地域の住民の生活とか文化の程度をあらわすんですね。ハイエナというのは、動物の死体の腐った肉を食べる犬みたいなやつですね。処分場ハイエナ論という言葉があります。ごみ業者間の情報交換で、〇〇町の町長はごみ問題にとろいということになると、〇〇町にごみ処分場が集中的に立地するという意味であります。少なくとも、私はとろい町長にはなりたくないと思っております」

産廃業者をハイエナと呼び、処分場を受け入れる町の首長はとろい町長。反対運動のない町の住民は民度が低い――。こんなことを言ってのける町長の言葉を、廃棄物処理業に従事している人々や、処理施設のある自治体の首長や住民はどう受け止めるだろうか。直島の町長はそんなにとろい町長だったのか。処理施設は公害をまき散らしたのだろうか。

## 山頂から豊島を眺めた日々

高松市の峰山公園は市街から二・五キロ行った石清尾山山塊にある。車道を登ると、芝生の広場があり、さらに峰を進み、石清尾山の山頂に展望台がある。眼下にはビルや住宅が張り付き、その先に瀬戸内海が広がる。右側の手前に女木島が見え、その裏に東から西にかけて細くなだらかに傾斜している島が見える。豊島だ。例の不法投棄現場は西端に位置する。

「あれを何とかしなきゃいけないんだ」。穏やかで悠久な瀬戸内の海に浮かぶ豊島を見て、真鍋武紀が新たな感慨にふけったのは、香川県知事に就任して間もない一九九八年九月のことだった。

父の正行が朝鮮殖産銀行に勤めていた関係で、ソウルで生活していた真鍋家は戦後、香川県三木町に戻り農業を営むようになった。長男の武紀は琴電で三年間高松高校に通い、現役で東京大学法学部に進学。実家での稲作の経験から、迷わず農水省への道を選択した。水産庁漁政課を振り出しにジュネーブ国際機関代表部、水産庁国際課長、漁政部長、農水省経済局長、審議官と階段を昇っていった。環境庁の水質保全局長時代にはバーゼル国内法の法制化を巡り、権限を独占しようとする通産省（現経済産業省）とがっぷり四つに組み、環境庁が輸出入をチェックできる現在の仕組みをつくった。

香川県東京事務所の職員だったＯＢが後にこんなエピソードを披露している。情報交換と称し東京事務所が審議官の真鍋を夜の席に誘ったことがあった。次に会うと真鍋が言った。「接待はいかん。前回分は必ず請求してくれ」。後に知事になった後、県庁内で不正経理によるプール金問題が発覚した。真鍋は徹底調査と公表を指示、職員らに弁済の協力を求めると共に自ら半年間報酬を全額返上している。

そんな潔癖な真鍋の性格も議員らが注目する要因の一つだったのだろう。退官後ＪＩＣＡ（国際協力機構）の副総裁に収まっていた真鍋を若手の県会議員らが訪ねたのは九八年春。知事選に出馬要請するためだった。当時平井城一知事が引退を表明、最大会派の自民党県議団は後継者にベテラン県議を据えようとしていたが、若手グループが「県政の刷新が必要だ」と反旗を翻した。議員らが真鍋を訪ねたきっかけは、同党県連会長が「夏の知事選に出る気はありますか」と打診したことがあったからだった。真鍋は即断ると失礼に当たると考え、「少し考えさせて下さい」と返答していた。三木町の実家と田畑も処分し、田舎に戻るつもりはなかった。

しかし、その言葉が出馬に色気があると取られ、若手議員らの耳に入った。切々と県政の改革を訴える若手議員らの話は、真鍋の心を動かすものがあった。選挙は、出馬が決まっていたベテラン議員が辞退を表明、真鍋は選挙で圧勝した。

二〇一九年秋、高松市内のホテルで合った真鍋は、かつて環境庁の局長室で私の取材を受けていた三〇年近く前と同様、飾ることのない人だった。「典型的な讃岐男の顔で、大きな鼻にメガネを乗せて、顔に三角の紙を描いておけば誰が描いても似てしまう」と元県の広報広聴課長が評した顔は、人なつっこい、そして懐の深さを感じさせるものだった。

真鍋武紀元香川県知事

真鍋が振り返る。「豊島問題はほとんど解決していると、僕は思っていたんだ」。引き継ぎの時、平井城一元知事から「豊島問題を残してしまって申し訳ない」とおわびの言葉があったが、真鍋は、中間合意で県が遺憾の意を表したから事実上謝罪は終わったと受け取っていた。しかし、知事に就任すると、豊島の住民たちはそうは受け取っていなかったことを知った。

## 知事の謝罪で最終合意

しかし、謝罪を求める住民会議と、処理に着手したい県との溝は埋まらない。住民らは県内一〇〇市町村を巡って県民に訴えた。さらに原因企業の豊島総合観光開発を相手にした裁判で投棄現場の土地を手に入れると、投棄現場で中間処理を予定していた県に使用料を求めた。

それに県は不信感を募らせた。真鍋は「巨額の税金を投入するのに、汚染地をきれいにしてさらに使用料を払うのでは県民が納得しないと思った。随分時間がたってから謝罪を求められ、また金銭の要求が出るのではないかと当時は疑念を持っていた。それに再利用にも反対された」と語る。

真鍋は峰山に登るたび豊島を見た。視線を左にやると直島が見え、製錬所の煙が立ちのぼっている。九九年の正月明け。真鍋知事は知事室に横井聡環境局次長を知事室に呼んだ。横井は神戸大学工学部を出た技術職で、廃棄物処理に詳しかった。「君はどう思う」と言うと、自分の考えを明かした。「直島で中間処理ができんかなあ。せっかく税金を使って豊島に処理施設を造っても、一〇年で処理を終えて撤去してしまうのは惜しい。直島には三菱マテリアルの直島製錬所があり、道路も電気も水道もインフラが整っている。その敷地に施設を造り、豊島の廃棄物の処理が終わった後も他の廃棄物を処理し、長く使ってもらうことができるんじゃないか」

「実は私もそんなことを考えていたんです」。横井が同意すると、知事はすぐに川北文雄副知事を呼んだ。「ひとつ、可能性を探ってくれんか」

公害調停が膠着状態では、いつまでたっても処理が始まらない。それなら中間処理の中核となる溶融施設を豊島から切り離せば事態を打開できるのではないかと、知事は考えた。だが、それは当の三菱マテリアルはじめ、直島町長や漁協など関係団体や町民の了解が前提となる。

命を受けた川北副知事と横井次長は極秘で関係者を回ることになった。まずは直島製錬所を訪ねた。副知事が「貴社の直島製錬所で溶融処理することを受け入れてください。施設は県が建設します」と切り出した。一時間ほどのやりとりの後、秋元勇巳社長が言った。「関係者みなさんの同意が得られるなら検討したいと思います」。二人は町長、町議会、漁協などの説得を始めた。

## 処理施設受け入れた直島町長の決断

直島は三菱マテリアルの企業城下町と言われるが、かつて三宅親連町長は、製錬のある北部に対し、南部を観光産業で振興したいと考えた。観光業者を誘致したが、七〇年代の石油危機で業者は撤退、落胆した町長が次に出会ったのが福武書店（現ベネッセ）の創業者福武哲彦だった。文化の島を目指すことで意見が一致した。八〇年代になると息子の社長福武総一郎が土地を購入、「直島文化村構想」を打ち出すと、建築家の安藤忠雄の協力も得てベネッセハウスはじめ次々と整備していった。

総一郎が処理施設に反対すれば直島案は潰れる。気をもんでいたある日、福武社長から知事宛に手紙が届いた。こう記されていた。「環境や文化芸術に十分配慮した処理を行うなら反対しません」。二人に信頼関係が生まれ、やがてそれは瀬戸内国際芸術祭に結びつく。福武はまた、濱田孝夫町長に会い「これからの直島は自然、アート、環境が共生していくことが大切です」と説いていた。

県は八月に直島案を公表すると、町長は、公害がないこと、町の活性化につながること、デメリットがあれば適切な対応ができること、住民の賛同が得られることの四つを受け入れ条件とすると発表した。一〇月に県が町で開いた住民説明会には川北副知事、濱田町長、永田勝也委員長らが出て、計画と環境への影響などを説明した。

町民「一〇年の間にダイオキシンを上回る未知の有害物質が現出した場合、迅速に対応できるのか」

永田「可能性が予見されるものは念頭に置いて対策を考慮している。国で規制していなくても危険性のあるものは先取りしていこうと検討している」

町民「この事業で環境が悪くなる」

永田「まったくないところに造れば環境に負荷を与えないとは言えない。重要なのは現在の状況にどう対応するかということ。豊島廃棄物の処理で大きな問題が起こるのなら実施すべきでないが、我々は逆に処理しないことによるリスクを考えている」

町民「直島で実施するなら、施設は町民が誇れるものにしてもらいたい」

もちろんすべての住民が納得したわけではないが、住民説明会はその後も開かれ、二〇〇〇年三月、濱田町長は町議会で「豊島問題の解決と瀬戸内海の環境保全を図り、循環型社会の先進地としての役割の一端を担うことができると考え、提案を受けることにしました」と表明した。

最も強硬に反対した直島漁協も、町長の説得もあり、その頃には容認に変わっていた。年商五〇億を超える瀬戸内でも有数の漁協は、風評被害を恐れていた。知事は、油の流出で被害がでた時に備えた油濁基金の存在をヒントに、汚染が起きたら補償する基金を考え三〇億円積んだ。こうして風評被害が起きる芽を摘み取っていった。

溶融炉が稼働を始めたのは三年後の〇三年九月。それを祝う式典で濱田町長は祝辞を述べた。「この事業の受け入れ時には香川県をはじめ関係者が何としてもこの事業を成功させねばと必死であり、特別な思いを持って取り組んでおられました。この熱い思いを忘れることなく、後退することなく、言葉だけではなく、漁協の苦渋の決断、町民の勇気ある決断が無にならないよう、四条件を守り、環境との共創の道を開き、事業を進めていただきたい」

## 住民会議議長が知事に感謝の贈り物

二〇〇〇年六月六日、真鍋知事は県幹部らと供に高松港から豊島に向かった。雲一つない青空が広がっている。公調委の調停が始まって六年あまり。住民会議と県の最終合意の調印式が豊島で開催されるのだ。家裏港に着いた知事を住民らが出迎えた。安岐登志一議長が「知事さん、お待ちしておりました」と笑顔で語りかけると、知事も笑顔で「ありがとうございます」と返した。真鍋が振り返る。

「どうなるかと心配していたんだ。港で安岐さんの顔を見て、うれしかったねえ」

六〇〇人の住民が見守るなか、真鍋知事と安岐議長が署名し調停合意が成立した。合意文書には「豊島住民に不安と苦痛を与えたことを認め、心から謝罪する」とあり、土地使用料の要求は取り下げられていた。

安岐に続き、真鍋知事が演壇に立った。「私は暇を見つけては高松市の峰山に登り、豊島とひそかに対話してきました。ある時は、非常にはっきりと見え、またある時はかすんでおり、全く見えない日もありました。そしてこの日の来るのを待っておりました。豊島住民の皆さまに長期にわたり不安と苦痛を与えたことを認め、心からお詫び申し上げます。私の言動により不愉快な思いをされ、憤りを感じた方もあったと思います。私の不徳の致すところであり、お許しいただきたい」

涙ぐむ知事に安岐が思わず歩み寄る。何度も手を握りあう二人を見て、会場から嗚咽が漏れた。中坊弁護士はこんな言葉を述べた。「豊島の人たちは『もう怨念はさらばであります。我々は希望という光のもとにこれから動いていきたいんだ』と申されました。香川県も、この豊島の人たちの本当の願いがどこにあったのかということを、どうか心に刻み、温かい目をもって見守っていただきたい」

翌日、安岐は仲間たちと早朝島を出た。そして、登庁してきた知事を県庁で迎えた。「知事さんの話を聞き、みんなで早朝、峰山に登って豊島を見てきました」。そしてこぶし大の石を贈った。豊島石と呼ばれ、柔らかくこけがつきやすく、灯石や石灯籠などの細工に使う高級品の石だ。「豊島のことは決して忘れてはならない」。真鍋さんはそれを知事室に飾った。二人のやりとりを熱い思いで聞いていた中山貢廃棄物対策課長は、その日仕事を終えると峰山に登った。夕日に赤く輝く豊島がその日も瀬戸内海に浮かんでいたという。

## 「共創」の精神を提唱

豊島から船で西に約二〇分進むと、山の合間から突き出した何本もの煙突が見えた。人口約三〇〇〇人が住む直島だ。宮浦港からレンタサイクルで北部に向かうと、三菱マテリアルの直島製錬所の巨大な工場が幾つもあった。正門から遠くに青色の建物が見えるが、豊島の産廃処理施設の事務棟だ。香川県が設置した施設のうち、溶融炉は撤去されたが事務棟は残され、精錬所に譲渡されている。

処理が行われていたころ、私は二度溶融施設を訪ねているが、いずれもトラブルで溶融炉が停止していた。豊島の廃棄物と汚染土壌は様々な有害物質を含み、性状が一定ではない。技術検討委員会が採用したのは一二〇〇～一三〇〇度の高温で溶かす溶融処理。副委員長の武田信生京都大学教授は、焼却技術に詳しく、ＰＣＢなどの有害物質の研究を長く続け、ダイオキシン研究の第一人者だった。安全で効率的な将来に向けたモデルになる処理方法を決めるのが技術委員会の役目だった。

九七年夏に発足した技術検討委員会は、住民と県が対立することなく関係者が協力して取り組むために「共創」の精神を提唱した。県庁の県民室行政資料コーナーに委員会報告書が三冊あった。一次報告書（九八年八月）には説明会に参加したプラントメーカーから四社を選び、ヒアリングと処理実験してもらった結果が記されていた。いずれも前処理で三〇ミリ以下にして溶融処理する条件で、ダイオキシンは分解され、安全に処理できるとしていた。ただ一トン当たりの処理コストは九〇〇〇～三万四〇〇〇円と幅が大きかった。二次報告書（九九年五月）では副産物のスラグの有効利用について検討し、実験で大半のスラグが骨材などに使えるとしていた。一方エコセメントへの利用は、塩分

直島にある三菱マテリアルの工場。向こう右の建物は、県が豊島の産廃を処理した施設の管理棟。焼却施設は撤去された

が含まれサビを嫌う鉄筋を伴う利用ができないと遠ざけた。

## 入札参加がなく、クボタに要請

こうして入札を待つばかりになったが、参加する企業は現れなかった。当時私はあるメーカーの担当者に理由を尋ねたことがあった。担当者は「何が入っているか性状も量もわからずリスクが大きすぎる」と打ち明けた。

困った県と技術委員会は、報告書でコストがトン九〇〇〇円と最も安く、技術評価の高かった「回転式表面溶融炉」を擁するクボタを選び、二〇〇〇年暮れにクボタ・西松建設・合田工務店のＪＶと一四四億九〇〇〇万円の契約が結ばれた。当時クボタの環境研究部で溶融炉の開発責任者だったのが阿部清一。七四年に京都大学の修士から研究職として入社し、溶融炉の開発に一貫して取り組んできた。

阿部が振り返る。「県の発注仕様書をクリアするために課された性能試験が実に厳しかった。委員会の要求水準は厳しく、可燃物の割合を変えた三種類の廃棄物を各二〇日間連続運転し、排ガスやスラグの性状など数十項目の基準をすべて満足しなければならなかった。一つでも未達成だと試験全体をやり直すという具合だった。評価項目の測定は、委員会が決めた測定会社が予告なしに来て測定した。処理が始まると運転管理も含めたすべての情報が公開された。廃棄物プラントの選定と運営で、これほど厳格な審査と全面的な情報公開をした例は、後にも先にも豊島だけではないか。委員会の決定が県の決定となり、県の思惑が入り込む余地はなかった。だからこそ豊島や直島の住民の信頼を得ることができたと思う」

実証実験で高い評価を受けたクボタだったが、二〇〇三年に処理が始まってしばらくたった頃、水素爆発が起きた。炉の先端部が曲がり、廃棄物を運ぶコンベヤーの蓋が飛んだ。阿部は現地入りし、原因究明のため二週間かけて七つの実験を行い検証した。その結果、廃棄物の水分を減らすために使っていた消石灰と含有されたアルミが反応して水素が発生、それが長期間にわたって密閉式のコンベヤーの上部にたまり、何かの原因で発火したとの結論を得た。そして発生する水素ガスを抜く装置や一酸化炭素や水素ガスの濃度を測る検知器を設置したりした。

評価・指導を担った副委員長の武田は、いまは実家の滋賀県高島市で西廣寺の住職をしている。こう振り返る。「当時必要とされたのは、変わったものが入ってきても対応できる技術だった。言い方はふさわしくないかもしれないが、繊細で正確な技術よりも、廃棄物の性状の変化に対応できる鈍感で頑丈な技術が必要とされた。それがクボタだった。処理が始まってトラブルが起きたとマスコミはセンセーショナルに報道したが、事故が起きても原因究明を行い、きちんと対応できたと思う」

## キーマンは知事と町長

国の補助も二〇〇三年に産廃特措法が制定され、豊島はその第一号になった。しかし、一〇年間で五一万トンの廃棄物と汚染土壌を処理する計画は、その後、投棄された廃棄物が見つかったりして処理量が増えた。やっとのことで一七年六月に計九一万二〇〇〇トンを処理し、直島で完了式典をしたが、その後廃棄物が見つかり、すべてが終わったのは二〇一九年夏であった。

私が直島を訪ねた時、直島は数年ぶりに開催された瀬戸内国際芸術祭の終わり頃であったが、多くの人たちが島を訪れ、各所に配置された展示物を観賞していた。飲食店では若者たちが、それを話題に語り合っていた。安藤忠雄が設計したユニークな地中美術館には外国人観光客が数多く訪れていた。私もクロード・モネの「睡蓮」を見つめ、ウォルター・デ・マリアの神殿のような部屋で黙想にふけった。豊島にも展示物が配置され、やはり多くの来訪者の姿があった。福武が撒き、真鍋と濱田が育てた芽はみごとに開花していると感じた。

川北元副知事は、直島での処理が決まった頃を振り返り、真鍋知事時代の回想記『大局先見　熟慮断行　真鍋県政3期12年の記録』にこう記している。「真鍋知事と濱田町長、キーマン二人に共通していたのは、先を見通して決断していく覚悟のありようであった」

# 第九章　産廃処分場は悪か

## フィルテックの最終処分場

寿和工業は、清水一族から社員らの経営に移り、現在「フィルテック」の社名になっている。岐阜県多治見市廿原にある管理型最終処分場による処分業と環境分析を行っている。

二〇一九年秋、社長の澤田裕二の案内で処分場を見た。この処分場を訪ねるのは三回目である。山道を車で上り、高台から見下ろした。住宅地から隔離された標高一七〇～二二〇メートルの丘陵地にあり、一〇か所の谷と山の尾根に囲まれた絶好の地形にある。

八三年に開設した時、清水正靖が「日本最高の技術を集めて造った。規模も技術も日本一」と自慢しただけのことはある。管理はゆきとどき、ユンボが忙しく埋め立て作業をしている。

澤田が説明した。「ここの特徴は、セル工法と即日工法です。セルは細胞のことですが、細かく区画を分け、一区画にトラックが運んできた廃棄物を一メートルの高さまで埋めると、三〇センチの覆土し、その上にまた一メートルの廃棄物を埋めます。こうして三メートルの高さになると、その上に一メートルの覆土を行います。これで一つのセルの埋め立ての完了です。それが終わると、隣のセルの埋め立てに移ります。一つのセルの埋め立ては即日完了です。こうすることで、悪臭などの環境対策になります」

これが何層にも積み上がって、処分場の形をつくっているが、その中には網の目のように配管が巡らされ、浸出水が水処理施設に送られている。配車システムもフィルテック独特で、搬出先から確実に処分場に搬入させるため、すべて自社の車両で行っているという。「搬入される廃棄物の四割がアスベストで、六割が焼却灰、汚泥など。年間で三万から三万五〇〇〇立方メートルの廃棄物を受けいれています」と澤田が語る。取引のある排出事業者は、大手ゼネコンをはじめ、名の知れた会社ばかりだ。

二三ヘクタールに二八〇万立方メートルの埋め立て容積があるが、現在、七五万立方メートルの余裕があるという。「新たに処分場は造れませんから、環境を守りながら、この処分場を大切に使い続けたいと思います」と、総勢八〇人の社員を率いる澤田は、自分に言い聞かせるように言った。

この処分場が一九八三年に開設して間もないころ、全国産業廃棄物連合会の太田忠雄会長が訪ねてきて、「この本格的な処分場は全国のモデルになる」とほめちぎったことは第4章で述べた。そこには、排出事業者たちの要請を受けて、処分場を確保しようとしても、多くの壁が立ちはだかり、断念せざるをえない処理業者たちの忸怩たる思いがあった。

## 全国組織つくった東北の最終処分業者

最終処分場は、広大な土地を買い、造成して処分場を整備するのに長い時間と数十億円もの建設費を必要とするため、資金力のない事業者にはなかなか手が出せない領域だ。零細・中小の業者が多い収集・運搬業者や中間処理業者が厳しい競争を強いられているのに対し、最終処分場は慢性的な不足から、受け入れる廃棄物を確保するために四苦八苦することは少ない。処理業界の中でも裕福な業者と見られ、全国組織をつくった当初は会員が少なくて資金不足に陥っていた組織の維持のために、最終処分業者たちが身銭を切っていた。その一つに寿和工業もあった。

全国の廃棄物処理業者をまとめ、全国産業廃棄物連合会を結成した最大の貢献者は福島県いわき市のひめゆり総業の経営者だった太田忠雄である。一九七八年に八都府県の協会が参加して発足した連合会はその後参加数を増やし、名実ともに全国組織になるのだが、こうした地方での組織作りも最終処分業者が中心となって担った。

太田が全国組織の必要性を痛感したのは、一九七〇年に廃棄物処理法が制定されて、初めて「産業廃棄物」という言葉が生まれ、都道府県の認可によって業の許可を得た産業廃棄物処理業者が続々と誕生したのに、処理業界の社会的な地位は低く、業者のモラルも低かったからである。処理を委託する工場などの排出事業者は、適正な処理ができるかという観点よりも一円でも安い業者を選ぼうとした。そして後に問題が起きても責任を取ろうとしなかった。さらに業の許可のない違法業者が乱立し、ダンピング競争となり、不法投棄が増えた。まさに悪の連鎖である。

例えば一九八四年度に起きた廃棄物処理法違反の検挙件数は六一七七件あり、このうち七六・四％が不法投棄で、以下委託違反一四・八％、無許可処理業八・二％と続いている。誰が不法投棄をしたかを見ると、排出事業者が八二・六％と圧倒的に多い。処理業者たちが、不法投棄をしているのは排出者なのに、マスコミはじめ世間はすべて許可業者の犯行だと思いこんでいると処理業者が怒るのも無理はない。その構造は現在も変わらず、環境省によると二〇一七年度の不法投棄件数一六三件のうち許可業者は五・五％しかなく、その構成はほとんど変わっていない。

太田会長は当時の数字を引き合いに出し、連合会の会報でこう述べている。

「廃棄物で何か問題があるとすべて私どもの責任にように社会から思われてしまう。確かに私ども業界も資質の向上を図らねばならないが、不法投棄の大半は排出者の一部が処理に必要な適正費用を負担したがらないために起こっている。その結果現在まで公害問題において大気、水質、騒音等についてはだいぶ改善されたが、ひとり廃棄物問題だけが取り残されているのである。（中略）そして、廃棄物処理に対する国の補助や税制措置のほとんどが、排出企業にのみ実施され、私ども処理業者に対しては指導、育成も十分でなく、規制と監視だけを受けて今日に至っているのである」

そして▽廃棄物処理法の中に処理業者を明確に位置づける▽業の許可要件を厳しくし、それをクリアできない零細業者は協業化させて行政が支援する▽廃棄物処理施設を受け入れる市町村への補助制度を創設し、処分場の跡地利用を都市計画や森林保護、治水計画に組み込む▽処理業者に対する規制に対応した補助・育成措置の導入などを提案した。この画期的ともいえる提案はいまに至っても一つも実現されずにいる。

太田はまた、不適正処理をなくすために処理体制の整備の必要性を唱え、国や自治体が進めようとしていた公共関与による整備は極力やめ、民間活力を利用すべしと訴えた。そして公共を頼らずとも民間でできる模範例として示したのが、寿和工業が多治見市に造った最終処分場と、大平興産が千葉県富津市に造った最終処分場だった。

それまでは素堀のミニ処分場が散在した。低廉な費用でできることからいろんな業者が参入し、搬入できない危険な廃棄物が平気で持ち込まれるなど、不適正処理の温床となっていた。それを心配した太田は、誰からも後ろ指を指されない最終処分場の必要性を痛感した。もちろん、資力の乏しい業界に代わって国や自治体が直接乗りだす公共関与というやり方もある。しかし、一時期はやって広がった自治体が処分場や処理施設を運営する方法は、その後、赤字でやめたり、解散したりしているのを見ると、やはり民間の産業活動から出た廃棄物は民間施設での処理になるのではないか。

## 家業の石炭販売業から処分場経営に転進

太田が経営するひめゆり総業は、福島県いわき市にあった。ＪＲ常磐線のいわき駅の一つ手前の内郷駅を降り、タクシーで一〇分。丘を登ると、ひめゆり総業の事務所に着いた。手入れされた芝生と森林が環境への配慮が伺われる。私が訪ねた二〇一七年暮、管理型処分場は第三期の拡張工事の真っ最中だった。作業道路を上りきったところから見下ろすと、巨大な埋め立て地が広がっていた。平太郎処分場は三期工事の真っ最中だった。隣の敷地には太陽光パネルが並んでいた。清掃が行き届き、トラックからこぼれた廃棄物は一つも見あたらない。

私を迎えてくれた専務の山口弘之は、東北大学工学部を卒業後、日立の子会社で技術者として働いていたが、太田にスカウトされて八四年に入社した。連合会の仕事で多忙な太田の右腕として会社を切り回してきた。いまは亡き太田のことを最も知る人物である。それに処分場も詳しい。山口に案内され、高台から敷地の外に目をやると、間近に住宅団地が見えた。山口が言った。「市営住宅なんですよ。処分場が稼働してしばらくたって市が建設したのです」

当時、このあたり一体は炭鉱のボタ山だった。市は閉山した炭鉱会社から土地を買い、団地造成を進め、一九八二年から入居を開始したという。市からひめゆり総業に「貴社から至近のところに市営住宅を造ったが、生活環境を保持向上する面から貴社側においても、何分の協力をお願いしたい」と書かれた文書が来た。太田は、「何もこんなところに造らなくてもいいじゃないか」と不満を漏らしたが、公害を起こしては大変だと、公害防止と緑化にいっそう取り組んだ。

山口が太田から聞かされた会社設立の経緯とはこんなふうだった。

太田の父親は、千葉県の酒屋の番頭から、石炭の販売業で身を起こした人だった。太田商店を設立していわき市にあった炭坑の選炭場で、カロリーの低い家庭用の石炭とカロリーの高い事業者用の石炭を分けて販売していた。東京・吉祥寺といわき市の両方に居を構えた。二人兄弟の長男、忠雄は、東京の都立国立中学（現国立高校）を卒業後、いわき市で父の仕事を手伝っていた。やがて石炭産業が斜陽となり、家業も傾いていく。そんな頃、工場の清掃の仕事を受けていた呉羽化学から「廃棄物の最終処分場を造りたい。選炭場の周辺にいい土地がある」と持ちかけられた。

太田はその話に乗った。呉羽化学の支援を受け、ひめゆり総業を設立、閉鎖されていた屎尿処理場と土地を内郷市（現いわき市）から買い取り、町田処分場（埋立容量二三五万立方メートル）を造った。一九六八年のことである。

太田が処分場づくりで特に配慮したのが場内の緑化だった。廃棄物処分場のイメージアップを図ろうと、場内の大地を緑化造園にし、ツツジ、サザンカ、サンゴなどを植え、壁面を芝生で敷き詰めた。花壇をつくり、様々な花を植えた。

埋め立てが終わった九七年、平太郎第一期処分場が完成し、二〇〇五年には第二期処分場、一八年に第三期処分場を完成させた。平太郎処分場は一期から三期までで計約一五七万立方メートルになる。

## 環境改善の試み

太田にとって処分場建設は初めてで、造ったはいいが、どう管理したらよいか不安があった。そこで呉羽化学に相談し、化学に強い社員を専門家として送り込んでもらうことになった。管理職をへて定年を迎えようとしていた石附重吉に白羽の矢が立った。一九七三年にひめゆり総業に赴任した時のことを石附はこう記している。

「私は、この産業廃棄物処理という業の性格なり役割について考えさせられるものがあった。見た目、決してきれいな仕事ではない。いわばごみ商売とも言えるものである。しかし、この業がなければいったい工場の生産活動は維持できるのであろうか、おそらくできるはずがない。生産が停滞すれば日本の経済はどうなるのであろうか。これは大変な仕事なんだなあという実感があった。縁の下の力持ちと言おうか」(『季刊全産廃連』一九八三年七月)。だが、会社に入った石附は、こんな感想を漏らす。「現場に足を入れた時の私の気負いである。企業には、それが大であれ小であれ、自ずと一つの自覚の下に社風というか雰囲気というものがあるはずである。ひめゆりの場合、残念ながらまだそこまでに至っていないと思えた。車を動かして物を運び、処分場に埋め込むという仕事そのものは繰り返されてはいるが、それだけでは何の向上もない。私はまず職場秩序の確立から手がけることにした」「今度きた奴は何かと小難しいことばかりいいやがってと、おそらくそんな印象で私を見たことは間違いない」

そう感じながら、石附は社員との触れあいを大切にし、職場が一つにまとまり始めたと思えるようになったのは、赴任して二年が経過してからだった。

石附が赴任後すぐに取り組んだのが、処分場周辺の汚染状況調査だった。下ったところにある川の底泥を上下流二〇か所にわたって採取し、呉羽化学に検査してもらった。結果はシロ。処分場の土壌も問題なかったが、石附が頭を痛めたのが臭いだった。苦情は周辺住民からたびたび寄せられ、保健所からも指導を受けていた。石附は苦情の電話が来るたびに社員を巡回させた。石附は原因が汚泥にあるとにらんだが、どの汚泥かはつかめない。夏になると、福島県の公害対策センターが臭気測定し、悪臭防止法に抵触する恐れがあるとたびたび警告を受けた。

石附は、処分場の回りに塀を立てたり、消臭剤をまいたり、緑地帯を造ったりしたが、一向に解決しなかった。結局、決断したのは臭いに問題のあるものは受け入れないことだった。しかし、それでは営業に響く。それでも、太田の決断で会社はそれを了解し、幾つかの汚泥の搬入をやめると、センターの指摘は減り始めた。

石附はこう記している。「いつのまにか公害センターは来なくなっていた。臭いはおさまった。私と臭いとの取り組みは五年ほどでどうやら山を越えた。廃棄物の処理という特殊な業の存続は一にも二にも地域社会の理解と協力なくしてはありえない。そのためには自らもまた、あらゆる努力と誠意を傾注すべきでありましょう」

一方、石附は、世間や排出事業者が産廃業者に向ける目をこう評している。

「これはひがみかもしれないが、どうも相手方の方にはわれわれを何か職層の違った人間として見ていたような雰囲気を感じさせられる時があった。私はよくみんなに言ってやる。『先方とこちらは、あくまでも業と業との取引なんだから立場は対等だ。それには、自分もまたちゃんとした見識を身につけなければだめだ』と。そうは言っても明日からというわけにもいくまい。まずもって私自身からであるということを考えさせられたものである。ある時、社員の一人が話しかける。『小学校の息子が学校に〈お父さんはどんな会社で働いているんですか〉と聞かれた。産業廃棄物の処理なんていってわかりますかねえ』。『わかってもらえなくてもそれでいいさ』と私は答えてやる。いまでもこんなことで、『さあて』と一瞬考える人がいるかもしれない。産業廃棄物の処理処分業という存在が、国の産業を支え、生活環境を守るという役割で重要不可欠な分野を持ちながら、世間一般ではなおわかりがたいものとして受けとられていないか。とすれば、法的な見直しももちろん大切であるが、同時に排出側も含めてわれわれのモラルの問題も、また大いに改心の要ありではないか」

石附は、いつしか処分場が大好きになっていた。山続きだったので、灌木の若木や山ツツジを抜いて花壇をつくったり、事務所の玄関先に芝桜を植えたりした。春先にはワラビ採りをした。秋になると場内から山鳥が飛び立ち、冬になるとウサギが顔を出した。裏山づたいに歩くと、イノシシも見かけた。十数年をひめゆり総業で過ごした石附は、「大企業では得られるべくもなかった人間臭さと温かさを体験したことは、私の人生にとって大きなプラスであったと思う」と記している。

## 太田会長の夢

この石附の感慨は、彼をスカウトした太田も同様であった。排出事業者との関係が対等でなく、行政も含めた社会一般から偏見の目で見られていることに憤慨し、廃棄物処理業を正当な業として認めよと訴えるとともに、業界自らもただされねばならないと、口をすっぱくして言っていた。

さきの山口が語る。「『この人は』とほれこんだら、とことんつくす人。そうしてつくったつながりが、組織づくりに役立ったのでしょう。あたらしもの好きで、ボーリングやゴルフを知るとのめり込み、流行になるとぱたっとやめた。当時、業界で先例がなかった電算化も、私が提案すると即座に決まった。即断即決でした」

　会社が軌道に乗ると、太田の関心は業界の組織づくりに向いた。産廃業者が社会から評価され、尊敬されるような地位を得たいと、周囲の人たちに熱く語るようになった。政治家と親交を深めることになったのもその一途から来ている。産廃業者の地位の低さに我慢できず、雑誌の編集長にこう語っている。「最終処分場を建設しようと厚生省に相談に行った。ところが担当者は『処分場って何？そんなもの知らない』。我々はそんな存在だったんだ」

　太田の夢は、この処分場の隣に専門学校を造ることだった。連合会が運営し、廃棄物処理の仕事に就く若者を育てるという。専門的な知識をもった人材が乏しいことを、太田はいつも嘆いていた。厚生省に研修会・講習の充実や厳格な資格制度の実現を要望していた。その専門学校開設の夢が実現に向けて進んでいた矢先の九四年、太田は病魔に襲われ、この世を去った。

## セシウムの除去装置も設置

　東京駅から特急列車で房総半島を下り、君津駅で降りた。大平興産の平澤雅彦常務の運転する車で南に走り、富津市に入ると山道を登る。丘陵地に大塚山処分場があった。

　高台から埋め立て地を見た。第三処分場で二〇〇八年から稼働し、埋め立て地の容積は一一八万立方メートルあり、六八万立方メートルが埋め立てられたという。区画整理したように仕切られ、段階的に埋め立てていく。フィルテックと同様のセル方式という一日あたりの埋め立てを斜面にあたる法面も含めてその日のうちに覆土する方法を採用し、セルごとに独立した廃棄物の埋め立て層にしている。火災や飛散、悪臭の防止に効果があるといわれる。隣の稼働中の第二処分場、埋め立てが終了した第一処分場も合わせると埋め立て容量は三〇〇万立方メートル近くになる。

平澤の自慢は水処理施設だ。高性能のホウ素の処理施設や浸出水に放射性物質のセシウムが検出された時の除去装置まである。こんな高性能の処理施設を備えたところは自治体の処分場を探してもほとんどどこにも見あたらない。

「法律で規制された物質の規制値を大幅に下回らせるだけでなく、自主的に設置した高性能の機械を加えたため、年間の維持費だけで二億円近くかかっているんです」と、平澤が語った。

大塚山処分場では毎年秋に周辺住民を招き、感謝の会を開いている。情報を公開し、数字を出して汚染がないか状況を報告し、住民の信頼を得ているという。

東京・日比谷の富国生命ビル一三階に大平興産の本社がある。八七歳になる山上毅会長は毎日会社に電車で通勤し、月に一回は特急列車で大塚山処分場を見に行く。大切に育てたわが子のような存在だからだ。山上は、処分業者の条件から語り出した。「僕は処分業者には次のような条件が必要だと思うんです。高いモラル。化学の専門知識、現場の技術、そしてお金。この四つがそろわないと、仕事はできないし、また、やるべきではありません」

山上は、全国産業廃棄物連合会（現全国産業資源循環連合会）の創立者と言ってもよい太田会長を初期のころから支えてきた。専務理事だった鈴木勇吉と三人で全国の有力産廃業者を回り、連合会へ

千葉県富津市にある大平興産の最終処分場

大平興産の処分場は、セシウムも除去する最新鋭の水処理処理施設が設置されていた

の参加を要請して回ったこともある。太田が会長の時は、鈴木が専務理事、山中が常務理事として連合会を支え、全国四七都道府県に協会組織を持つ連合会の基礎をつくった人だ。ただし、不正を嫌い、正義を貫き、理事会でも適正処理の徹底を訴えるところが、同業者たちから煙たがられ、九〇年代には、連合会と千葉県産業廃棄物協会の要職から身を引くことになる。産廃業界にとっては何とも惜しい結末である。

私が山上に初めて会ったのは、不法投棄とダイオキシン問題で社会が大揺れだった一九九〇年代半ばにさかのぼる。元凶のように言われた産廃業界は我慢を重ねていた。連合会は新聞やテレビの論説委員らに声をかけ、懇親会を開いて実情を訴えたが何の効果もなかった。

山上は立腹していた。違法業者も法律を厳正に守る業者もごちゃ混ぜで批判するマスコミを舌鋒鋭く批判した。そして最終処分業が化学産業であると説き、自分は千葉県の処分場に週三回特急列車で通っている、ぜひ見に来るといい、産廃業者への見方が変わるはずだ――。そう私に訴えた。

山上が語る生い立ちがすこぶる面白かった。東京・本郷に生まれ育った山上は、都立上野高校から早稲田大学第一文学部に進学した。高校では軟式野球、大学では準硬式野球で鳴らした。「一六五センチの小柄だが、高校時代は、五〇メートル六・〇秒の俊足。一番打者で、プレーボールのサイレンが鳴り終わらない間に、打って走り出しているというので有名だった。リリーフピッチャーも受け持った。全国大会でそのプレーを見た早稲田の準硬式野球部から誘いの声がかかりました。もちろん、大学でも全国大会に出て、大学選手権の決勝では、同志社に投げ勝った」。卒業後、その経歴を生かして富国生命に入社し、人事課に席を置き、午後四時から毎日、チームの一員として練習に励む毎日を送った。

## 率先垂範が仕事の哲学

しかし、三〇歳を機に会社をやめた。事務の仕事が耐えられなくなったのだという。四年前に結婚していたが、選んだ再就職先は、なぜかタクシー会社だった。「母の友人の夫がタクシー会社の社長で、労務管理できる人を探していた。人事課にいたから、労務管理をお願いできないかと。いまでいうコンプライアンスです。四〇台に八〇人の会社だったが、運転手は決まったルールも守ろうとしないことがわかった。注意しても誰も従おうとしない。それに当時は入れ墨があったり、指を詰めた運転手が何人もいて、『文句があったら自分で運転してみろ』とすごまれた」

山上は運転免許を取りに出かけ、一発で合格した。翌日タクシーに乗った。当時熟練運転手で一日九〇〇〇円の売上げがあり、一本（一万円）の売上げがあったと運転手が自慢する時代だった。

徐々に慣れてきた山上はあることを発見した。客が好感を持つと、その客が別の客を呼んでくれるということだった。客から客へと輪は次第に広がり、連日一本の売上げを記録するようになり、仲間たちも一目置かざるを得なくなった。

山上は、人を従わせるには自分でやってみせるしかないことを知った。「以来、率先垂範が仕事の哲学になりました。そして若い社員のために野球部を結成することにしました」

グラウンドを借り、会社に頼んでユニホームを新調してもらった。もちろん、ピッチャーは山上。ここでも率先垂範が効果を発揮した。一年間ハンドルを握り続けて事務職に復帰した。会社に四年勤務し、陸運局から「りっぱな管理ができている」とほめられたところで退職した。

次に選んだのが運送会社だった。「タクシーの世界はわかったが、トラック業界が未知の世界に見えたから」と山上は言う。高校の先輩の運送会社の社長から、「うちの会社を手伝え」と誘われていたこともあった。社員にならず、中古の二トントラックを買って下請け契約を結んだ。

その長距離運転の仕事を続けていた一九七〇年、いまの仕事にめぐりあった。

同業者が、工場から頼まれて産業廃棄物を不法投棄したり、不適正処分していることを知った。「『これを置いてきて』と言われて、建設廃材を積み込み、紹介された業者のところに運んだことがあった。業者は『幾らと書いてやろうか』と言ってきた。料金なんてなきに等しい。上乗せして書いてやれば、お前も儲かるだろうというわけです。運び込んだ廃棄物を野焼きし始めた。これは許せないと思いました」

## ありのままの自分を見せるしかない

正義感の強い山上は、「それなら、自分で不正行為のない産廃処理をしたい」と一大決心をする。大手のインク会社に勤めていた弟の力を借りて、翌七一年に大平興産を設立すると、埋めても害のない製糖工場から出た有機汚泥を使い、千葉県内の農地を整地する事業を始めた。

やがて廃棄物処理法が施行されると、千葉県と東京都から廃棄物処理業の許可を得た。七〇年代末に市原市内に小さな安定型処分場を造った。

「主に製糖工場から出た有機汚泥を埋め立てることにしたのですが、どんな廃棄物をどの業者を通じてどれだけ搬入したかを記録しなくてはまっとうな商売はできないと思いました。そのために考案したのが処理伝票。いまのマニフェストの走りです」と山上は言う。処理伝票は縦一〇センチ、横二〇センチほどの四枚綴り。排出事業者に代わって山上が書き込み、排出事業者、収集・運搬業者、大平興産が一枚ずつ保管し、最後の一枚は山上が受領印を押して排出事業者に返送する。これを見れば、誰もが廃棄物の流れを確認することができる。

「記録することで廃棄物が正当なルートから入って処理したことがわかります。正しく使用する限り、不適正な処理はできません。僕の誇りは法律を守り、適正に処理してきたこと。それが住民から信頼されることにつながりました」

こうして排出事業者や行政からも信頼を得た山上は、八〇年代前半に富津市に管理型の大塚山処分場の建設に着手した。実はこれには裏話がある。ある日、千葉県庁の産廃担当者から山上に連絡があった。「千葉県木更津市にある土石採取業者が産廃業への進出を考えている。大塚山の山麓近くに大きな土地を所有し、最終処分場を建設したいという。しかし、この業者は素人で何も知らないので、相談に乗ってもらえないか」。山上は、県から頼まれたことでもあり快く受け入れた。間もなく、社長と幹部社員がやってきた。山上は許可申請の方法から、処分場の成り立ちや構造など事細かに教え始めた。

次回からは幹部社員が一人でやってきて教えを請うた。次第に山上と幹部社員が親しくなると、幹部社員が会社の内情を語り始めた。「社長は産廃業なんかする気はないんです。付加価値を高めて転売しようとしているんです」

やがて社長から提案があった。地元の富津市と住民の同意をとりつけたから、山を買ってくれないかというのだ。山上も本格的な管理型処分場を造りたいと候補地を探していた。県に相談すると、担当者が言った。「あの業者より、山上さんにやってもらった方がいい。応援しますよ」。結局、この土地を買うことになった。

決め手は地下の岩盤の存在だった。遮水シートを敷くにしても、破れたら地下水を汚染する可能性がある。岩盤が天然の不透水層である。山上は、岩盤をボーリングし、大学の研究者から「地下水汚染の心配はない」と太鼓判を押してもらった。

やがて県から許可をもらい、山上は土地の造成にかかった。ところが、周辺住民から「処分場ができるなんて聞いていない」と声が上がった。前の業者が同意を取り付けたというのは、特定の有力者から同意をとっただけだったのだ。山上が市長に相談すると、「地元同意を取り直してほしい」。山上は集会所で早速説明会を開いた。ボーリングの調査結果を見せ、公害を起こさないと言って説得するが、反対住民らは聞く耳を持たない。

ただ、その中に山上の話を静かに聞いていた住民がいた。山上は後日、その住民を訪ね、語りかけた。「私がどんな人間か知ってもらいたい。不法投棄するような人間かどうか見て欲しい」。山上が一通り話し終えると、住民が言った。「私は悪辣な産廃業者だとレッテルをはっていた。あなたの話は筋が通っているし、態度が紳士的だ。私が知ってるヤクザっぽい業者とは違う」。山上は、再び説明会を開き、また、「これは」と思った別の住民を訪ねた。そんな繰り返しを半年続けたころ、五〇〇〇人が反対署名したのがうそのように収まっていた。こうして山上は、同意書を県に届けると造成工事を再開した。

山上は言う。「五〇〇〇人の反対を前にどうしたよいのかわからなかった。結局、ありのままの自分を見せるしかなかったことがよかったのかもしれない。それが相手にも通じることがわかった」。こうして八五年春、岩盤と遮水シートで守られ、水処理施設を整備した管理型の大塚山処分場（第一処分場、七〇万立方メートル）が供用を開始した。

いまは、公害防止協定を結んだ地域住民たちを、毎年秋に処分場のお祭りに招き、社員と交流が続いている。

# 第一〇章　名誉ある撤退

## 朝日新聞購読をやめた梶原知事

御嵩町の住民投票は無事終了したが、朝日新聞にとってまだ終わってはいなかった。

投票から二日後の一九九七年六月二四日の朝日新聞朝刊のコラム「天声人語」は、投票の結果と梶原知事の反応をとりあげた。「それにしても岐阜県当局および梶原拓知事の姿勢、言動は腑に落ちない」と書き出し、梶原知事の言動を幾つか紹介し、前年秋に梶原知事に不利なことを聞かれた記者会見で、知事がそれに触れることを拒否し、「発言をそのまま報道してもらえるなら、個別インタビューは応じる」「載せてもらえる分だけ。テレビ枠が三分なら三分しか話さない」と言ったことを挙げ、「建設反対の圧勝を取材した同僚が言っている。『大事なことが密室で決められたという住民の不信感がいかに大きかったかがわかる』。県と梶原知事は、民主主義を勉強し直した方がいい」と結んでいた。

これを読んだ私は、最後がちょっときついと感じた。このコラムを書いた東京本社の論説委員、栗田亘は御嵩町を取材しておらず、現地に来たのは栗田の助手役の記者だった。

この記事で名誉を傷つけられたと感じたのか、怒った梶原は二七日、朝日新聞東京本社の松下宗之社長宛に抗議文を送った。「あのような乱暴な論評をされたのでは、常に二一〇万県民の幸せを願い、日夜『日本一住みよいふるさと岐阜県づくり』に奮闘している当職のみならず、本県にとって耐え難い屈辱であり、ここに厳重に抗議します」

それを知った名古屋本社の編集局では、住民投票の少し前に交代した社会部長から私に「東京本社で善後策を相談してこい」と指示があった。東京本社で会った栗田は「梶原は正常だと思えない」。助手に至っては「掲載前日に原稿を杉本さんに送って内容を確認してもらった。それで問題が起きたら、名古屋の責任」と逃げた。助手に「じゃあ、僕が原稿に手を入れたら従うのか」と言ったが、返事はなかった。今度は東京社会部の先輩記者でもあった小林泰宏広報室長に会った。こちらは大人の対応で、室長名で返事を書くという。七月一日、「天声人語は報道記事ではなく、評論、意見を核とするものです」とし、論評した内容は新聞記事や朝日新聞名古屋社会部が出した本に掲載された内容ばかりであると書いた文書を知事に送るとともに、梶原の抗議文を二日付朝刊に全文掲載した。異例の措置だったが、それでも梶原は納得しなかった。

間もなく騒動が起きた。梶原のツルの一声で、県庁とその出先機関、さらに教育委員会事務局に至るまで、県がとっていた約三〇〇部の朝日新聞のうち二一〇部の購読を中止してしまったのである。朝日新聞社は九日付の朝刊紙面で、この事実とともに、取締役橋弘道名で「不当な公権力の行使」であるとの談話を紙面に掲載した。すると、梶原はまた社長宛に、解説面にある「論壇」に寄稿させよと要求する文書を送りつけた。購読を中止した件については「県という組織体が新聞を何部とるかは私的な取引行為」と居直った。

朝日新聞社は再び小林広報室長名で「県という公的機関が言論をめぐるやりとりの前に組織的に決定した削減であり、不当だと弊社は判断しております」とし、論壇の寄稿も「紛争当事者の一方的な言い分や、すでに紙面で報じられたことの繰り返しなどでは、基本的に欄の性格になじまない」と返答した。これに梶原はなお、広報室室長名で返答していることを遺憾とする文書を送りつけた。

ここまでは言論機関としての朝日の矜持を見せた対応だったが、「兵糧攻め」にあうと弱かった。やがて東京本社編集局との協議で決まったのか、名古屋の社会部長が知事に会いに行った。帰ってきた部長は、私たちデスクを集め、「解決した。知事に謝罪はしなかった」と言ったが、その言葉をそのまま受け取るデスクはいなかった。間もなく梶原の機嫌が直り、購読中止の措置が解除された。県庁の組織の中で購読数を減らさなかった唯一の組織が県警だった。独立した組織だから当然と言えるが、教育委員会は梶原の指示に従っていた。襲撃事件という行政暴力事件の捜査の最中で、それに従えば捜査の姿勢そのものが問われかねないと危惧したのだろうか。

ところで、住民投票のあと、柳川は「住民の意思を尊重したい」との姿勢を県に伝えた。県は、計画の正否は、計画地にある町道など二〇〇〇平方メートル余りの町有地の処分に関連して、町有地の管理者である町長が都市計画法三二条の規定に基づく同意をするかどうかを記した同意書がないと審査ができないと、町に返答を求めた。しかし町長は、同意するかしないかにかかわらず、県は許可事務を進めることができるとして回答を拒否、膠着状態が続いた。このような宙ぶらりんの状態を続けることは、町にとっても好ましいことではなかった。

## 町と県の確執は県史、町史にも影響

私が、東京本社から再び名古屋本社の報道センターに記者として赴任したのは二〇〇三年九月だった。八月に三重県桑名市にある県の固形燃料・ＲＤＦの発電施設のタンクが爆発し、消防士二人が死亡する大惨事があり、その取材にかかりっきりになった。ＲＤＦを積み上げると発酵して発火することは海外では広く知られ、専門家は警告を発していた。しかし、国も三重県もそのことを知らず、業者による極めて危険な設計と運用が行われていた。起こるべくして起きた事故だと感じた私は、告発キャンペーンを展開していた。

そんなころ、長良川問題で親しくなった伊藤達也金城学院大学教授（現法政大学教授）から相談したいことがあると言われ、大学に向かった。ＲＤＦのキャンペーンの最中の〇三年一〇月三日のことだった。彼は『岐阜県史通史編　続・現代』の執筆陣の一人に選ばれ、長良川河口堰、徳山ダム、廃棄物問題と御嵩町の産廃問題の執筆を依頼されていた。「徳山ダムと長良川河口堰は問題なく通ったのに、御嵩町の原稿に県がクレームをつけてきたんです」と言って見せてくれたのが、「序・通史現代編の概要」と書かれた三種類の原稿だった。

一つはそのまま活字になった原稿だった。二つ目はそれに線を引いて手書きで直したり、何ページにもわたって削除の印が入った原稿。三つ目はその指示を反映した見え消し版の原稿。各カ所に真っ赤な削除の線が入り、もはや原型をとどめていない。

経過はこうだった。一年半前に県の県史の編集室の二人が大学に来て、長良川河口堰と徳山ダムについて失敗のように書かれているが、県の方針と違うと伝えた。伊藤は「データが間違っているものは直すが、解釈を曲げて、県のために文章を直すことはできない」と断った。

その後伊藤は少し手直しした原稿を再度、県に提出したが、今度は水資源課からクレームがあったという。今度は今回の県史執筆陣をまとめている岡田知弘京都大学教授が間に入り、名古屋に来てもらって二人で直し、その結果パスした。

だが、今度は廃棄物を扱った文章に廃棄物対策課が「県に配慮してほしい」とクレームをつけた。京都で伊藤、岡田教授、編集室職員の三人が会った。職員が見せた原稿は五〇カ所近く修正が入っていた。県の立場を擁護する修正が入っており、「価値評価に入り込んでいるのでおかしい」と伊藤は拒んだが、結局、かなりの部分の修正に応じることになった。それで収まるはずだったが、事態はさらに悪化した。前の原稿を桑田の後任の奥村和彦副知事が見て、「抜本的に書き換えなきゃいかん」と指示した。廃棄物対策課が全面的に手を入れるよう編集室に要請し、結果的にこんな真っ赤な原稿になったという。

その後岡田教授からこの経緯を知らされた伊藤は、「御嵩町も含めた廃棄物のところをすべてカットしてほしい」と伝えた。伊藤が編集室の担当者から聞いたところによると、「朝日新聞の記事や本は客観性に欠ける。（県に好意的な）岐阜新聞に書かれている事柄ならよい」と言われているという。彼らも苦悩のあげく、すっかりやる気をなくしていたようだ。

私は伊藤の了解を得て、一〇月六日付夕刊の一面で特ダネとして大きく報じた。

「『御嵩産廃』県史から削除　岐阜県『立場配慮を』大幅書き換え要求」の見出しで、削除された部分を紹介しながら、私が個人的に付き合いのある平野孝龍谷大学教授（日本政治史）の「行政に都合がよいだけの歴史の記述を住民は求めていない（中略）時代錯誤も甚だしい」との談話を添えた。これはずいぶん話題になり、柳川はさっそく記者会見を開き、「焚書坑儒を思い出す」と舌鋒鋭く県を批判した。一方、梶原知事は記者会見で「私の在任中のことは（私が）死んでから評価してもらいたい」と語るだけだった。

しかし、県史問題はこれで終わらなかった。憤った柳川は、町で御嵩町史の現代版を出すことを決めた。翌年一月から編纂が始まり、二年あまりで『御嵩町史　通史編　現代』が発刊された。

ところが、この町史にも問題があった。二〇〇五年の年が明けて間もなく、町役場の町史担当者と秘書係長が朝日新聞名古屋本社にやって来た。私に会うと、担当者が産廃問題を扱った原稿を書いたが、これでよいのか見て欲しいという。目を通すと、原稿の半分以上が朝日新聞の記事と朝日新聞名古屋社会部編の『町長襲撃』という本からの引用だった。中日、読売、毎日の各紙も含めると、原稿の大半が新聞記事をもとにして書かれていた。「これ、新聞のスクラップ記事の切り貼りじゃないですか」と言うと、担当者は「著作権に触れるんじゃないかと心配で」と語った。

著作権法で引用はたしか五分の一程度にとどめることになっているので、どうしたらよいかという。この章を執筆したのは、岐阜大学の教授を務める写真家だった。ベトナム戦争で米軍の散布した枯れ葉剤によるダイオキシン汚染を伝えたことで知られる人で、この人への執筆依頼は町長が決めたという。この写真家は、御嵩町にある寿和工業の安定型処分場に搬入が禁止されているトリクロロエチレンの缶が捨てられていたことをテレビ朝日が報道した際、クルーと一緒に寿和工業を訪ねたことがあったようだ。寿和工業に残されている当時のクルーの名刺に「〇〇氏、同席」と書かれていた。柳川や反対派は、この報道をもって寿和工業が不法投棄したのではないかと指摘したが、あまりに不自然な出来事であり、この取材クルーの取材と報道内容の拙さに、私は疑問を感じていた。

その後私は、引用を減らしてもらおうと、原稿に手を入れて町役場に原稿を送ったりした。やがて完成した町史が届けられた。読んでみて驚いた。これもまた客観性が欠けているのではないかと思ったのである。柳川町長が大変な目にあったのはわかるが、県と寿和工業への批判的な記述が目立ち、平井町政時代について否定的に書かれているように思えた。平井町政の豊吉助役の釈明とも言える長文の談話が、小さな字で掲載されているが、匿名扱いで、これではまるで被告席にいるようだ。

## 町長動かず

私は、折に触れ御嵩町の町長室を訪ねていた。住民投票後の産廃問題の解決方法について尋ねるのが目的である。ある時、柳川は二つの解決策を紹介したことがあった。一つは、寿和工業が一九九五年に県に出した開発許可願いを出してから八年たつのに、県は放置している。やるべきことを県は行っておらず、行政手続き法違反（県の不作為）として訴える。二つ目は、原発の立地に反対する新潟県巻町が、予定地にあった町有地を反対住民に売却した例に倣う。

しかし、まるで評論家のように語るだけで、柳川にそれを行う意思があるとはとても思えなかった。やはり県からの要請に応えないまま膠着状態を続け、引き延ばすしかないと考えているようだ。それに、柳川が県の不作為を指摘しても、町にも不利な点があった。それは平井町政時代に協定書まで結び、処理施設の設置を実質上認めてしまっていたということだった。柳川が町有地を売らないと決断し、同意しない旨の回答を県に出せば、県は不許可処分すると言っている。しかし、その場合、業者が県を相手取って廃棄物処理法上は適正だと処分無効の訴えを起こすかもしれない。さらには、業者が町長を相手取り、損害賠償を求める裁判を起こす可能性もあった。

県や町役場のＯＢは「平井町政時代に計画を認めてしまっており、それを覆すだけの理由がないと苦しい。平井町長時代の行政手続きに違法性はなく、水質汚染の心配があると裁判で主張しても通らないのではないか」と語った。

最終処分場での水質汚染をめぐる裁判として全国的に知られるのが、東京・多摩地域の市町村でつくる一部事務組合が日の出町に造ろうとした最終処分場の建設差し止めを住民たちが求めた裁判である。当初は、遮水シートが破損し、汚水漏れを示唆する電気伝導度のデータを組合が隠し、開示を拒んだために、反対住民がデータの開示を求める裁判を起こし、組合が敗訴していた。しかし、処分場の建設差し止めの裁判では、東京都が組合事務局の幹部をすげかえ、訴訟体制を立て直した。原告の住民側は、多摩川を汚染する恐れや焼却灰に含まれるダイオキシン汚染の危険性などを訴えたが、裁判所は認めず、都と組合に軍配が上がった。

争点となった最終処分場は稼働し、安全に運営・管理されている。さらに処分場延命のために、組合は焼却灰を原料にセメントを製造するエコセメントプラントを導入し、埋め立て量を極小にすることに成功した。住民側はこのプラントの設置に対しても安全性を争点に裁判に訴えたが、敗訴に終わった。住民側に不満の残る結果となったが、公害対策と監視体制をしっかりしていれば処理施設が環境汚染を起こす可能性が極めて低いことが、日の出町はじめ多摩地域の住民に広く認識されていったのである。もちろん裁判闘争は、安易なごみ処分に警鐘を鳴らす役目を果たした。

住民投票が行われた当時は、日の出町の処分場問題で闘った市民団体や弁護士らが御嵩町入りして反対住民を応援した。岡本隆子ら女性グループが日の出町の処分場の水質汚染を描いた「水からの速達」の自主上映会を行い、それが御嵩町の処分場反対運動として広がっていった時期と比べ、その後の状況は、裁判の行方を見ても一変していたのである。

## 助役人事に議会が反対

住民投票後も県に抵抗する柳川町長を与党会派の議員たちが固いスクラムを組んで支えていると、多くの住民は思い込んでいた。しかし、水面下ではそうではなかった。亀裂が表面化したのは住民投票から二年たった九九年夏のことだった。

八月に開かれた議会運営委員会（議長と委員会委員長らで構成）で、柳川町長がいきなり人事案件を持ち出した。田中保を新しい助役に選びたいと同意を求めたのである。田中保は、柳川が出馬した際に選対の中心となった柳川当選の最大の功労者であり、住民投票条例案をつくり、みんなが怖がって辞退するなか一人直接請求人を引き受けて、住民投票を成功に導いた立役者だった。その彼を、今度退職する助役の後釜に招きたいという。

その柳川の提案に幾人かが異議を唱えた。「人事案件なのでできれば全員の同意をとりつけたいので、時間がほしい」。柳川はいったん提案を取り下げた。柳川は根回しを一切しない人で、この時も与党会派である清流会のメンバーに相談していなかった。

その直後の一九日、中日新聞朝刊の一面に、柳川が田中を助役に据える方針を固めたとの記事がでかでかと出た。さらに柳川の談話もあった。「柳川町長は今回の人事案について『信頼できる人物を選んだ。住民投票条例案をほとんど一人で起草するなど、行政経験がなくても能力は十分ある』と説明している」

議会はじめ関係者の内諾を取らない人事案件の報道は、その人事案件を潰すためであるというのが世間の通り相場だ。柳川は記事にすればことがうまく運ぶと思ったのか、それとも人事案を潰すために議員が記者にリークしたのか。この新聞報道に即座に反応したのが当の田中保だった。田中は町長室を訪ね、無言で手紙を机に置くと、立ち去った。「一身上の都合により辞退します。田中保」と書かれてあった。

九月九日、柳川は開会日の議会でこの経緯を語ると、まるで人ごとのようにこう語った。

「報道が行われたんで、（田中が）びっくりして嫌気がさしてしまったのか、その辺のことは私の推測の範囲を出ておりませんので、あらぬ忖度はできないかと思います。いずれにしましても、大変残念なことではあります」

人事案件は周到に事を運ばないと壊れる。それを考えず、弄ぶような結果になったことへの反省の弁が、柳川の口から語られることはなかった。

その翌日の議会で、さらにこんな発言が飛び出した。

**渡辺議員**「（住民投票の条例案は）新潟県巻町及び瑞浪市から取り寄せたものを御嵩町独自のものに作り替えたものです。いわゆる参考以上の存在であったことも事実。この条例の変更及び推敲は四団体と議員有志が合同で行ったものです。（直接請求人が田中一人になったのも）有志による議員提案も視野に入れて、結果的に有志議員一同、ある意味での決意、腹をくくった状態になり、その上で一般町民（田中を指す）の直接請求が結果的になされた。（病床で）五体（不）満足な状態にあった町長は知り得ていない」

私が、渡辺同様「みたけ未来21」の主要メンバーである谷口議員にこの条例制定の状況を聞くと、こう語った。

「（田中の作った条例案に）欠陥があったので、僕が中心になって直した。住民の『意志』を『意思』に、そして、町長は（住民投票の）過半数の意思を『尊重しなければならない』を『尊重して行うものとする』に直した。『ならない』だと町長の行動を縛ることになる。だからこんな表現にしたんです」

法的根拠のない住民投票だからどちらでもよいように思えるが、谷口にとっては、田中のつくった条文に手を加えることが大事なのだろう。私は、現職の渡辺町長にも会って当時のことを尋ねた。渡辺は「田中さん一人がやったように言われているが、そうではない。直接請求人が見つからなかったら、自分たちがやろうと思っていた」と語った。

なぜ、二人は田中に悪意ともとれる感情を持つのか。役場のＯＢに聞くと、こんな答えが返ってきた。「そりゃあ、簡単ですよ。もし田中保さんが助役になったら次の町長は田中さんが最有力候補になる。柳川さんが推すから当選するでしょう。それを二人は嫌ったのでしょう。だって、二人は柳川さんが引退後、町長選に出馬し、町長の座を争ったんだから。もし、田中さんが助役として町長を諫める役割を担っていれば、町は違った経過をたどったかもしれない」

私は可児市の喫茶店で田中に会って、当時のことを尋ねた。いやな思い出を聞かれても、彼は笑顔を崩さず、ひょうひょうと語ってくれた。

「かなり前から何度かね、助役になってくれないかと、柳川さんから誘われていたんです。でも私は仕事が忙しいし、そもそも俺が俺がというのが嫌いなんだ。だから、やる気はないよ、と断っていた。ところが、あんな記事が出た。何があったのかね」

## 助っ人の登場

その少し前のこと。御嵩町内に一軒家を借り、東京から移り住んできた一家がいた。森朴繁樹は妻と近所を挨拶回りすると、自治会に加入し、瞬く間に地域に溶け込んでいった。寿和工業の顧問としてこの「御嵩問題」を解決するために引っ越してきたのだった。

森朴は在日韓国人の祖父母を持ち、帰化して日本国籍を得て、名古屋で商売をしていた父と日本人の母に育てられた。名古屋の私立の名門、東海高校から東京の写真専門学校に入ったが、そこで学生運動にのめり込み、二年で中退した経歴を持つ。

寿和工業の清水正靖会長に森朴が初めて会ったのは一九九二年のこと。当時全国環境整備事業協同組合連合会（し尿処理や浄化槽の清掃、家庭ごみ収集業の全国団体の一つ）の理事だった森朴は、自民党の政務調査会のスタッフとして廃棄物関連の陳情を受ける仕事をしていた。産廃業界は、災害準備引当金を損金として処理してほしいと陳情した。だが、産廃業者を束ねる全国産業廃棄物連合会は、連合会と別につくった政治連盟を通して政治献金をしていたものの、自民党とのパイプは細く、影響力は小さかった。しかし、それを何とか大蔵省に認めさせるため、連合会の幹部らは、理屈をつくりあげて有力議員らに説明しようと永田町の自民党本部にやってきた。

その連合会の理事たちの中に、岐阜県から上京した寿和工業会長の清水正靖がいた。連合会の常任理事で、社団法人岐阜県産業環境保全協会副理事長の肩書を持っていた。

森朴の目に、清水は政治家にさしたる影響力も持たない地方の産廃業者と映った。ただ、清水には人を惹きつけるところがあった。「清水さんは、自分の会社で進めている御嵩町の計画について半官半民で進めていると紹介し、そこに廃棄物処理業で働く人たちのための専門学校を造る、将来は大学も誘致するんだと、夢を語ったのです。それは、福島県で最終処分業を営む全国連合会の故太田忠雄会長の持論でもあったのですが、中部地方でも同じようなことを唱えている人がいるんだと感心しました」

森朴の名前が知られるようになったのは、同和運動の組織改編をめぐる活躍ぶりである。八六年七月、暴力団との癒着や不祥事の続発する全日本同和会が分裂し、全国自由同和会が発足した（二〇〇三年に自由同和会と改称）。いま、政府が交渉対象団体と認めているのは、自民党系の自由同和会と、共産党系の全国地域人権運動総連合、旧社会党系の部落解放同盟の三団体であるが、それまでは、全日本同和会が交渉団体として大きな力を持っていた。

被差別部落（同和地区）住民に対する不当な差別や偏見を排除し、社会的・経済的な地位向上のために同和対策事業特別措置法が制定されたのは一九六九年。八二年にそれを引き継ぐ形で地域改善対策特別措置法が制定された。当時は全日本同和会と解放同盟による利権漁りや暴力団との癒着、恐喝事件が各地で頻発し、社会的に大きな問題となった中での引き継ぎだった。

利権漁りで有名なのは北九州市を舞台にした土地転がし事件だった。九億円で買った土地を二六億円で市に売却していたことがわかり、マスコミが反利権キャンペーンを展開、両団体は社会から指弾されていた。特に全日本同和会は会長自らが土地転がしにかかわっていたことから、会の分裂を誘引する契機となった。こうしたことから、自民党内では五年後の八七年の特措法の期限切れを最後に廃止しようという声が高まっていた。

同法を所管する総務庁（現総務省）の地域改善対策協議会の意見具申をもとに、八七年三月に地域改善対策特定事業に係る国の財政上の特別措置法が制定され、新法で行う事業と、国民と同様に一般対策として自治体に委ねる事業に分ける形になった（その後も五年ごとに延長され二〇〇二年に終了）。

全日本同和会内部では、旧執行部から離れて新組織として出直しを図る動きが出ていたが、それを裏でサポートしたのが、自民党の政策調査会の付属機関として、参院議員の堀内俊夫が理事長になって設置された「地域改善研究所」だった。そして、その研究所の所長に森朴が就任した。やがて全日本同和会から岐阜県など一二府県の組織や一部が抜けて八六年四月に全国自由同和会が結成され、これまでの国民から不信感を持たれる行為の一掃を誓った。この新組織づくりを裏で支えた森朴は、当然のことながら、新法の制定にも深くかかわることになった。

## 処理業者のストライキ

この全国自由同和会の結成の流れのなかで、森朴は岐阜県の産業廃棄物と一般廃棄物の処理業者たちとの付き合いを深め、状況を把握することになる。やがて岐阜県に事件が持ち上がった。八九年一二月五日、岐阜県環境整備事業協同組合（通称・岐環協）傘下のし尿処理業者たちが、県内全域で行ったストライキだった。可児市役所の駐車場を、県の処理業者のバキューム車など約二五〇台が占拠し、ストライキを決行したのである。

その伏線は、県の各務原市での流域下水道終末処理場建設をめぐって長く続いた住民紛争が終結し、岐阜市の一部と各務原市で供用開始を一年半後に迎えていたことにあった。下水道の普及に伴い、市町村が行っているし尿処理量は減ってゆく。バキューム車によるし尿の収集は一般廃棄物処理業者が市町村の委託を受けて行い、市町村や一部事務組合の処理施設に運んでいた。また、浄化槽を備え、水洗トイレに変える家庭が増えていたが、浄化槽から汚泥を回収し、処理施設に運ぶのもその収集業者だった。県が進める下水道の普及は、これらの業者の仕事を奪うことになり、まさに死活問題だった。

これはもともと全国的な問題となっており、七五年に議員立法で「下水道の整備等に伴う一般廃棄物処理業者等の合理化に関する特別措置法」(合特法)が制定された。激変緩和措置として転業や廃業する事業者に助成金を出したり、ごみ処理業務や下水道汚泥の収集・運搬、下水道管路の清掃・管理などの仕事の委託などを行う救済措置を設けた。それに基づき市町村が合理化計画を立てて対処するのだが、そこにはごみ収集業者など既存の業者が存在し、競合を招くことになる。仕事を発注する市町村の対応にもずいぶん差があり、処理業界内で軋轢が起きた。

岐阜県の場合は、可児市に拠点を置く既存の業者と、岐環協傘下の業者とが各務原市のごみ収集業務をめぐって取り合いになった。可児市の業者が、全日本自由同和会の岐阜県連合会会長の職にあったことから、一層こじれた。岐環協が可児市役所に乗り込んで「市が与えた業の許可を取り消せ」と迫ると、可児市の業者も不当性を厚生省に訴えた。

合特法の運用に対するもともとの不満もあり、傘下の事業者によるスト決行となった。このストライキを指揮し実質上協会を動かしていたのが、岐環協の川島豪顧問だった。川島の実家が大垣でし尿処理業をしており、川島は、岐阜大学から東京水産大学に転学すると、学生運動に入り込んだ。やがて京浜安保共闘の議長として、米軍基地の爆破や交番襲撃といった武闘路線を突き進んだ。やがて赤軍派の幹部におさまるが、逮捕され、七九年に出所するまで一〇年の獄中生活を送った。連合赤軍の永田洋子の著書『十六の墓標　炎と死の青春』（彩流社）には、川島を非難する生々しい記述もある。

## グランドルール

その川島は出所後、大垣の実家の仕事を手伝うようになり、やがて岐環協の顧問となると、その巧みな弁説と行政との対決姿勢で、組織を牛耳ってしまった。ストライキで県と市町村を窮地に立たせ、交渉を有利に運ぼうというのが川島の戦略だった。しかし、行政側も負けてはいなかった。岐阜県は、おののく市町村を奮い立たせ、酪農用のバキューム車などを調達させ、市町村の職員自らし尿の収集業務に当たらせた。

その時、市町村に知恵を授け、陣頭指揮に当たったのが、後に副知事になる桑田宣典だった。県がスト中止の仮処分を求めて岐阜地裁に訴えると、岐環協も反訴して争うことになったが、最後は、田中角栄と太いパイプを持つ古田好県会議員が仲介に入り、立会人となって、二二日に合意文書が交わされた。こうして三週間にわたったストライキは収束するのである。

桑田は情の人だ。強硬な川島に何度も会い、粘り強く交渉した。桑田が振り返る。「川島は赤軍派の過激派でどんなやつかと構えていたんですが、実はじっくり話すと、純粋でいいやつでした。とんでもないことをやらかしてくれたが、人間的には好感を持ちました」。その姿勢が、川島を動かした。

厚生省の官僚も現地に向かった。坂本弘道は水道環境部の水道整備課長から、廃棄物を担当する環境整備課長になったばかり。「もちろん、川島に会いに行きました。思っていた感じと随分違った。もちろん、めちゃめちゃ言われましたが、わかり会うところもあった」。京都大学で衛生工学を学んで入省した坂本も官僚らしくない人物で、ざっくばらん、親分肌が身上だった。

ストライキを指揮した川島はその当時、胃がんに侵されており、翌九〇年一二月に四九歳の生涯を閉じる。岐環協と自治体が対立する中、全国自由同和会岐阜県支部からSOSを受けた森朴は、東京から駆けつけていた。県と一緒になって川島と対決するのだが、ケンカ別れに終わらせず、事を合意の方向に持ってゆく交渉力を発揮した。ストライキが中止になると、敵対していた岐環協の幹部らが「ぜひ、岐環協の力になってほしい」と要請した。こうして森朴は岐環協の顧問となり、岐環協が加盟する全国環境整備事業協同組合連合会の理事に就任した。

岐環協の課題は、合特法をどう市町村の施策に反映させ、処理業界の倒産や足の引っ張り合いをなくすかにあった。森朴は県と市町村との協議を重ね、九五年六月に「合理化問題に関する基本協定」（通称・グランドルール）が市長会、町村会と締結された。グランドルールは、下水道直結件数に基づく業務の減少量に概ね該当する量の転換支援業務を市町村が業者に提供し、金銭補償を行わないことを基本としていた。これによって「行政にとっては残業務の安定継続を保証し、業者にとっては事業転換を経済的に担保するものとなっている」（『岐環協史　業界45年の軌跡』岐環協、二〇〇〇年五月）。

### 「道雄の友だちになってくれんか」

それから三年すぎた九八年秋、森朴は寿和工業の清水会長に呼び出された。会うと、清水は「寿和工業のために働いてもらえないか」と言った。森朴は「別に仕事があるので、お断りします」と返した。だが、清水は諦めなかった。その後何度か会い、同じ内容が繰り返されたあと、清水は「わかった。じゃあ、道雄の友だちになってやってほしい」と懇願した。住民投票のあと、息子で社長の道雄は体調を崩し、ノイローゼ状態に陥っていた。町長襲撃事件に関与したのではないかとのうわさが町に広がり、嫌がらせ電話が頻繁にかかり、社員の子弟が学校で嫌がらせを受けることもあった。

住民投票ののち、計画をどう進めていったらよいのか、頭を痛める道雄に、第二グループの盗聴犯が捕まり、清水会長が巨額のお金を与えていたことが明るみに出た。勤務時間中は、社員ともほとんど話さず一人社長室に籠もった。定刻になると隣の自宅に戻り、カーテンを閉め切って妻とすごした。憔悴しきった道雄の姿に、豪放磊落な会長もさすがにこたえていた。そんな道雄のことを会長から知らされ、森朴は顧問を引き受けることにした。道雄の片腕として、問題解決に当たろうと思ったのである。

しばらくして森朴は、町長室の柳川を挨拶に訪れた。しかし柳川の不信感は強く、解決策について踏み込んで語りあうことにはならなかった。

その後も、森朴は、寿和工業の顧問弁護士から町の顧問弁護士を通じ柳川と接触を図った。だが、「白紙撤回してもよい」と大胆ともいえる提案を森朴が出しても、柳川の返答はなかった。森朴は諦めず、二回ほど会っているが、柳川は最後に、「個々の業者には会わないことにしている」と言って、接触を断ってしまった。

柳川は、寿和工業側と話し合うことについて、私にこう語ったことがある。「君子危うきに近寄らずだよ」。しかし、県とも業者とも話し会うこともなく、解決責任は相手側にあると言っているだけで、解決に至ることができるのだろうか。

## 解決の道は「円卓会議」？

二〇〇五年春から私は、三重県四日市市にある石原産業四日市工場による「フェロシルト」と呼ばれる有害な無機汚泥の巨大不法投棄事件の取材にかかっていた。これは津総局にかかってきた一本の内部告発の電話が端緒だった。総局では告発者の信頼がなかなか得られなかったことから、私が名古屋から乗り出した。告発者の協力を得ることに成功し、津総局の若手記者たちと取材チームを組み、一年以上の取材の末、翌年一一月に三重県警による副工場長らの逮捕に結びつけた。

工場から出る大量のアイアンクレイと呼ばれる有害な無機汚泥が年間十数万トンにものぼることか

ら、処分費を削減するのが会社の方針だった。そこで、汚泥に「フェロシルト」の名前をつけてリサイクル材と偽って販売、東海地方を中心に七二万トンの無機汚泥を不法投棄した。この事件は、私と津総局員の告発キャンペーン記事によって、日本を代表する化学メーカーが手を染めた悪質な「リサイクル偽装事件」として全国に知られることになった。

一方御嵩町の住民投票の前後から、私は、各地の環境問題をめぐる住民紛争を取材しながら、関係者の話し合いで双方が合意形成し、解決できないものかと考え続けていた。

例えば長良川河口堰の建設問題では、七〇年代の漁民による裁判闘争の時代を経て、市民団体による裁判と環境市民運動による抵抗の時代があった。紛争を通じて、当時の建設省は環境を重視する改革派官僚が力を持つようになり、自社さ連立内閣の下で元旭川市長五十嵐広三大臣が、反対派と推進の国、事業者らが一堂に会する円卓会議を設置し、その間は供用開始をひかえ、河口堰問題を議論させたことがあった。強硬論をぶっては反対派の怒りを買っていた梶原は、この円卓会議に批判的だったが、円満な解決を望む建設官僚たちは、強がりの目立つ梶原を嫌っていた。

五十嵐に代わって大臣になった野坂浩賢は、円卓会議の推移を見て、「毎回同じ主張の繰り返しであり、学者の意見も真っ向から対立している。私が結論を出す以外にこの問題に決着をつけるしかないと考えた」(『政権　変革への道』すずさわ書店、一九九六)として、供用開始を決断した。

私はこの円卓会議を毎回傍聴・取材していたが、多くの取材記者が言うような「両者が対立するだけの意味のない会議」とは思えなかった。平行線に終わっても、対等な立場で意見を述べ合うことはやはり大切なプロセスだった。その後野坂は、全国のダムや河口堰の事業の見直しをするためにダム等建設事業審議委員会を設置し、各地の計画の見直しが進められた。委員の人選を地元の知事に任せたこともあり、岐阜県の徳山ダムのように最初から建設ありきに終始した委員会もあったが、中止が決まったダム計画も多く、合意形成のプロセスを大切にしようという気運が芽生えたことは間違いない。委員会を設置した野坂も、円卓会議を無用な会議と見ていなかったということである。

その次に私が注目したのが、二〇〇五年に愛知県で開かれた国際博覧会（愛知万博）の予定地開発をめぐって論議した愛知万博検討会議だった。予定地は瀬戸市の里山、海上《かいしょ》の森と呼ばれ、人の手が入った里山だが、もともとの県の構想はこの一体を開発し、万博の後は住宅や研究施設などを設置するものだった。その開発志向が地元や東京の環境保護団体から批判を浴び、あげくのはてにパリにある万博事務局（ＢＩＥ）からも批判されるに至り、大幅な計画見直しが必須となった。

そのころ、事務局の博覧会協会で策を練ったのが、環境庁から環境部長として出向していた松崎誠士郎だった。レンジャーの彼は、協会、県、国、関係団体などが一堂に会して合意形成を図る愛知万博検討会議を提唱し、協会や国、関係団体を説得し、設置させた。かつて長野県の国立公園事務所長時代、長野オリンピックのアルペンスキーの滑降コースが自然破壊だと内外から批判された際に、調整するための「自然保護検討会議」を提唱し、実現にこぎつけた実績があった。

松崎は本物のプロだった。松崎は、事務局を訪ねた私を人のいない会議室に招き、こっそり一枚の絵を見せた。「これがやりたいんですよ」と言って協力を求めた。愛知万博検討会議と書かれ、関係者、団体が配置された図だった。これがばれて失敗したら環境庁に戻れないだろう。自分の出世のことを考えず、困難な状況を切り開こうとする松崎に感動し、私は即協力を申し出た。そして地元の自然保護団体などに接触を始めた。

愛知万博検討会議は二〇〇〇年春から夏にかけて論議を続け、海上の森の開発面積を大幅に縮小し、主会場を近くにある県の青少年公園に移すことで合意した。一八人の委員のうち自然保護団体メンバーが三分の一を占めたことから彼らの主張がほぼ通り、海上の森の開発面積は極端に小さくなった。委員長の独断先行の振る舞いなど課題も残ったが、ともかく開催が危ぶまれていた愛知万博を救うことに成功したのである。私も会議を傍聴し、委員らが、ある時は自己主張し、ある時は他の委員の話に耳を傾けるのを、ある種の感動を持って眺めていたのである。

## 住民投票のその後が課題

一方、御嵩町に続いて住民投票がいくつかの町で実施された。九七年の廃棄物処理法の改正論議の際、柳川は同じく産廃処理施設の建設問題を抱える宮城県白石市の川井貞一市長と審議会に呼ばれたことから知り合い、同様の問題を抱える市町村に呼びかけ、九八年に全国産廃問題市町村連絡会が結成された（当時二四市町村、現在一三市町村、御嵩町は正会員から抜けている）。柳川は会長に就任し、積極的に厚生省に働きかけた。

白石市でも産廃処理施設の是非を問う住民投票が九八年六月に実施され、反対が多数を占めて計画は白紙撤回された。同年、千葉県海上町の同様の投票でも反対が多数となり、県は施設の設置申請を不許可にした。宮崎県小林市では逆に産廃住民投票で賛成が多数を占め、処理施設が建設された。産廃施設をめぐる住民投票では反対が多数を占めるケースが多く、多くが白紙撤回されている。しかし、法律や県の要綱に従って手続きを進めながら、「住民の意思」でＮＯ！を突きつけられた業者にとってみれば、災厄以外の何物でもなかったかもしれない。

御嵩町で実施された後、住民投票が大きな話題になったのは徳島市だった。吉野川下流の徳島市に設置された第十堰が老朽化し、それに代わり建設省が計画した可動堰の建設の是非を問う住民投票が二〇〇〇年一月に行われた。九割が建設に反対し、建設省は建設計画を白紙に戻した。住民投票を成功させた立役者が司法書士の姫野雅義だった。住民の憩いの場であった第十堰の価値を重んじ、それを撤去して可動堰を造る計画に対し、息の長い粘り強い反対運動を展開し、白紙撤回を勝ち取った。

私は住民投票前後の何回か現地を訪ね、姫野から苦労話を聞いた。市議会に住民投票条例を否決されると、次の市議会で賛成派を多数擁立し、議会の構成を変えて条例案を可決させた一連の取り組みは、まさに住民運動のお手本と言ってもよかった。姫野あっての住民投票の成功だったと確信した。

しかし一方で、姫野ら住民投票グループと別に、アセス派（合意形成のプロセスを重視する人たち）と呼ばれる市民グループがいた。彼らは、計画を白紙に戻し、国や関係者を交えた検討会議方式で一から協議し解決を図る道を探っていた。国との交渉を排し、住民投票で一気にかたをつけようとする住民投票グループとは相容れないが、私はこの考え方にもある種の正当性を感じた。

私は、朝日新聞総合研究センターの主任研究員のころに、可動堰問題についてアセス派を評価するレポートを書き、姫野に送ったが、「これはだめです」と評価は辛かった。アセス派の構想は、建設省もステークホルダーの一員として議論に参加させるとしており、また可動堰の否定を前提にしていなかったからだったという。

姫野は投票から一〇年たって不慮の事故で亡くなるまで、第十堰でさまざまなイベントを行い、子どもや家族連れが水辺で戯れる姿を見守り続けた。しかし、彼が亡くなって何年かたった後、第十堰を訪ねると、人の姿はなかった。国土交通省の出先に行くと、可動堰に代わる吉野川の治水の検討はほとんど進んでいなかった。住民投票が足かせなのか、それを理由に役人が惰眠をむさぼっているのかはわからないが、住民投票の桎梏を感じた。

## 公的な会での協議求めた清水社長

こんなこともあって、私は、襲撃事件から一〇年を迎えた二〇〇五年秋、柳川町長や寿和工業顧問の森朴に会い、公の場による話し合いでの解決を提案した。私がこだわったのは、密室の交渉はやめ、すべてオープンにすることだった。柳川町長は「ガラス張りの町政」が身上だから、オープンを基本にしないとこの話は成り立たない。私の頭にあったのは円卓会議だった。

しかし、計画通りの処理施設を設置したいというのでは協議はなりたたない。私は、同社が協議を受け入れても、どういうスタンスで臨むのかと問いかけ、寿和工業の出方を待った。

一方柳川はどうだったのか。一九九五年の初当選以来三期目になる柳川は、二〇〇六年四月に任期満了を控えていた。柳川の支援者から、私は柳川が三期で引退する意向であることを知らされており、柳川の話しぶりからも、それを肯定しているように見えた。

町長室で古田肇新知事の話になった。相性が悪かった梶原に代わって二〇〇五年二月、経済産業省の官僚だった古田が知事に就任した。古田は就任すると、「政策総点検」に着手し、梶原時代の施策の洗い直しを始めた。地球環境村構想も遡上にのぼり、あっというまに廃止になった。

やがて職員組合の通帳に多額の県の裏金がため込まれていることが発覚した。弁護士による第三者委員会が解明を進め、九二〜〇三年度までの裏金が総額一七億円にのぼることがわかった。職員らによる飲み食いをはじめ使い道は多岐にわたり、九八年からは公文書を情報公開請求されて裏金の存在がばれないように、請求の対象にならない職員組合の管理口座に移して蓄財していた。梶原は現役時代に裏金づくりを黙認しており、古田は裏金づくりにかかわった幹部職員らを処分するとともに、梶原らOBなどにも返済を求めた。元通産官僚で新潟県知事になっていたOBの泉田裕彦だけは拒否し続けたが、求められたほぼ全員が返済した。古田も自ら報酬を半分に減らしてこの事件にけじめをつけた。

この一件で、職員らを震え上がらせた古田は庁内を完全に掌握することになる。

## 古田と柳川の会話

そんな決断とリーダーシップを発揮した古田だが、知事選に出馬する前の年の暮れ、県立岐阜高校の同級生の紹介で、岐阜市内の喫茶店で柳川町長に会っている。柳川によると、こんなやりとりがあったという。

古田「産廃を風化させるわけにはいかないでしょうか」

柳川「難しいね」

古田「どうして？」

柳川「カネを寿和工業が突っ込んでいる。やめるわけにはいかないでしょう」

「どろどろの闇の世界。これに直面し、巻き込まれた。ひどい世界だ。選挙になったら誘惑も多い。あなたも気をつけた方がいい」と言うと、古田は目を丸くしていたと、柳川はあかした。

さらに柳川の話は、朝日新聞の「天声人語」に怒った梶原が県の新聞購読を中止したことや、県史の削除問題にも及んだ。古田は「それじゃまるで焚書坑儒じゃないですか」と言ったと、柳川は語る。

古田が知事に就任したあとも、柳川は数回会っている。一回は地元県議の田口淳二の要請を受けてだった。「異常な状態が続いてきた。会ってやってほしい」。四月、柳川が知事室を訪ねると、古田の隣に環境局長と廃棄物対策課長もいた。

三〇分の会談で、柳川はいつもの持論をぶった。しかし、それは従来の町の主張の繰り返しであり、古田をがっかりさせた。古田は側近にこう漏らしたという。「自分の主張ばかりだからなあ」

だが、柳川はそれを知らず、古田は梶原とは違う、古田ならやってくれるのではないかと、期待感を私に語るのだった。

## 寿和工業が動いた

知事が交代し、動きをみせたのが寿和工業だった。

二〇〇六年秋、寿和工業から私に連絡が入った。清水道雄社長が会って話がしたいという。可児市にある寿和工業の本社で清水社長に会った。その少し前から、私は森朴に会って公の検討の場づくりを提案していたが、森朴が社長に話を通してくれていたようだった。寿和工業も柳川同様、新知事に期待するところがあった。

応接室に現れた清水は、「円卓会議でも検討会議でも名前はどうでもいいが、県と町と客観的な立場の識者を交えた公の会議を設置してもらい、そこでこの問題を解決するための議論をしたいと思う」と述べた。訥弁だが、以前に比べて体力と気力を回復させつつある、と私は感じた。

しかし、清水が決心しても、相手のある話である。公の会議となると、県が設置することになるから、まずは県が前向きにならないとこの話は壊れる。一方、柳川はこれまでの経緯からいって、そう簡単に話し合いの場に出て来るとは思えなかったが、古田を褒め信頼する姿を見ていたから、古田が頼めば応じるのではないかと思った。

私は、寿和工業が話し合いの場の設置を県に提案するという内容の記事を書くことにした。そのためには、県と柳川町長の内諾が必要である。中日新聞が、田中保に取材せずに「助役に」と書いて人事を潰したように、寿和工業、町、県の三者の了解を得た上でないと、ただの潰すための記事になってしまう。そこで県の内情を探ってみると、やや複雑だった。九七年に住民投票が実施された後、廃棄物の部局は大幅な人事異動があり、処理施設の実現のためにずっとかかわっていた管理職や専門職の職員の多くが、職場から消えた。代わって廃棄物行政に経験のない職員らが引き継ぎ、廃棄物行政は停滞していた。

しかも、柳川町長との関係は険悪だった。町長は住民投票のあと、秘書係長の田中を県とのパイプ役にすえ、人脈を構築しようとしたが、助役に特命でやらせるのならともかく、係長級の田中には荷が重すぎた。それに文書でのやりとりしかしてこなかったから、どだい無理な話だった。

私は、廃棄物部局にこの話を持ち込んでも潰されて終わりだと思った。そこで、古田が信頼する側近を探し、彼の説得にかかることにした。会った側近は、古田知事の考えを隠さず教えてくれる人物だった。数回会ってお互いの理解が進んだ段階で、「寿和工業がこんなことを考えているんです」と、持ち出した。彼は「本当ですか」と信用しなかったが、やがて、「知事も困っているんですよ」と語り出した。彼を通じ、知事サイドの了解をとりつける手はずを進め、次に町役場に向かった。

柳川町長は「君子危うきに近寄らず」を標榜していたが、寿和工業が公開の場での協議に乗り気だと言うと、驚いた表情を見せた。県が提案したら町も乗りますかと尋ねても、なかなか首を縦に振らなかったが、やっとのことで承諾を取り付けた。

一〇月に可児市の寿和工業本社で、記事化のために清水社長にインタビューした。その記事は、一一月一二日付朝刊一面に掲載された。「寿和、検討会提案へ　『結論に従う』御嵩産廃問題」の見出しで、同社が、町、県、市民団体、産業界などの代表が加わる検討会を想定しているとし、清水社長の「町民の多くが反対しているのに、計画をごり押しする気はない。公平に議論されるなら、結論には従う」、柳川町長の「寿和工業から正式に提案があればよく検討したい」という談話を入れた。

翌日、県庁内はこの記事の話題で持ちきりになった。だが、後を追う新聞社やテレビはなかった。水面下で何が進行しているのか知らないのだからそれも当然だろう。

紙面にこの記事が載ったその日、森朴は岐阜県庁に呼び出された。廃棄物部局の管理職が問いただした。「この記事の趣旨は何ですか」。「記事の通りです」と森朴が答える。「このタイミングでなぜ?」。森朴が答えた。「もう一〇年たっている。梶原知事と柳川町長の対立が続いて、肝心の寿和工業が置いていかれている。フリーハンドでやりたいのです」

古田知事が動いた。関係者によると、その月、知事は柳川に会って意見を聞いた。柳川は「すでに疑問と懸念を提出しており、町の言い分は、住民投票の結果を尊重するだけ。それ以上のことは許可権のある県が判断してほしい」と、従来からの主張を繰り返した。ただ、こう付け加えた。「第三者機関については、やったらいい」

町が話し合いに応じる一筋の光が見えた。

古田は、今度は清水社長に打診した。「検討会で、どういう腹づもりでどうしたいのか」

こんな答えが返ってきた。「何の前提条件もつけません。名誉ある撤退を望みたい。そのためには県が音頭をとってやるべきです」

## 後継者に渡辺を選んだ柳川

そのころ、柳川町長の心は揺れていたようだ。

関係者によると、九六年一一月に行われた町長襲撃に抗議する町民集会から一〇周年を記念した集会を支持者たちが開き、料理屋で打ち上げ会があった。その席に出た柳川は支持者たちにこんな言葉を漏らした。「産廃問題は来年一月中に片づけたいと思うが、これが期限内にできないと、もう一回、みなさんのお世話になるかもしれない」

出席者の一人が振り返る。「しらけた雰囲気になった。何をいまさら言っているのかと。町政は停滞気味で、柳川さんも三期でやめると言っている。産廃を掲げてまたやるのかと」

このころ、柳川のあとを受けて町長の座を狙っている町議が二人いた。谷口鈴男と渡辺公夫だ。谷口は不動産業と学習塾を営み、渡辺は建築会社を経営する。いずれも個人経営といってもよい小さな会社だが、みたけ未来21の有力メンバーだった。関係者によると、二人は弁は立つが人望がなく、柳川の支持がないと、とうてい当選はおぼつかないと言われていたという。

柳川は先の言葉を漏らしたものの、支持する声がなかったことから、三期でやめると決心したようだ。代わりに行動に出たのが、産廃処理計画に反対している候補者に町長の座を禅譲することだった。

田中保を呼び出すとそれを伝えた。田中によるとこんなやりとりだったという。

「谷口と渡辺が町長になりたがっている。谷口が町長になれば、これまでの町の方針を変え、寿和工業の計画を受け入れるかもしれない。だから渡辺に禅譲したいと思う」

田中は猛反対した。

「柳川さん、何を考えているんだ。後継者を選ぶことには反対だ。だまってやめれば、町長にふさわしい人が自ずと出て来る。それを待てばいい。柳川さんが禅譲したら、ふさわしい人が町民から出てこれなくなる」

しかし、柳川は引き下がらなかった。

田中が怒って言った。

「谷口がなるよりはいいだろう」

「そんなことをしたらだめだ。無理に指名するというなら、おれにも権利があるからな」

田中が帰った後、柳川は、そのやりとりを支持者たちに話したらしかった。すぐに朝日新聞可児支局の新人記者が田中に問い合わせてきた。「おれにも権利がある」と言ったことが、「町長選に出馬」と伝わっていた。かつて柳川が田中を助役に据えようとして、中日新聞に記事が出て潰れた時とそっくりだ。誰が記者にしゃべったのか。こんどは朝日新聞を使って潰そうというのか――。

田中は記者にこう言った。

「だれから聞いてきたんだ。僕は出ないよ。出るなんていった覚えはない」

## 名誉ある撤退

県はそんな動きを冷静に見ていた。

古田知事の命を受けた県幹部と寿和工業との折衝が、水面下で行われた。それが浮上したのは翌二〇〇七年四月。御嵩町の町長選挙では、柳川が渡辺に禅譲し、応援すると決まって間もないころだった。

柳川は三月一日に記者会見を開き、「私は今期限りで引退します。従って来月の町長選には出馬しません」と語った。四月の町長選をめぐっては、すでに谷口と渡辺が出馬に向けて準備を進め、柳川の支援をとりつけようと動いていた。柳川は後継者の指名について聞かれると、「有権者に対して失礼千万なことで、する気はないし、してはいけない」と言いながらも、「名乗りを上げた人の中から、『この人なら』という人を全面応援したい」と言った。そして、「もともと一期やって町に勢いをつけて辞めるつもりだった。不条理や理不尽なことを見過ごすことができないたちで、つい深みにはまっちゃった。政治家向きじゃないし、生涯一記者であった方がよかったかもしれない」と語った（二日付朝日新聞朝刊・岐阜版）。

その三週間後、県の関係者から私に知らせが届いた。二四日に県庁で古田知事と清水社長、柳川町長で三人会談が開かれることが決まったという。二二日にあった町長選で、渡辺が谷口に勝って初当選した直後だった。寿和工業から公の検討会でと提案を受けた県はその後、寿和工業と詰め、トップによる三者会談形式とすることで合意、柳川からも同意を取り付けていた。さらに当選を決めた渡辺の同意をとった。

県がこの時期にこだわった狙いは、早々に柳川に三者会談から退席してもらうことにあった。柳川が三者会談に出続けたら、従来通り寿和工業批判を繰り返すに違いない。それでは合意に持ち込めない。そこで柳川の名誉を重んじて初回だけ出席させ、後は組みやすい渡辺にタッチすればものごとがスムーズに進むというわけである。

私はこの話を聞き、夕刊一面に特ダネとして原稿を出稿した。岐阜総局には、へたに確認をとりに県庁内を動き回れられると県が発表してしまうことになりかねないので、じっとしているように頼んだ。その記事が掲載された翌二四日、記事通り三者会談が開かれた。

その日、県庁の第一応接室の椅子に三人が座った。古田肇知事が「町長選は大変でしたね」と町長の労をねぎらった。柳川町長は、長崎市で起きた市長の狙撃事件を語り、処分場に反対した理由を述べた。寿和工業の清水道雄社長は黙って聞いていた。最後に「よい解決に向けて、知事にお願いしたい」と締めくくった。

三者会談は二〇分で終わった。終了後三人が記者会見した。清水社長は「解決すべき問題は多いが、お互い誠意を尽くして議論すれば、県民からも理解いただける解決が可能と信じている」。柳川町長は「『任期中に道をつくっておいたらどうか』という古田知事の配慮だった。あらゆる面から処分場を造るのは不可能だ」。古田知事は「柳川町長は就任以来一〇年以上この問題にかかわってきた。町長が話し合いのテーブルに着き、話し合いで解決することで合意したのは大変有意義だ」と町長を持ち上げた。これまで寿和工業や県との話し合いに応じてこなかった町長が翻意したことを、評価する言葉だった。

全面和解に至ったのはそれから一年後の〇八年三月のことだった。四回目の三者会談の開かれる一週間前、古田知事は、堀内孝次岐阜大学教授から提言書を受け取っていた。産廃処理施設整備のあり方を検討してきた委員会がまとめたもので、堀内が委員長を務めていた。委員には学者ら学識者のほか、産廃反対運動をしていた市民グループ代表、さらに寿和工業顧問の森朴も岐阜県産業廃棄物処理協同組合理事長として加わっていた。県の公共関与のあり方がテーマで、住民同意、不適正処理対策、情報公開、県の民間事業者支援などについて論点を整理した。そして必要な産廃処分場の整備は必要だが、先の課題を解決するための施策を優先するとして、公共による処分場は採算の確保が極めて困難で、かつリスクが高く、県が実施すべき状況にないとしていた。

三者会談に出席した渡辺御嵩町長

この公共関与を否定する報告書がまとまった上での三者会談の開催だった。県も三者会談の前にけじめをつけたかったのだろう。

寿和工業は処理施設建設の許可申請を取り

下げることを決めた。県は「九七年に出した県の調整案を（同社が）受け入れながら、県が長期間放置したことを反省する」と寿和工業に陳謝し、町は「予定地の活用について積極的に協力する」とした。合意文書には、①三者が襲撃事件の真相解明を求める②すべての関係者の名誉が回復されるべきとすることが明記された。

あれから一〇年の歳月が過ぎ、県がこだわった下水汚泥処理もほぼ全量が最終的に県内のセメント工場が引き受ける状況になっていた。本格的な産廃処分場の新たな設置がないため、処分場の慢性的な不足は続いていたが、排出削減とリサイクルの進展で、県内の埋め立て処分量は二〇〇〇年度の三八・八万トンから〇八年度には一二・六万トンに激減し、残余年数が二年しかないといった危機的な状況を脱していた。公共関与の象徴となった地球環境村構想も、その指定を受けたのは可児市の一般廃棄物処理施設のささゆりクリーンパーク（加茂衛生施設利用組合）一カ所のみ。〇六年には財団法人地球環境村ぎふも廃止された。

時代は大きく変わりつつあった。

この三者会談での合意で、マスコミや町民から襲撃事件との関連を疑われていた寿和工業は、「名誉の回復」を果たすことになった。そして県に提出していたすべての届けを取り下げ、岐阜県に土地を無償譲渡した。計画を断念したが、汚名を着せられたと不満を募らせていた寿和工業は、「名誉ある撤退」によようやくたどり着いたのである。

# エピローグ

## 産廃NO！の小和沢跡地利用指針

三者会談で、県と町がこれまでの行政手続きの誤りを認めて遺憾の意を表明したことで、寿和工業も県への申請を取り下げ、計画を白紙にした。九五年から続いてきた町と県、町と業者の対立はひとまず解消された。ただ宿題が残った。

寿和工業が手に入れた処理場の計画地について、〇八年五月の三者会談で、白紙後の跡地の検討組織を三者で設置することが決まった。住民合意のもとで新たな利用を探ろうとしたのである。町と県、寿和工業の三者が事務局を担い検討委員会が設置されたのはその年の夏。委員は、まちづくりが専門の岐阜経済大学（現岐阜協立大）教授の鈴木誠（現愛知大学教授）、リサイクルとエネルギー技術が専門の岐阜大学教授の守富寛ら三人の大学教員が識者として委員に加わった。そこにみたけ産廃を考える会の岡本隆子、町議の鍵谷幸男ら町民七人が入った。

最初は小和沢を視察したりしていた委員会だったが、住民投票や産廃施設に対する町の姿勢の評価について委員たちの意見はまちまちで、これを一つにまとめるのは大変な作業であることがわかってきた。廃棄物に門外漢で、住民紛争をおさめた経験のない鈴木には荷が重すぎたといえる。

会議の中で委員が提案したり、町民が寄せたりした意見は、自然公園や環境の森といった環境保全や集落の保存といった内容で、寿和工業が経済活動として取り組める内容ではなかった。委員でリサイクルやエネルギーの技術が専門の守富は、業者が経済的にやっていける事業として森林資源を利用したバイオマス発電施設を核とし、環境教育などができる構想を持って臨んだ。これは町、県、寿和工業にも話をして内諾を得ていたという。しかし、住民投票の結果を尊重し、環境保全を唱える複数の委員から強い反発を受けた。住民投票で否定された産廃処理施設と同じだというのである。

これに対し、「住民投票から一二年たって技術が進歩し、安全になっている」「住民投票で主に問題にしたのは最終処分場であり、中間処理施設なら認めてもよい」といった意見も出たが、反対の立場の委員らは納得しなかった。

鈴木委員長は「指針策定の為の基本的な考え方」を委員らに示したが、これも矛盾に満ちたものだった。寿和工業が継続的に事業展開できることを前提とするとしながら、住民投票の結果を尊重し産廃処分場を設置しないことを前提に取り組まねばならないとし、バイオマス施設などの中間処理施設の評価は委員会で共通認識になっていないとしていた。「協働のデザインを描き、実践することが大切」などときれいな言葉がちりばめられているが、中身は空っぽである。そもそもチップを原料に発電するバイオマス施設がなぜ、産廃処理施設にされるのか？

矛盾だらけの文章を委員らからつつかれ、鈴木は産廃処理施設の反対派の言うがまま指針をまとめた。〇九年暮れにできた利用指針は、▽御嵩町の環境基本計画と整合を図り、土地の改変は最小限にとどめる▽御嵩町民は寿和工業の計画に意見を述べることができる▽寿和工業は、利用計画を策定する際に住民投票の結果を尊重し、小和沢地区で産廃処理施設を設置しないとしていた。

要は、住民投票の結果に従うという単純な結論である。これなら委員会を設置するまでもない。こんな指針に両手を縛られたかたちの寿和工業は、まもなく八四ヘクタールの森林を岐阜県に無償譲渡した。もう勝手にしてくれという気持ちだったと、当時の同社幹部は語る。一〇軒の地権者に払った補償金の一部返還をめぐっての裁判での争いも一五年に和解し、二軒、三人が元の小和沢で生活するようになった。

住民投票は、町民の意思を知るためには実によい手法かもしれない。しかし、その精神を忘れ、表面上の結果だけを金科玉条にし続けるのはどうか。

いま、廃棄物の世界は、燃やして埋める廃棄物処理から、再資源化とエネルギー化に向けて大きく変貌をとげつつある。私なら、環境省が提唱している「地域循環共生圏」の拠点を小和沢に造る。森林資源や建設廃棄物から造ったチップを燃料にしたバイオマス発電施設や、農業系の廃棄物や食品廃棄物や生ごみ、下水汚泥を原料にしたメタン発酵発電施設、さらにプラスチックの高度選別・リサイクル施設を設置する。もちろん環境教育の施設も造る。御嵩町は電力の自立が出来るだけでなく、巨額の売電収入が手に入る。そして環境省と廃棄物の関連団体の支援を受け、廃棄物の専門知識を教える学校を造る。北九州市のエコタウンにあるような資源循環の世界を見せる展示施設を造る。少し離れたところにモデル住宅を造り、バイオマスによる電気を供給し、資源が循環する地域の生活を体現してもらう。何も絵空事ではない。ＥＵ諸国ではすでにそんな取り組みが行われているのだ。

廃棄物処理業は長い間サービス業と位置づけられてきた。しかし、再生資源を造ったり、エネルギーを生み出したりする施設は、まさしく製造業や発電施設そのものである。ここで製造した高品質の再生プラスチックや再生可能エネルギーは、グリーンテクノみたけの工場に供給することもできる。その供給基地として、それを「第2グリーンテクノみたけ」と呼べばいいではないか。

## 環境モデル都市になったが

町は新たな事業への関心が乏しい一方で、環境モデル都市を標榜している。内閣府が温暖化対策などで先進的なモデル都市を選定し、全国への波及を狙ったもので、二〇〇八年からこれまでに二三自治体が選ばれている。御嵩町は二次選考があった二〇一二年に手を挙げ、岐阜県で唯一選ばれたが、実はモデル都市に選ばれるだけの実績はなかった。町は柳川町長の時に制定した「環境基本条例」をアピールしたが、すでに多くの自治体にあり、そもそも理念条例であるこの条例で温室効果ガスは減らない。

関係者によると、これまでの御嵩町の経緯に配慮し、モデル都市に手を挙げたらと誘ったのは経産省出身の古田知事で、アピール性に乏しい御嵩町を何とか押し込んだのは、知事の中央への働きかけによるものだったといわれる。

渡辺町長は一九年の施政方針演説で、改定した地球温暖化対策実行計画について、町内の温室効果ガスの排出量を二〇一三年比で二〇三〇年に二四・六％減、二〇五〇年に四五％減などの目標を設定したことに触れ、「今回の削減目標も背伸びしたものではありません」と自嘲気味に語った。

この数字は、国がつくった同二六％減、同八〇％減の目標よりもかなり甘い（国は二〇二〇年に五〇年の排出量ゼロを打ち出した）。そもそも町の排出量は、一九九〇年度と二〇一六年度を比べると二・三倍も増えている。一六年度の町民一人当たりの排出量は全国平均の一・四倍だが、これには理由がある。九〇年代に工業団地が整備され、工場の進出が大幅な排出増を招いているのだ。町は森林経営信託など幾つかの取り組みで排出削減に努めているが、結局のところ、工場側がどこまで削減できるかという工場の都合にかかっている。

## 町職員が立て続けに自殺した理由は

ところで町役場では最近、ある事件が立て続けに起きている。

二〇二〇年一月、御嵩町役場を訪ねた私は、一階の民生部保険長寿課の窓際に大量の段ボール箱が積み上げられているのを見つけた。課長席の後ろである。そらぞらしい課の空気がひっかかった。その数週間後、再び取材のために役場に立ち寄った際、保険長寿課の前を通った。段ボール箱はそのままで、この時も課長席は不在だった。

疑念を抱いた私は、役場の知り合いに尋ねた。「実は課長は昨年末に自殺したんです。でも幹部が

自殺した課長の席の後ろに積み上げられた遺品の入った段ボール箱。1か月たっても怒った遺族が引き取りを拒んだという

箝口令を敷いていて、これ以上は話せません」。そこで関係者何人かにあたった。次のような事情だったという。課長が亡くなったのは前年の一二月一三日。多治見市内の橋にロープをかけての縊死だった。自殺する少し前に寺本公行副町長に呼びつけられ、叱責されたという。課長は顔色を失い、ふさぎ込んでいたという。その後ノイローゼ状態となって、夜に自宅を出てふらついたりするなど、行動に異常があったとされる。

町は、職場内に思い当たることはなかったと遺族に説明した。だが、遺族は納得せず、役場にあった課長の持ち物を引き取るのを拒んでいるという。普通は死因がわからなければ、第三者委員会を設置し、原因を究明するものだ。

一月七日に議員たちが集まった。寺本副町長が説明した。介護予防の地域支援事業で国と県から補助が出る計画を課長が立てたが、全額出ないことがわかった。副町長室で相談を受け問題は解決していたと、叱責の事実を否定した。しかし、「原因究明のため、第三者委員会を設置すべきだ」と意見を述べた町会議員に、寺本は否定したという。町は公務災害の手続きを行ったというが、原因究明は行われず、家庭問題を挙げた上、口外しないよう求めた。こうして庁内に箝口令が敷かれたと複数の関係者は語る。

さらにその半年後の六月一三日。今度は同じ保険長寿課の国保年金係長が自殺した。愛知県の春日井駅の近くで走ってきた電車に飛び込んだ。関係者によると、この時も寺本は「家庭の事情が原因。役場は関係ない」と言い張ったという。原因究明せず、箝口令を敷いているのは先の自殺の時と同じである。

立て続けに起きた職員の自殺はあまりに異様だ。ある役場関係者は「渡辺町長になって役場は変わってしまった。町長、副町長による職員への強い叱責と、まずいことが起きても隠蔽する体質がはびこり、みんなが萎縮してしまっている。それがこの二つの自殺事件の誘因になっていないか」と語る。

関係者がその例として出したのが、二〇一七年一一月に起きた民生部職員らへの弁済請求だった。福祉医療費助成事業の高額療養費について、三年分を健康保険組合や企業などの保険者に請求することを怠っていた。その結果、三年分の一一七〇万円が時効になって町に損害を与える結果となった。渡辺町長は、民生部長ら職員八人を減給一〇分の一の一～六か月の懲戒処分、当時の課長と係長を訓告とした。ここまではよくある処分の話だが、渡辺町長はミスを犯した担当者らに一一七〇万円の返済を求め、職員らが分担して返済したという。もっとも町長は一二月の議会で、「当事者が全額補填を行う旨申し出ていますが、その他の関係職員で負担割合の協議を続けております」と説明している。

ところで地方自治法には、職員に「故意又は重大な過失」があった場合は損害を賠償しなければならないとあり（第二四三条）、その場合は監査委員が事実を調査し、賠償責任があるかを調べ、ある場合はどの程度賠償するかを判断し、首長に示すことが決められている。この手続きに従わない御嵩町は、いわば渡辺町長の胸先三寸で決まったといえる。だからか、管理責任を問われるはずの当の町長の減給処分は、副町長と同じ減給一か月、一〇％と大甘の処分とされた。いまに至るまで、損害を与えるに至った詳しい経緯も当時の管理体制も、詳しい調査結果は公表されていない。庁内には「いつなんどき責任追及されるかもしれない。職員全体が萎縮してしまった」（役場ＯＢ）との声がある。

先の自殺した課長が叱責されたのも、同様にお金に絡んでいたとの指摘がある。死の事実に目を向けず、箝口令を敷き、一体どんなメリットが町にあるというのだろうか。

## 住民投票の意義は情報公開にあった

柳川は住民投票を振り返り、その意義をこう私に語っている。

「僕は住民投票の際、町内各地で説明会を行った。全部で七〇か所。住民投票をやった自治体でここまでやったところはどこにもないんだ。説明会では処理施設をつくるメリットとデメリットを説明し、こちらの持つ情報を全部住民に出した。住民投票というのは住民の意志を問うものだ。そしてその住民が判断するためには情報が必要なんだ。だから町は積極的に情報を包み隠さず提供した。町長になって最初にやったのが、付け届けの廃止だった。梶原知事は、裏金を使って官官接待に使っていたけど、僕はそれを廃止し、情報公開条例を制定した。これまで役場で何をしているのかわからないという町民の不満は、こうして減っていった」

平井町政時代に、重要な情報は議員だけに提供していたのが、柳川町政になって改められ、情報の開示度は飛躍的に高まった。だが、現町政は逆回転を続けているように見える。

例えば、役場の移転問題。一九七九年に建設された現役場の耐震性に不安があるとし、名鉄御嵩駅近くの水田に新たに建設することが決まった。しかし、そこは可児川のすぐそばである。御嵩町の洪水時の浸水想定図を見ると、〇・五〜一メートルの浸水が想定される区域にある。想定をはるかに超える川の氾濫が続き、全国で多大の犠牲者を生んでいる時に、なぜ、よりにもよって川べりに設置するのか。町はここを「防災拠点」にするというが、まるでブラックジョークのようだ。土砂災害も水害の危険性もないいまの役場の耐震改修で十分ではないか。町は、議会の提案を受けて立地を決めたと説明するが、旧庁舎は耐震診断の結果、東海トラフで倒壊すると予想しただけで、補強工事のための詳細な検討は行っていない。最初から新庁舎ありきなのだ。

二〇年に入って新庁舎の設計会社が決まった。プロポーザル方式で選考したのは町の委員会で、六人の委員のうち委員長の寺本副町長はじめ町職員が四人を占める。過半数だから町の意向で決めることが可能だ。選考結果は参加五社の点数が公開されただけで、どの項目にどの委員が何点入れたかも、選考の過程を示す議事録も公開されていない。選考結果を示したホームページには「多様な観点から審査及び評価を行いました」とあるだけで、選考過程はブラックボックスといえよう。こんな町の姿勢が影響してか、町民の関心は低い。新庁舎の基本構想について行ったパブリックコメントに意見を寄せた町民は、四人しかなかった。

産廃施設の設置NO!という住民投票の結論に拘り、情報を広く開示し、それをもとにみんなで話し合い、考えるという本来の「住民投票の精神」は、風前の灯火にある。

（文中敬称略）

# あとがき

柳川御嵩町長の襲撃事件とその後行われた住民投票は、全国の注目を浴びた。前者はあってはならない「テロ事件」で、それが「暴力に負けない」「民主主義を守ろう」という町民の強い意志となり、後者の住民投票に結実していった。

当時、朝日新聞名古屋本社社会部でデスクをしていた私にとってもやりがいのあるテーマであり、懸命に働いた。数々の特ダネを含む大量の記事は社内でも評価され、賞を受ける名誉にも浴した。その成果は名古屋社会部編として二冊の本の出版に結びついた。

しかし――。たまに御嵩関連の新聞記事を探して読むことがあったが、住民投票の時の町といまの町を比較した回顧物か、町長だった柳川喜郎氏のインタビュー物かのどちらかで、何が言いたいのかよくわからない記事ばかりである。それが不満だった。

記事の底流にあるのは、過去の住民投票である。それを偶像視し、時間を止めたところから、すべての記事が書かれている。まずは疑ってみる、時間軸が動き、それをいま、どうとらえるのかという問題意識がまるで感じられないのだ。

私も当時は住民投票に大きな期待を抱いた一人だった。寿和工業は、記者対応に当たった常務の鈴木元八氏の話にウソが多く、私も取材班もすっかり寿和嫌いになった。柳川町長の理路整然とした口調もあり、住民投票賛成派に傾いていった。私が企画案を練り、取材班に取材させて掲載された記事は、いま読み返しても大きな間違いはなく、検証に耐えるものだと思う。しかし、一方で見落としていたものも大きかった。その最大のものは、平井町政時代の検証であった。

柳川氏の「町民の知らないところで事が運ばれていた」という見方はある意味正しいが、豊吉貢元助役が後に私に語った「逐次、議員にも自治会にも報告し、了解を得ながら進め、隠れてこそこそやったのではない」という言葉も、また真実である。もちろん、「議員に伝えたのは全員協議会で議会の場ではない。自治会に伝えたのは自治会長ら幹部のみ。説明会も開いていない」（柳川氏）との制約はあるが、どの問題をどの範囲の人々に、どの程度まで伝えるかは、判断が難しいところがある。

そんなことを私が考えるようになったのは、その後、他地域で行われた住民投票や住民紛争の現場を数多く取材するようになってからで、いわゆる「合意形成のあり方」が、私の取材テーマの一つになった。それをもって、私が後に柳川町長や寿和工業社長らに接触し、「三者会談」による産廃施設設置計画の白紙撤回という解決の道筋に先鞭をつける記事を書いたのは、不思議な縁と言うほかない。

朝日新聞記者時代、清水社長が公での話し合いによる解決を呼びかけるという記事や、三者会談が明日開かれると予告した幾つかの特ダネ記事を書いた時、社内では「産廃反対の住民投票派であるはずなのに、なぜ寿和工業の肩を持つのか」と訝る声が出た。さらに、「岐阜県が発表する予定で記者クラブで書かないことが決まっていたのに、協定破りをした」と、私の名前を挙げて、あちこちにウソを振りまく記者まで出た。住民投票の時点の「時間」にいつまでもとどまっているから、こんな反応になるのだと思う。

新聞社を退職してフリーのジャーナリストとなって、雑誌の取材先の長野県から久々に御嵩町に足をのばしたのは二〇一九年夏のことだった。新丸山ダムの工事用の道路工事が進み、新たな道が幾本もできたために、道に迷った私は、ダムの周りを何回も行き来した。やっと小和沢の集落にたどりつくと、あまりに無惨な光景が眼前に広がっていた。なぜ、こうなったのか。これは寿和工業だけを非難して済む話ではない。もう一度、一連のできごとを検証してみようと思った。

それから丸一年かけて取材と執筆を進め、ようやくできあがった。御嵩町という人口一万八〇〇〇人の小さな町に起こった出来事ではあるが、その体験と教訓の意味するところは大きい。住民投票にかかわった町民も、事件の関係者でさえ知らないことが、この本には満載されていると確信する。

取材では、柳川氏をはじめ、産廃処理施設の反対派、賛成派、町長と町職員・OB、議員と元議員、寿和工業OBと関係者、岐阜県警OB、弁護士など、多くの方々にお世話になった。お礼を申しあげたい。ただ、第五章に登場するいわゆる事件関係者は、当時の名刺などを頼りに探したものの、大半が所在不明でたどりつくことができなかった。盗聴事件にかかわった人物や銃撃事件に疑いの目を向けられた右翼や暴力団関係者などは、事件が解決していないこともあり、匿名にした。K氏には御嵩町の会社を訪問し、取材の趣旨を伝えたが、一喝され話を聞けずに終わった。心残りである。

なお出版は、かつて拙著『社会を変えた情報公開』を出した花伝社にお願いした。一読した平田勝社長の私宛のメールが、この本の概要と意義をよく表現していると思われるので、紹介したい。

「原稿を拝見しました。事件からすでに二〇数年が立ち、町長襲撃事件、住民投票のころは大きく報道がなされましたが、その後の顚末についてはあまり報道がなく、その後どうなったかについては国民の関心は薄れていたと思いますが、杉本さんは新聞記者として事件当時から現場に食い込み、その後の経過についても追い続けられていたこと、御嵩産廃問題の最終決着に当たっても一定の役割を果たされたことも、今回の原稿で初めて知りました。

柳川町長が登場する以前の産廃問題の長い経過や、柳川町長の登場から変化した状況、県政との確執、住民の動き、盗聴事件から襲撃事件に至る経過、在日朝鮮人の問題、寿和工業の清水会長の生い立ち、県と御嵩町と寿和工業との間でなされた最終決着に至る経過などが、迫真の筆致で描かれており、まるで推理小説を読むような感じで読ませていただきました。

そして、現場に立ち会ったジャーナリストとして、いずれの立場にもたたず客観的立場で真実に迫ろうとする姿勢に感銘を受けました。柳川町長についても批判すべき点は批判する立場で書かれており、産業廃棄物の処理をめぐる紛争に対していかに合意を形成するかの視点で書かれたものとして貴重な提言になっているのではないかと思います」


二〇二一年一月七日（二四年前のこの日、御嵩町議会で住民投票条例案と表さんらの要望書が審議された）

杉本裕明

## 引用・参考図書


『廃棄物とリサイクルの経済学――大量廃棄社会は変えられるか』（植田和弘、有斐閣、一九九二）
『グッズとバッズの経済学――循環型社会の基本原理』（細田衛士、東洋経済新報社、一九九九）
『東京都清掃事業百年史』（東京都、二〇〇〇）
『産業廃棄物』（高杉晋吾、岩波書店、一九九一）
『廃棄物安全処理・リサイクルハンドブック』（武田信生監修・同編集委員会、丸善、二〇一〇）
『地域活性化大学』（梶原拓、実業之日本社、一九八九）
『夢おこし奮戦記　梶原拓岐阜県知事就任の1000日』（角間隆、ぎょうせい、一九九二）
『証言　長良川河口堰　対立する世論　錯綜するメディア　苦悩する行政』（公共事業とコミュニケーション研究会、産経新聞社、二〇〇二）
『情場の時代を生きる』（梶原拓、和田直也編、たくさんの夢をつなぐ会、二〇一八）
『朝鮮史』（武田幸男編、山川出版社、二〇〇〇）
『朝鮮現代史』（糟谷憲一他、山川出版社、二〇一六）
『田口淳二回顧録　岐阜県政二十五年』（田口淳二、中日新聞社、二〇〇七）
『襲われて　産廃の闇、自治の光』（柳川喜郎、岩波書店、二〇〇九）
『日米の衝突　ドキュメント構造協議』（NHK取材班、日本放送出版協会、一九九〇）
『政権　変革への道』（野坂浩賢、すずさわ書店、一九九六）
『下水道　水再生の哲学』（中西準子、朝日新聞社、一九八三）
『岐環協史　業界45年の軌跡』（岐環協、二〇〇〇）
『同和問題の早期解決に向けて　地域改善対策特定事業に係る国の財政上の特別措置に関する法律の解説、人権・同和関係資料』（総務庁監修、中央法規出版、一九九七）
『岐阜県廃棄物検討委員会議事録』（岐阜県、一九九六～九八）
『豊島産業廃棄物不法投棄事件――巨大な壁に挑んだ二五年のたたかい』（大川真郎、日本評論社、二〇〇一）

『もう「ゴミの島」と言わせない　豊島産廃不法投棄、終わりなき闘い』（石井亨、藤原書店、二〇一八）
『来るべき民主主義　小平市都道328号線と近代政治哲学の諸問題』（國分功一郎、幻冬舎、二〇一三）
『在日外国人　法の壁、心の溝』（田中宏、岩波書店、一九九一）
『〈政治参加〉する7つの方法』（筑紫哲也編、講談社、二〇〇一）
『官僚とダイオキシン――ごみとダイオキシンをめぐる権力構造』（杉本裕明、風媒社、一九九九）
『赤い土――なぜ企業犯罪は繰り返されたのか』（同、風媒社、二〇〇七）
『環境省の大罪』（同、ＰＨＰ研究所、二〇一二）
『にっぽんのごみ』（同、岩波書店、二〇一五）
『環境行政と市民参加――「紛争」から合意形成の社会へ』（同、朝日新聞社総合研究センター、二〇〇二）
『産廃編年史50年――廃棄物処理から資源循環へ』（同、環境新聞社、二〇二二）
『廃棄物列島・日本――深刻化する廃棄物問題と政策提言』（畑明郎・杉本裕明編、世界思想社、二〇〇九）
『大局先見　熟慮断行　真鍋県政3期12年の記録』（同記録出版委員会、二〇一八）
『町長襲撃――産廃とテロに揺れた町』（朝日新聞名古屋社会部、風媒社、一九九七）
『ドキュメント住民投票――「産廃ノー！」御嵩町民の決断』（同、風媒社、一九九七）
『御嵩町史　通史編現代』（御嵩町、二〇〇六）
『御嵩町史　通史編下』（御嵩町、一九九〇）
その他、『いんだすと』（全国産業資源循環連合会）、『季刊全産廃連』（全国産業廃棄物連合会）、『河川』（日本河川協会）などの専門誌、雑誌、新聞各紙から多数引用した（本文に明記）。

杉本裕明（すぎもと・ひろあき）
1954年生まれ。早稲田大学商学部卒。1980年より2014年まで、朝日新聞記者。廃棄物、自然保護、公害、地球温暖化、ダム・道路問題など環境問題全般を取材。環境省、国土交通省、自治体の動向にも詳しい。また、記者時代に、情報公開制度を利用した「官官接待キャンペーン」「公共事業改革」「環境事件の掘り起こし」など、新しい調査報道のスタイルを作った。現在はフリージャーナリスト。著書に『産廃編年史50年――廃棄物処理から資源循環へ』（環境新聞社）、『ルポ にっぽんのごみ』（岩波書店）、『社会を変えた情報公開――ドキュメント・市民オンブズマン』（花伝社）、『環境省の大罪』（PHP研究所）、『赤い土 フェロシルト――なぜ企業犯罪は繰り返されたのか』、『環境犯罪――7つの事件簿から』（以上、風媒社）、共著に『廃棄物列島・日本』（世界思想社）、『ゴミ分別の異常な世界』（幻冬舎）、『ドキュメント官官接待――「公費天国」と「情報公開制度」を問う』（風媒社）など多数。

テロと産廃――御嵩町騒動の顛末とその波紋

2021年2月20日　初版第1刷発行

著者 ――― 杉本裕明
発行者 ―― 平田　勝
発行 ――― 花伝社
発売 ――― 共栄書房
〒101-0065　東京都千代田区西神田2-5-11出版輸送ビル2F
電話　03-3263-3813
FAX　03-3239-8272
E-mail　info@kadensha.net
URL　http://www.kadensha.net
振替 ―――00140-6-59661
装幀 ―――黒瀬章夫（ナカグログラフ）
印刷・製本― 中央精版印刷株式会社



ISBN978-4-7634-0956-0 C0036

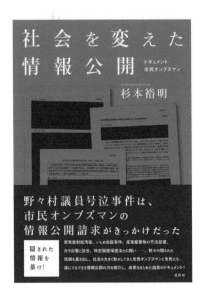